U0194239

中 外 物 理 学 精 品 书 系

本 书 出 版 得 到 " 国 家 出 版 基 金 " 资 助

国家出版基金项目
NATIONAL PUBLICATION FOUNDATION

中 外 物 理 学 精 品 书 系

前 沿 系 列 · 74

奇异物质与奇异星

夏铖君　高　勇　徐仁新　编著

北京大学出版社
PEKING UNIVERSITY PRESS

图书在版编目 (CIP) 数据

奇异物质与奇异星 / 夏铖君，高勇，徐仁新编著.
北京：北京大学出版社，2024. 10. -- (中外物理学精
品书系). --ISBN 978-7-301-35626-5

Ⅰ. O572.33；P145.6
中国国家版本馆 CIP 数据核字第 2024KM4454 号

书　　　名	奇异物质与奇异星
	QIYI WUZHI YU QIYIXING
著作责任者	夏铖君　高勇　徐仁新　编著
责 任 编 辑	顾卫宇
标 准 书 号	ISBN 978-7-301-35626-5
出 版 发 行	北京大学出版社
地　　　址	北京市海淀区成府路 205 号　100871
网　　　址	http: //www. pup. cn　新浪微博 : @ 北京大学出版社
电 子 邮 箱	zpup@pup. cn
电　　　话	邮购部 010-62752015　发行部 010-62750672　编辑部 010-62765014
印 刷 者	北京中科印刷有限公司
经 销 者	新华书店
	730 毫米 × 980 毫米　16 开本　12 印张　263 千字
	2024 年 10 月第 1 版　2024 年 10 月第 1 次印刷
定　　　价	69. 00 元

序　言

　　物理学是研究物质、能量以及它们之间相互作用的科学。她不仅是化学、生命、材料、信息、能源和环境等相关学科的基础，同时还与许多新兴学科和交叉学科的前沿紧密相关。在科技发展日新月异和国际竞争日趋激烈的今天，物理学不再囿于基础科学和技术应用研究的范畴，而是在国家发展与人类进步的历史进程中发挥着越来越关键的作用。

　　我们欣喜地看到，随着中国政治、经济、科技、教育等各项事业的蓬勃发展，我国物理学取得了跨越式的进步，成长出一批具有国际影响力的学者，做出了很多为世界所瞩目的研究成果。今日的中国物理，正在经历一个历史上少有的黄金时代。

　　为积极推动我国物理学研究、加快相关学科的建设与发展，特别是集中展现近年来中国物理学者的研究水平和成果，在知识传承、学术交流、人才培养等方面发挥积极作用，北京大学出版社在国家出版基金的支持下于2009年推出了"中外物理学精品书系"项目。书系编委会集结了数十位来自全国顶尖高校及科研院所的知名学者。他们都是目前各领域十分活跃的知名专家，从而确保了整套丛书的权威性和前瞻性。

　　这套书系内容丰富、涵盖面广、可读性强，其中既有对我国物理学发展的梳理和总结，也有对国际物理学前沿的全面展示。可以说，"中外物理学精品书系"力图完整呈现近现代世界和中国物理科学发展的全貌，是一套目前国内为数不多的兼具学术价值和阅读乐趣的经典物理丛书。

　　"中外物理学精品书系"的另一个突出特点是，在把西方物理的精华要义"请进来"的同时，也将我国近现代物理的优秀成果"送出去"。这套丛书首次成规模地将中国物理学者的优秀论著以英文版的形式直接推向国际相关研究的主流领域,使世界对中国物理学的过去和现状有更多、更深入的了解,不仅充分展示出中国物理学研究和积累的"硬实力",也向世界主动传播我国科技文化领域不断创新发展的"软实力",对全面提升中国科学教育领域的国际形象起到一定的促进作用。

习近平总书记 2020 年在科学家座谈会上的讲话强调:"希望广大科学家和科技工作者肩负起历史责任,坚持面向世界科技前沿、面向经济主战场、面向国家重大需求、面向人民生命健康,不断向科学技术广度和深度进军。"中国未来的发展在于创新,而基础研究正是一切创新的根本和源泉。我相信"中外物理学精品书系"会持续努力,不仅可以使所有热爱和研究物理学的人们从书中获取思想的启迪、智力的挑战和阅读的乐趣,也将进一步推动其他相关基础科学更好更快地发展,为我国的科技创新和社会进步做出应有的贡献。

"中外物理学精品书系"编委会主任

中国科学院院士,北京大学教授

王恩哥

2022 年 7 月于燕园

内　容　提　要

　　本书从粒子物理标准模型出发，旨在简要介绍各种奇异物质提出的基本背景，在此基础之上探讨奇异星等致密天体的结构和性质，最终讨论如何利用各种天文观测来寻找奇异星存在的证据。

　　本书相关内容属于粒子天体物理范畴，主要面向高年级本科生、研究生及相关的研究人员，以期提供必要的入门简介。

前　　言

　　十九世纪一位雕刻家, 同时也是一位浪漫主义诗人和梦想家, 曾经文字描述过这样一个现象[1]: "What is now proved was once only imagined" (如今习以为常的东西曾经只是个设想). 相信历史上众多具有独立精神的思想者都抱有同感. 本书所关注的奇异数 (strangeness) 即生动地演绎了这类哲理: 它于诞生之初被投射异样的眼神, 而在成功地建立了粒子物理标准模型的今天就再正常不过了.

　　奇异夸克 (s) 因其质量较轻[2], 在组成原子核的核子内大量存在, 只是那里的 s 和反奇异夸克 (s̄) 数目相等罢了. 而当我们转而考虑大质量恒星在演化晚期, 不得不引力坍缩而形成密度跟原子核相当的 "巨核", 此时, 近乎等量的上夸克、下夸克、奇异夸克 (u, d, s) 组成的系统也能呈现电子数目相对较低的状态; 这一定程度上符合 1932 年朗道对于存在中子星的逻辑思辨. 我们将这种轻味价夸克对称的物质称为奇异物质: 可能为奇异夸克物质 (基本单元为夸克), 也可能是奇子物质 (基本单元为奇子, 一种类似核子但奇异数非零的束缚态). 奇异物质为主组成的星体, 即为奇异星. 观测发现的脉冲星类致密天体到底是传统的中子星还是奇异星? 这是当今学术界关注的焦点之一, 也构成本书的主体内容.

　　众所周知, 极端条件下强相互作用物质的性质是现代物理学研究的重要课题之一. 特别地, 低温高密物质的属性涉及早期宇宙强子化、致密星结构及相关暴发事件 (如 γ 射线暴和快速射电暴) 甚至极高能宇宙线等丰富的天体物理现象. 在极端密度下, 强相互作用物质可能会发生多种相变过程, 生成各种新型物质 (包括重子物质、夸克物质、奇子物质等). 寻找这些物质并研究其奇特的性质, 引起了人们广泛的兴趣, 是值得广大科研人员努力深耕的一个方向.

　　由于无法直接基于量子色动力学 (QCD) 明确地得到关于这类新型物质的计算结果, 目前人们通常需采用各种有效模型进行理论研究. 这导致较大的不确定性. 为摆脱这一窘境, 当前行之有效的方案是结合各种地面实验及天文观测数据来约束

---

　　[1] 威廉·布莱克 (William Blake, 1757—1827); 见其著作 *"The Marriage of Heaven and Hell"*.
　　[2] 有趣的是, 基本强相互作用低能情形涉及的特征能标正好高于包括 s 在内的轻味夸克的质量, 但显著地低于重味夸克 (c, t, b) 的质量. 这一基本事实在刻画强作用主导的凝聚态物质的属性方面意义深远.

模型假设及参数范围, 并在此基础之上探索致密物质的本质和致密星的结构. 一方面, 如 HIAF, NICA, FAIR 和 J-PARC 等地面实验项目将通过重离子碰撞直接生成致密物质. 另一方面, 作为大质量恒星引力坍缩的产物, 致密星内部物质被压缩至极高的密度, 成为致密物质的天然实验室. 随着国内外大批科学装置投入到致密星的研究, 如引力波天文台 (LIGO, Virgo, KAGRA 等)、500 米口径球面射电望远镜 (FAST)、平方公里阵列射电望远镜 (SKA)、中子星内部成分探测器 (NICER)、"慧眼" 硬 X 射线调制望远镜 (HXMT)、引力波暴高能电磁对应体全天监测器卫星 (GECAM)、高海拔宇宙线观测站 (LHAASO) 以及中微子探测器 (JUNO, Super-K, KamLAND, Borexino, ICARUS, LVD, SNO) 等, 我们迎来了致密星研究的黄金时期, 将不断积累大量致密星结构及演化的观测数据. 有效整合这些数据, 提取致密物质性质的关键信息, 理解致密星内部结构及演化过程, 无疑是多信使天文学时代核心使命之一.

本书从粒子物理标准模型出发, 旨在简要介绍各种奇异物质提出的基本背景, 在此基础之上探讨奇异星等致密天体的结构和性质, 最终讨论如何利用各种天文观测来寻找奇异星存在的证据. 本书相关内容属于粒子天体物理范畴, 主要面向高年级本科生、研究生及相关的研究人员, 以期提供必要的入门简介. 由于时间仓促, 撰写过程中难免有遗漏、疏忽和不当之处, 还望读者指正并及时反馈. 书中内容体现了作者的偏好, 难免挂一漏万; 相信读者会独立思考, 汲取能丰富自身的营养, 从而领略探究奇异物质之旅的一道道风景.

目　　录

第一章 绪 论

宋朝第四位皇帝宋仁宗赵祯性情宽厚；他治下国家的经济、科技和文化得到了长足发展，并涌现出诸如毕昇、柳永、范仲淹、包拯、欧阳修、司马光、王安石、沈括、苏轼等历史名人. 赵祯在位期间，至和元年 (西元 1054 年) 上半年，司天监在金牛座 (天关) 处发现一颗 "天关客星"①. 该客星本质上是一颗大质量恒星演化至晚期的 "回光返照"，表现为超新星 (编号 SN 1054)，同时诞生了一个新的致密天体 —— 蟹状星云脉冲星 (Crab pulsar). 爆炸遗迹膨胀至今表现为螃蟹状 (图 1.1). 中国人那次

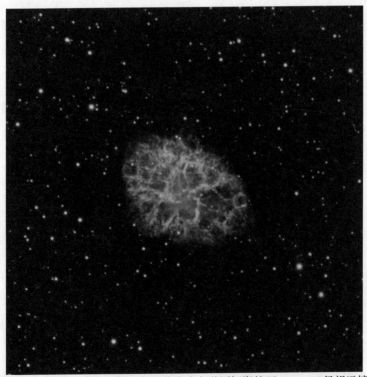

图 1.1　蟹状星云. 2022 年 11 月利用中国科学院大学雁栖湖校区 70cm 口径望远镜拍摄 (毛益明提供)

---

①《宋会要》记载: "嘉祐元年三月司天监言: 客星没，客去之兆也. 初，至和元年五月，晨出东方，守天关；昼见如太白，芒角四出，色赤白. 凡见二十三日." 宋仁宗在位 (1022—1063) 的九个年号中，以 "至和" 和 "嘉祐" 为末. 前者仅三年，即至和元年 (1054)、二年 (1055)、三年 (1056)；后者始于 1056 年.

一丝不苟的记录明确了这颗脉冲星诞生的年龄.

　　自那以来的近千年里, 虽然地球这颗蓝色行星上曾经发生过无数次自然灾难、人为战乱, 但是文明和科学的脚步却始终戮力前行. 经过上千年、特别是进入量子论和相对论时代后百余年来的探索, 我们确实对自然的理解深刻了不少, 却尚未最终澄清那个致密残骸 —— 脉冲星 —— 的本质: 它到底是中子星还是奇异星? 若是奇异星, 又是什么样的奇异星? 这一系列问题, 正是本书的主题.

1.1　微观与量子: 从原子到原子核

　　让我们从丰富的物质世界谈起.

　　若言 "青树翠蔓, 蒙络摇缀, 参差披拂"① 这些幽美的景物, 包括记 "小石潭" 者柳宗元本人, 都只不过是由若干原子堆积起来的不同形式罢了, 你会顿失诗情画意, 但这确实言简意赅地表述了一个物理实在: 构成日常生活中物质的基本单元为原子或分子. 地球之外的物体也类似. 虽说物质中相当一部分原子电离后的状态被列为固、液、气之外的 "第四态", 但成分上并无本质差异.

　　"原子论" 是人类理解宇宙的一把金钥匙. 费曼曾言[1]: "假如由于某种大灾难, 所有的科学知识都丢失了, 只有一句话传给下一代, 那么怎样才能用最少的词汇来表达最多的信息呢? 我相信这句话是原子的假设 (或者说原子的事实, 无论你怎样称呼都行): 所有物体都是用原子构成的 —— 这些原子是一些小小的粒子, 它们一直不停地运动着. 当彼此略微离开时互相吸引, 当彼此过于挤紧时又相互排斥. 只要稍微想一下, 你就会发现, 在这一句话中包含了大量的有关世界的信息. " 比方说, 日常所见凝聚态物质就是若干原子通过电磁力粘合起来的产物. 不过, 虽然区别于一般动物的人类自二百万年前便学会利用打制石器这类凝聚态物质来分割食物, 对原子的深刻理解却仅始于百余年前.

　　关于构成正常物质的基本单元的推测具有悠久的历史. 在东方, 庄子 (约公元前 369—前 286) 在《庄子 · 天下篇》有言 "一尺之捶, 日取其半, 万世不竭". 在中国古代还认为宇宙万物本质上由 "金、木、水、火、土" 等五种元素所构成. 而在西方, 古希腊哲学家德谟克利特 (Demokritos, 约公元前 460—前 370) 则想象世间存在不可分割的 "原子", 认为万物本原即为 "原子" 和 "虚空": 不同种类和数量的原子排列造就性质相异的物体. 苏格拉底 (Socrates, 约公元前 470—前 399) 的门徒柏拉图 (Plato, 公元前 427—前 347) 相信数学上具有很好对称性的正多面体 (后称 "柏拉图立体", 共五种) 是宇宙的基本元素 (如图 1.2), 而球体是最对称和完美的, 刻画整个宇宙.

_____

　　①[唐] 柳宗元,《小石潭记》.

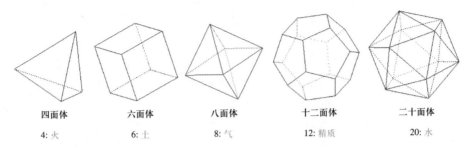

| 四面体 | 六面体 | 八面体 | 十二面体 | 二十面体 |
| 4: 火 | 6: 土 | 8: 气 | 12: 精质 | 20: 水 |

图 1.2 柏拉图的 "万物理论": 五种正多面体, 分别对应于火、土、气、精质 (以太)、水.

在西方, 作为一种文化基因, 这些古代的臆测在以蒸汽机为标志的第一次工业革命时期 (始于 18 世纪 60 年代) 或多或少地开始跟实践联系起来了. 提升热机效率的工业和社会需求促进了对热现象的深入研究. 逐渐发展起来的热力学和统计物理分别从宏观和微观角度关注热的本质, 殊途同归. 值得一提的是, 统计物理假设构成热气体的基本单元为分子或原子, 进而研究大量粒子整体上的统计行为. 这方面, 许多先贤在理解物质单元的征程上贡献智慧, 尤其是玻尔兹曼 (Boltzmann, 1844—1906), 被认为 "在两位最伟大的理论物理学家之间承上启下: 19 世纪的麦克斯韦 (Maxwell, 1831—1879) 和 20 世纪的爱因斯坦 (Einstein, 1879—1955)"[2]. 这是探索自然基本粒子的一大步, 将我们带入一个从原子到亚原子的科学世界.

若要深刻地理解原子, 则离不开 "量子论" (见表 1.1). 人们建立原子的正确图像启始于卢瑟福依据 α 粒子大角度散射实验事实而建立的 "有核模型", 但是这样的原子在经典的麦克斯韦电磁学理论框架内是不稳定的, 它将不得不因辐射电磁波而 "坍缩". 玻尔提出 "定态" 假设实则一种无奈之举, 只有在量子力学建立

表 1.1   量子论发展早期的里程碑

年份	进展	代表性人物	备注
1897	测定电子的荷质比	J. J. 汤姆孙	
1911	原子的有核模型	卢瑟福	
1913	氢原子唯象模型	玻尔	
1900-1905-1923	光的波粒二象性	普朗克, 爱因斯坦, 康普顿	
1924	波粒二象性 (特别是电子)	德布罗意	
1925	量子力学的矩阵形式	海森伯	标志着量子论的建立, 未来再结合狭义相对论后发展成量子场论
1926	量子力学的波动形式	薛定谔	
1924	玻色-爱因斯坦 (BE) 统计	玻色, 爱因斯坦	满足全同性, 但粒子数不受限
1925	泡利不相容原理	泡利	
1926	费米-狄拉克 (FD) 统计	费米, 狄拉克	满足全同性, 但粒子数受限

之后才能通过定量计算而得到所谓的"定态". 当然, 这一过程中还以光和电子的"波粒二象性"认识作为铺垫.

统计物理基于微观单元的属性得到大量粒子构成宏观物体时的概率统计行为特征, 从而建立起尺度差异巨大的不同层次物理规律之间的联系. 经典物理认为这些微观单元是可分辨的、"小球"似的粒子, 这样建立起来的麦克斯韦-玻尔兹曼 (MB) 统计成功地解释了热力学第零、第一、第二、第三定律, 特别是第二定律. 然而黑体腔中光波的重叠使得光子是不可区分的、全同的. 如此看来, 玻色考虑全同性但类似 MB 统计的计算 (即粒子倾向于能量低态, 某一状态的粒子数目不受限) 算是给众多普朗克公式的推导画上完美的句号. 但是, 满足泡利不相容原理的电子却拥有不一样的统计行为, 即费米-狄拉克 (FD) 统计[1]. 这一新统计促进了人类对凝聚态物质本质的认识 (见 1.2 节).

值得一提的是, 原子核并非点电荷, 它是由核子 (即质子、中子) 组成、被基本强相互作用所束缚的凝聚体. 认识到这一点的关键是实验发现中子. 在 1911 年建立卢瑟福原子模型之后至 1932 年发现中子之前, 人们普遍认为质量数 A、原子序数 Z 的原子核含有 A 个质子和 $(A-Z)$ 个电子. 这些存在于原子核内、紧密地跟质子粘合在一起的电子不同于核外作类似"行星运动"的电子[4]. 1920 年卢瑟福在题为"原子核组成"的讲座中强调实验上发现一些原子核的电荷数只有约其质量数的一半, 并指出"……电子可能与氢核很紧密地结合而形成一类新的中性双子 (doublet)"[2]. 他还推测双子会在物质中自由运动, 难被探测, 或许不能被限制于密封容器中. 人们一般认为, 1921 年 Harkins 在讨论同位素分类时, 开始明确地用"中子"(neutron) 这个词代替卢瑟福的"双子"[7].

中子的发现也曾经历一番周折. 1930 年 Bothe 和 Becker[8] 报道用 Po 的 α射线轰击 Be 时产生的一种中性"γ 射线", 但它比一般 γ 射线的穿透能力强很多. 1932 年居里夫妇[9] 用这种"γ 射线"轰击石蜡中的质子, 并且根据出射质子的能量推算出"γ 射线"的能量 (约为 50MeV). 为何 Be 原子核被 α 射线轰击后能够产生如此高能的 γ 射线? 当年, 深受卢瑟福"双子"概念影响的查德威克注意到居里夫妇的实验, 并怀疑这种射线本质上不是 γ 射线而是他一直实验寻找的中子 ("双子"). 为了搞清楚 Bothe 等发现的射线到底是 γ 射线还是中子, 查德威克以这种射线轰击 He, Li, N 等其他原子核, 也测得了这些核不同的反冲动能. 如果认为那种射线是静质量为零的 γ 射线, 则根据反冲动能推算的 γ 射线能量与实验的差别很大; 但

---

[1]有历史文献显示, Pascual Jordan(1902—1980) 于 1925 年即首次提出了这一新统计[3], 然而没能及时获得关注, 这是源于杂志主编 Max Born 的疏忽. Jordan 一直将这种统计称为"泡利统计".

[2]见 [5]. 核内电子亦称为"核电子"(nuclei electrons), 如 [6]. 实际上, 依据海森伯不确定关系易于给出核内电子动能超过 100MeV, 根本不可能通过电磁力将电子束缚于原子核之中.

若认为那种射线就是静质量跟质子相近的中子, 就没有这些矛盾了. 因此查德威克认为 "中子可能存在"[10], 并因中子的发现很快荣获 1935 年度诺贝尔物理学奖.

简短地对这一小节作一总结. 人类文明始于使用工具, 这些工具实质是由电磁力聚合原子而成的. 而除了由电磁力聚合成的正常原子物质 (简称 "电物质") 外, 直到 1911 年才意识到还存在一种由强力粘合核子而成的原子核物质 (类似地, 简称 "强物质"). 能够确定原子核就是强物质的唯一形式吗? 如果我们考虑到万有引力主导的大质量恒星演化, 答案是 "不能确定". 我们将在如下两小节解释, 自然界很可能存在另一种强物质, 即所谓的 "奇异物质". 当然, 奇异物质的观测证认有待进一步努力 (1.4 节).

1.2 宇观与引力: 从白矮星到中子星

上一节关注微观, 没有考虑万有引力. 探究较大尺度的物理时, 万有引力效应则不可忽略; 这正是天文学家面对宇观现象时的处境. 鉴于引力的非屏蔽性, 它在天体物理学中扮演不可或缺的角色[11]. 恒星就是这类普遍而典型的例子.

对于确定质量 M 的恒星而言, 其自引力能 $E_g \approx -GM^2/R$, 显然半径 R 越小引力能就越低, 越倾向稳定. 由此可见, 允许星体内能显著增加是阻碍其无限制收缩 (即坠落至奇点) 的有效手段. 因此, 恒星内部压力抵抗自引力本质上体现了内能与引力能之间的匹配. 考虑恒星物质平均每重子能够贡献 ε 能量来平衡引力能, 则恒星的总能量 $E(M)$ 可写成 (暂不考虑静能)

$$E(M) = \varepsilon \frac{M}{m_u} + E_g \approx \left(\varepsilon - \frac{GMm_u}{R} \right) \frac{M}{m_u}, \tag{1.1}$$

其中原子质量单位 $m_u \approx 1\ \text{GeV}/c^2$, 星体总重子数约 $M/m_u \sim 10^{57} M/M_\odot$ ($M_\odot$ 为太阳质量). 恒星处于平衡态时, $E(M) \sim 0$,[①] 即有 (注意到常数 $GM_\odot/c^2 \approx 1.5\ \text{km}$)

$$R \approx \frac{GMm_u}{\varepsilon} \approx 1.5\ \text{km}\ \frac{M}{M_\odot} \frac{1\ \text{GeV}}{\varepsilon}. \tag{1.2}$$

由上式, 我们可以在数量级层面上统一地重新梳理主序星、白矮星和脉冲星类致密天体. 不失一般性, 我们下面讨论 $M \sim M_\odot$ 情形. 易于看出, $R > R_s$ (R_s 为 Schwarzschild 半径, $R_s = 2GM/c^2 \approx 3\ \text{km}\ M/M_\odot$) 给出每重子数贡献的最大内能 $\varepsilon_{\text{max}} \sim 500\ \text{MeV}$, 这也从一个侧面暗示坍缩至奇点前的致密星的物态属于非微扰强相互作用范畴 (参阅 2.2.3 节和 4.1 节).

---

①这里其实是指引力能绝对值在数量级上与内能相当. 举一个便于理解的例子: 质量 m 的质点绕另一质量 $M \gg m$ 的质点作半径为 r 的圆周运动, 此时系统内能 (即动能) $GMm/(2r)$ 是引力能绝对值 GMm/r 的一半.

(1) 对于主序星太阳而言, 依据其半径观测值 7×10^5 km 得 $\varepsilon \sim 1$ keV. 若认为此内能源于热运动动能, 则温度 $T \sim 10^7$ K. 怎样才能维持如此高的温度状态? 此乃包括太阳在内的恒星的能源问题. 虽然 1840 年代迈耶 (Mayer, 1814—1878) 在思考能量转化与守恒过程时就推测过跟陨星有关, 1854 年亥姆霍兹 (Helmholtz, 1821—1894) 主张太阳以缓慢收缩释放的引力能维持其高温, 但直到 1920 年 Eddington 才给出接近正确的答案. 他在一篇题为 "恒星的内部结构" 的论文[12] 中写道: "氦原子核由四个氢原子核和两个电子结合而成 …… 如果一颗恒星 5% 的氢原子逐渐结合而形成复杂的元素, 其释放热量将足以满足需求, 我们不再需要寻求其他的恒星能量来源". 这一观点接近目前所认识的主序星核能源的静过程: $2e^- + 4p \rightarrow {}^4He + 2\nu_e$. 当然, 质子热运动动能 $\varepsilon (\sim 1$ keV) 远低于其间的库仑势垒 $(\sim 1$ MeV), 但量子隧穿效应足以导致显著的核聚变从而有效地释放能量.

(2) 恒星耗尽其核能源后将何去何从? 辐射导致温度下降; 无能源供给必然导致热能枯竭. 从式 (1.1) 显而易见, 若恒星不能提供显著的内能, 即 $\varepsilon \sim 0$, 则最稳定的状态应该是 $R \rightarrow 0$, 即时空奇点. 1862 年发现的天狼星伴星这颗 "白矮星" 就是这类星体, 它们有别于普通主序恒星, 为那时的天文学家所不解. 白矮星的内能其实起源于电子气的量子统计, 即费米-狄拉克 (FD) 统计. 1926 年, Fowler 首次将这一新的统计模型应用于理解白矮星, 提出电子量子简并压抵抗白矮星自引力, 但在计算状态方程时采用了非相对论形式的能量-动量关系. 这点瑕疵被 Chandrasekhar 注意到. 他考虑了相对论能量-动量关系后发现在高密度时物态趋软, 进而得出结论: 白矮星在质量太大、自引力过强时是不能稳定存在的[13]; 后人称白矮星极限质量为 "Chandrasekhar 极限". 因此, 对于白矮星而言, 主要由电子简并能贡献内能. 在接近极限质量的高密度情形, 即 $\varepsilon \sim MeV > m_e c^2 = 0.511$ MeV 时电子处于相对论性简并态. 这样, 由式 (1.2) 得到极限质量附近的白矮星半径 $R \sim (1$ GeV/MeV$)$ km $\sim 10^3$ km.

(3) 超过这一 Chandrasekhar 极限会咋样? 比 Chandrasekhar 年长两岁多的朗道于 1929 至 1931 年访问欧洲期间思考过这个问题, 并给出这样一个猜测: 引力坍缩可将原子核挤成一片形成一个 "巨核"[14]! 其论文完稿于 1931 年 2 月, 发表于 1932 年 1 月. 值得注意的是: 朗道的 "巨核" 可看作中子星的原型, 却是在发现中子之前提出的[15]. 受 1920 年代主流观念的影响, 朗道认为巨核内 "电子紧密地跟质子结合在一起", 甚至怀疑量子论在巨核内失效. 1932 年 2 月查德威克的 Nature 论文公布了中子存在的证据. 这样看来, 巨核内部的主要成分就是中子了: 除了原子核内部本来就存在的中子, 为降低处于费米-狄拉克新统计状态电子的动能, 原先核外电子跟质子通过弱相互作用转变为中子, 即: $e^- + p \rightarrow n + \nu_e$.

中子星的概念最先受到超新星、宇宙线等领域学者的关注, 在 1967 年宣称发现射电脉冲星之后才逐渐广泛流行开来, 从而在观测到的脉冲星和理论推测的中子星之间画上了等号. 不过, 有两个关键问题至今尚待澄清. 一是主要成分果真是中子吗? 在 1930 年代初, 人们以为电子 (包括正电子)、光子、质子、中子, 以及可能存在的中微子即为构成世间万物的 "基本粒子". 但是, 始于 1960 年代强子结构的研究最终导致粒子物理标准模型的建立 (详见第二章): 包括质子、中子在内的强子本质上由夸克所构成! 这使得人们怀疑其他成分在巨核内的存在, 特别地: 奇异数可能在确定基本成分方面扮演了关键角色 (见 1.3 节). 二是如何确定脉冲星这类致密星体的内能 (即 ε)? 对于主序星 ($\varepsilon \sim \mathrm{keV}$) 和白矮星 ($\varepsilon \sim \mathrm{MeV}$) 而言, 每重子内能均满足 $\varepsilon < \varepsilon_{\max} \sim 0.5$ GeV (参考 (1.1) 式). 对于脉冲星类致密天体, 内能 ε 取值如何? 传统的观点乃对照白矮星来看待这类致密星, 认为由中子简并压代替电子简并压, 这样简并中子气贡献内能 $\varepsilon \sim 10^2$ MeV, 依 (1.1) 式得到中子星的半径 $R \sim 10$ km. 而类似于理想零温电子气的白矮星模型, 忽略中子之间相互作用而得到的首个中子星模型[16] 给出的极限仅 $0.7\,M_\odot$, 远低于目前测得脉冲星的最大质量 $\sim 2M_\odot$. 事实上, 内能 $\varepsilon < 0.5$ GeV 已经表明巨核应该处于低能非微扰强相互作用范畴, 强力显然不可忽略. 值得一提的是, 非微扰强力也可能显著贡献内能: 比如类似核子的单元 —— 奇子 —— 之间可能存在范德瓦尔斯类相互作用 (参见文献 [98]), 亦可贡献 $\varepsilon \sim 10^2$ MeV 的内能 (见 1.3 节讨论).

宇观的天文学与微观的亚原子物理学这两个学科之间的互动可谓源远流长. 以上这段历史过程就是很好的典范. 在费米-狄拉克新统计开始逐渐被世人认可之时, 朗道意识到 "巨原子核" 内会存在极高能的简并电子气, 进而提出电子和质子 "紧密结合" (即后来发现的中子) 时系统趋于稳定. 从现代意义上讲, 普通中子星本质上是 "核子星", 只因高密电子环境导致极丰中子罢了. 可否有其他途径也能有效地清除这些 "高能电子"? 朗道时代的答案应该是否定的, 因为那时认为核子和电子是基本粒子. 1967 年发现的脉冲星虽然很快被公认为真实存在的中子星, 但在 1960 年代发现包括核子在内的强子是由更基本的夸克组成的背景下, 人们认识到除掉高能电子的途径或许不再唯一. 这将是下一节介绍的内容.

1.3　夸克与轻子: 奇异星?

亚核子的探索始于 "奇异粒子" 的发现. 1947 年, Rochester 和 Butler 在研究宇宙线跟铅板相互作用时, 依据照片上 "V 型轨迹" 判定存在一种新的中性粒子[17]. 后续的研究发现, 这类粒子具有 "奇怪" 的行为: 协同快产生, 单独慢衰变. 为此, 西岛和 Gell-Mann 于 1953 年提出奇异数 S 的概念来解释, 认为在强作用下 S 守恒而弱作用下 S 不守恒. 现在人们知道, 奇异数本质上反映了存在核子中没有的、新的一味 (价) 夸克, 名之曰奇异夸克. 后续的实验和理论研究最终导致粒子物理标准模型的建立, 按此模型, 自然界存在六味夸克: 依据质量分为轻夸克 (u, d, s; 质量小于

0.1 GeV) 和重夸克 (c, t, b; 质量大于 1 GeV). 想必 Rochester 和 Butler 当年完全没有意识到, 他们的发现会敲开亚核子世界的大门, 促使人类对基本粒子认识的飞跃! 2019 年 Nature 杂志收集了 "10 篇超乎寻常的论文" (10 extraordinary papers), Rochester 和 Butler 的论文代表高能物理领域而被列入.

随着 1960 年代以来粒子物理标准模型的发展与成功, 奇异数在致密物质的状态方程研究中逐渐受到重视. 该自由度的引入能够使得巨核两全其美: 既能像原子核那样维持夸克的味对称还能满足朗道的电中性要求, 只是需要将味道的数目从 "2" 推广至 "3". 自由强子尺寸 ℓ 决定于强作用, $\ell \sim 0.5$ fm, 对应的能标 $E_{\text{scale}} \approx \hbar c/\ell \sim 0.5$ GeV, 远低于重味夸克质量. 事实上, 核子内部也存在显著的奇异海夸克, 再考虑到重子数守恒但弱作用可改变夸克味, 故利用三味三角形 (图 1.3) 来分析比较直观. 值得注意的是: 轻味夸克的质量差 $\Delta m_{\text{uds}} \sim 0.1$ GeV, 而微扰 QCD 能标 $\Lambda_\chi > 1$ GeV. 由此可见, 对于巨核而言, "$\Delta m_{\text{uds}} < E_{\text{scale}} < \Lambda_\chi$" 这一事实不仅暗示轻味对称性的重要性 (图 1.3), 而且意味着此时的基本单元很可能并非游离夸克. 若巨核跟原子核一样都能存在于零压环境, 则它们同为非微扰 QCD 体系. 我们将巨核内部类似原子核中核子但奇异数非零的单元称为 "奇子" (strangeon).

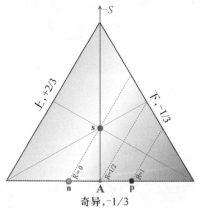

图 1.3 轻味夸克 ("上"、"下" 和 "奇异" 三味) 三角形. 三角形内任一点处夸克的数密度由该点至相应味边的高度来度量. 三角形中的灰度表征重子成分的荷质比 R. 原子核处于 A 点附近, $R = 1/2$, 中子星 (n 点) 和奇异星 (s 点) 内部的重子组分都近乎电中性, $R = 0$. 位于 s 点处、类似于 A 点原子核内的基本单元被称为奇子 (strangeon). 另有可能是: s 点处的基本单元为夸克, 相应的天体称为夸克星或奇异夸克星.

中子星主要由核物质组成, 几乎只包含上、下两味价夸克, 而奇异星含有大约相等数密度的上、下、奇异三味价夸克. 人们往往认为奇异星内部的夸克是游离的, 称这类奇异星为奇异夸克星 (简称夸克星). 不过, 目前尚不能排除奇异星内部三味夸克之间会存在较强的耦合. 这些三味夸克之间的非微扰强作用可能导致形成类似于核子的单位, 即 "奇子". 若构成奇异星的单元并非夸克而是奇子, 则称这类奇异星为奇子星. 由此可见, 普通原子核位于图 1.3 中 "A" 点; 朗道认为的巨核就是位于 "n" 点的中子星, 不过目前还不能排除它们可能是 "s" 点的奇异星 (奇异夸克星或奇子星). 跟 "n" 点类似, "s" 点处也能有效地清除 "高能电子", 都体现了朗道的初衷.

鉴于奇子质量远大于核子并且量子波包小, 我们推测奇子表现得更像经典粒子, 低温下奇子星往往处于经典固体状态, 但不排除某些特殊参数条件下可能存在奇异夸克物质的核心. 若奇子之间的相互作用能跟核子的相当, 即在 $10 \sim 100 \, \mathrm{MeV}$, 则推测其融解温度 $T_\mathrm{m} \sim (0.1 \sim 1) \, \mathrm{MeV}$, 远高于目前观测到的脉冲星类致密天体的表面温度 ($\lesssim 10^{-3} \, \mathrm{MeV}$). 故而, 除非在形成初期, 奇子星会很快通过中微子冷却而固化. 整体刚性奇子星的星震将导致丰富的天体物理后果 (参阅第六章).

1.4 多信使天文学时代的期待

脉冲星类致密星的本质到底是什么? 它的解答涉及若干极端天体物理现象背后的深层次物理, 必将丰富人们关于低能强作用表现方面的认识. 在打开引力波窗口的今天, 该问题已经被提至多信使天文学的议事日程, 与脉冲星、超新星、γ 射线暴和快速射电暴的研究, 甚至与暗物质和宇宙线探测等都息息相关.

从图 1.3 可以看出, "A" 点的原子核被引力挤成巨核后可能是 "n" 点的中子星, 但亦可能是 "s" 点的奇异星. 相较于传统中子星和奇异夸克星而言, 奇子星兼容了如下属性. a, 电中性: 夸克整体上近乎电中性, 降低电子占比, 合乎朗道初心. b, 轻味对称性: 可看作原子核两味 "对称能" 的一种拓展. c, 现实性: 原子核尽管零压下含夸克和胶子等基本粒子, 但却由核子构成. 类似于夸克星, 奇子星表面自束缚, 质量-半径关系显著区别于普通中子星, 且物态硬、极限质量高. 未来若发现质量大于 $2.3 M_\odot$ 的脉冲星将是奇子星存在的有力证据. 此外, 低温奇子物质处于固态, 其积累的弹性能和引力能在星震过程中突然释放, 可表现为爆发现象. 总之, 虽有些观测支持, 但奇子星观测认证仍任重道远. 我们将从如下三方面来探讨中子星、奇异星 (奇异夸克星或奇子星) 的观测认证.

(1) 脉冲星类致密天体的质量谱. 一般来说, 物态越硬 (本质上是较大的内能 ε 的增加), 极限质量就会越大. 目前观测到最大质量的中子星质量约为 $2M_\odot$. 对于内部含有超子的强子星和夸克星, 一般来说物态偏软, 极限质量较低. 这是因为 s 夸克带来了新的自由度, 一般会使得体系能量降低. 在奇子星模型中, 奇子是非相对论的, 在密度非常高时存在很强的排斥相互作用, 物态非常硬, 所以它的极限质量可以高于 $2M_\odot$. 很多强子星模型的极限质量也可高于 $2M_\odot$; 同一类型的中子星模型, 在给定质量的情况下, 物态越硬的中子星半径一般也越大. 寻找更大质量的中子星是人们检验物态的绝佳探针, 而表面自束缚的低质量奇异星也体现物态性质.

测量质量有多种方式, 其中依赖精确时钟特性的脉冲双星动力学能给出较为

"干净" 的测量. 若脉冲星处在双星系统中, 这个运动的时钟就包含着双星轨道和周围弯曲的引力场的信息, 脉冲到达时间也会受到相应的调制. 若脉冲星的伴星是白矮星, 射电脉冲星的脉冲信号经过伴星附近弯曲的时空时会有时间延迟, 这个效应会打破轨道参数的某些简并性, 从而独立地给出脉冲星的质量. 不过, 相比于质量测量而言, 半径就难测得多了. 试想, 要测量银河系尺度中一个尺度只有十来公里的星体的精确半径是多么不容易的一件事情! 但天文学家还是找到了方法: 一些脉冲星有来自表面的热的 X 射线辐射, 携带着中子星自转和表面的强引力场的信息.

(2) 极端暂现源, 包括 γ 射线暴、快速射电暴、超新星等. 无论是中子星还是夸克星、奇子星, 在大质量恒星核心的引力坍塌或双星合并过程中通过发电机过程将机械能转化为磁能而放大磁场是不奇怪的. 由于大规模对流和较差自转, 有效的发电机作用甚至会激发超强磁场, $> 10^{14}$ G, 形成所谓的超磁星 (也称磁星). 高速初始自转 (周期短于 3 ms [18]) 情形下诞生中子超磁星, 很可能表现为特征丰富的暂现天体物理事件. 对于奇异星而言, 除了短的初始自转周期外, 接近极限质量的大质量也可能是决定奇异超磁星形成的另一个关键因素. 奇子物质的状态方程非常硬, 其质量极限甚至达 $3M_{\odot}$, 奇子超磁星经常发生的星震或跟大质量有关. 从丰富的 γ 射线暴、快速射电暴、超新星等观测表现中寻找确切的物态信息, 一直是人们持之以恒的追求.

2017 年探测到第一例双中子星并合引力波事件 GW170817 以及多波段的电磁辐射, 宣告了多信使天文学时代的到来. 两颗旋近的中子星, 由于不断辐射引力波而相互靠近, 最终并合. 快速的旋近和剧烈的碰撞产生引力波、多个波段的电磁辐射和大量中微子. 不同于双黑洞, 中子星是有延展的物质. 在双中子星旋近的末期, 星体本身的大小不能忽略, 在各自的潮汐场中发生形变. 这一物理效应可以从旋近的引力波信号中提取出来.

中子星在潮汐场中形变的程度可以用一个叫做潮汐形变能力的物理量来衡量. 从牛顿力学的观点看, 潮汐力是引力场的梯度. 对于给定质量的星体, 半径越大, 一般潮汐形变能力也越强. 实际上, 潮汐形变参数正比于半径的 5 次方, 对半径的变化非常敏感, 所以潮汐形变能力是一个很好的限制物态的物理量. 据 GW170817 虽然没有测得潮汐形变, 但是给出了潮汐形变能力的上限. 此外, 双中子星并合时产生的千新星现象也能有效约束致密物态.

(3) 脉冲星磁层动力学与射电相干辐射机制. 射电脉冲星是该研究中最丰富的一类样本. 第一颗脉冲星 CP 1919 是通过无线电波发现的, 目前这种致密天体的总数超过三千. 它们在 X 射线和 γ 射线中往往可见, 也是中微子和引力波源. 不过, 即使在半个多世纪后的今天, 磁层辐射的相干机制仍未有定论. 相较于传统的中子星, 奇异星表面粒子束缚能高, 容易维持真空间隙的存在[19]. 另外, 奇子物质的刚性容易导致表面 "小山" 的形成, 很可能跟表面放电和大量粒子流的出射有关[20]. 值得--提的是, 这方面的研究在理解快速射电暴的中心引擎时具有重要意义[21].

第二章 粒子物理标准模型简介

自 1932 年查德威克发现中子之后, 人们认识到物质世界是由质子、中子、电子、光子以及中微子这些 "基本粒子" 构成的. 它们之间存在的相互作用可以分为四大类, 即核力、电磁力、弱作用力以及万有引力 (英语简称 gravity, 译为 "重力" 或 "引力"). 然而, 此后在宇宙射线特别是加速器实验中发现了大量新的短寿命粒子, 其结构和性质无法由已知的 "基本粒子" 进行描述. 为了解释这些新粒子的基本构成及其性质, 便诞生了粒子物理学这一新的学科, 人们也逐渐意识到所谓 "基本粒子" 其实还可以进一步再分. 20 世纪粒子物理学研究的重要成就之一就是建立了粒子物理标准模型, 从而使人类对物质世界的基本结构和相互作用有了系统和完整的认识. 这里就尝试对粒子物理学的辉煌成就作简要描述.

2.1 粒子的分类

一般根据是否参与强相互作用, 将已经发现的粒子分为两大类. 一类是不参与强相互作用的轻子, 其自旋为 1/2 (费米子, 如电子、μ 子、中微子等). 还有一类是参与强相互作用的强子, 包含了自旋为半整数的重子 (费米子, 重子数 $B = 1$, 如质子、中子、Λ 超子等) 以及自旋为整数的介子 (玻色子, 重子数 $B = 0$, 如 π 介子、ρ 介子、K 介子等). 除了这两大类粒子, 它们之间的相互作用及转化要通过交换一类特殊的规范玻色子来实现, 即传递电磁作用的光子、传递弱相互作用的 $W^{\pm}$ 和 Z 玻色子以及传递强相互作用的胶子. 我们将在下一节介绍这些规范玻色子是如何传递相互作用的. 除此之外还有一种产生粒子质量的玻色子: Higgs 粒子.

2.1.1 轻子

电子 (e^-) 是最常见也最早被发现的轻子, 1897 年由汤姆孙 (J. J. Thomson) 在研究阴极射线时发现. 它带负电并参与电磁相互作用和弱相互作用, 通常与原子核结合构成原子. 1932 年, 美国物理学家 Anderson 将威尔逊云室置入一个强磁场中, 通过分析宇宙射线的轨迹图片发现了正电子 (e^+): 其质量与电子相同, 但电荷却相反, 实质是反物质的电子. Anderson 随即因发现正电子而获得了 1936 年的诺贝尔奖. 这里值得一提的是我国物理学家赵忠尧在 1930 年就发现了正电子参与的湮灭现象, 只可惜当时他还不知道这就是由狄拉克预言的正电子所造成的实验现象.

而除了电子之外, 为了解释 β 衰变过程中的能量亏损, 1930 年泡利提出存在一

种质量为零、电中性且不同于光子的新粒子 —— 中微子. 该新粒子带走了亏损的能量, 相关的反应过程为

$$n \to p + e^- + \bar{\nu}_e. \tag{2.1}$$

由于中微子与其它物质发生反应的概率极小, 要在实验上直接证实中微子的存在非常困难. 如何探测中微子呢? 人们意识到核反应堆中生成了大量反电子型中微子 $\bar{\nu}_e$, 采用足够大的探测器就有可能探测到. 1956 年, 美国物理学家 Reines 和 Cown 利用反应

$$\bar{\nu}_e + p \to n + e^+ \tag{2.2}$$

直接探测到了反应堆中 β^- 衰变生成的反中微子, 并测得了 $\bar{\nu}_e$ 与质子反应的截面, Reines 因此于 1995 年获得了诺贝尔奖. 值得一提的是, 1942 年王淦昌先生即建议利用 ^{7}Be 核 K 俘获后的反冲核 ^{7}Li 来间接证明中微子的存在. 同年, Allen 成功地施于实验. 1955 年, Davis 基于如下反应

$$\nu_e + {}^{37}\text{Cl} \to {}^{37}\text{Ar} + e^-, \tag{2.3}$$

尝试用 CCl_4 测量来自太阳的中微子, 最终荣获 2002 年度的诺贝尔奖.

　　基于这些研究, 人们认识了第一代轻子, 即电子、电子中微子以及它们的反粒子. 在后续的高能物理实验研究中, 又进一步发现性质与电子完全相同但质量大得多的缪子 (μ^-) 和陶子 (τ^-), 以及相应的缪子中微子 (ν_μ) 和陶子中微子 (ν_τ), 再加上这些粒子的反粒子, 它们分别对应于轻子第二代 ($\mu^\pm$, ν_μ 和 $\bar{\nu}_\mu$) 及第三代 ($\tau^\pm$, ν_τ 和 $\bar{\nu}_\tau$). 人们为每一代轻子定义了轻子数: 正物质的轻子数为 1, 反物质的轻子数则为 -1. 研究发现, 对于任何反应三代轻子数都必须各自守恒, 即反应前后各代总的轻子数保持不变. 除此之外, 是否还存在第四代甚至第五代轻子呢? 人们在大型电子-正电子对撞机 (LEP) 上制造了大量 Z 玻色子 ($m_Z = 91.187$ GeV), 并测量这些粒子是否会衰变为第四代中微子, 结果表明至少在 45.6 GeV 以下不存在第四代轻子. 此外, 在大爆炸早期创造的大量轻元素特别是氢和氦的丰度以及宇宙微波背景辐射的中微子印记都表明只存在三代中微子.

　　最后值得一提的是, 1964 年 Davis 等人首次成功测量了太阳产生的中微子, 然而探测到的中微子数量仅约理论预言的三分之一, 而此后其他的中微子实验都得到了相似的结论, 这就是著名的太阳中微子丢失问题. 这个问题直到 2001 年 Sudbury 中微子观测站 (SNO) 同时探测三种中微子之后才得以解决, 他们发现太阳中微子并没有丢失, 只是太阳核聚变产生的电子中微子在到达地球的过程中部分转化成了其它类型的中微子. 而实际上, 1998 年小柴昌俊和梶田隆章等人就基于超级神冈实验的测量结果, 证实了中微子在传播过程中相互转化, 发生了振荡现象. 除了太阳

中微子振荡和大气中微子振荡, 2012 年我国的大亚湾中微子实验还发现了核反应堆中微子振荡现象 (所谓的 θ_{13}). 中微子振荡现象表明其静质量不为零, 同时最新的 Karlsruher 氚中微子实验 (KATRIN) 通过精细测量氚的 β 衰变测得中微子的质量不超过 1.1 eV. 而初始版本的标准模型中微子质量为零, 因此可能需要对其作相应的修改, 并以此为基础探讨中微子是 Majorana 费米子还是狄拉克费米子, 即正反中微子之间的不对称性, 以及宇宙中的物质与反物质的不对称性.

2.1.2 强子

强子是所有参与强相互作用粒子的统称, 包括重子和介子, 这些粒子同时还参与电磁相互作用和弱相互作用. 1935 年, 汤川秀树提出核力的介子场理论并预言了 π 介子, 随后英国物理学家 Powell 等人在 1947 年发现了 π 介子. 同一年, Rochester 和 Butler 在宇宙线实验中还发现了 K 介子. 这些新粒子的发现极大地促进了加速器的研究和发展. 随着加速器束流能量和流强的不断提高, 到了 1960 年代人们合成了数百种新粒子, 其中大部分都是强子.

面对如此众多的强子, 粒子物理学家尝试按照它们的各种性质来建立强子的 "元素周期表", 并期望在此基础之上来理解其内部结构. 例如, 质子和中子的相对质量差只有不到 0.14%, 人们因此将它们归为同位旋二重态 (类似于自旋多重态). 而与此类似的还有 π 介子, 可以看成是同位旋三重态, 包含了 $\pi^{\pm}$ 和 π^0. 基于这些性质, 1949 年费米和杨振宁首先采用质子和反质子、中子和反中子等成功地从模型上构造了 π 介子. 然而此后人们在加速器实验中合成了大量奇异粒子, 费米-杨模型对于解释这类粒子存在较大困难. 奇异粒子的生成和衰变模式有两个基本特征: (1) 奇异粒子总是成对产生; (2) 奇异粒子产生容易, 衰变困难, 其平均寿命介于 10^{-10} s 到 10^{-8} s, 远大于强作用衰变时标. 为了解释这些奇特的现象, 西岛和彦、中野董夫和 Gell-Mann 认为强子还应对应一个新的量子数: 奇异数 S, 它在强作用和电磁作用下守恒但弱作用时不守恒. 除此之外, 强子的电荷 Q、同位旋第三分量 I_3、重子数 B 以及奇异数 S 之间会满足如下关系:

$$Q = I_3 + \frac{1}{2}(B + S) = I_3 + \frac{Y}{2}, \tag{2.4}$$

此即 Gell-Mann-西岛关系, 其中 $Y = B + S$ 又称为强子的超荷. 以同位旋第三分量 I_3 为横轴, 超荷 Y 为纵轴, 通过将具有相同自旋和宇称的粒子画在图上, 人们发现了其中惊人的对称性. 在此基础之上, 1956 年坂田昌一提出了强子的复合模型, 认为所有强子都由三种 "基本粒子" 即质子、中子和 Λ 超子所构成. 1961 年, Gell-Mann 和 Neemann 分别基于 SU(3) 对称性提出八重法 (The Eightfold Way), 把性质相近的强子分成了一个个家族, 并认为每个家族应包含 8 个粒子.

图 2.1 展示了按照自旋 (J) 和宇称 (P) 区分的赝标量介子 ($J^P = 0^-$) 和重子

$\left(J^P = \dfrac{1}{2}^+\right)$ 两个家族的构成. 而如果将 1961 年已经发现的 $J^P = \dfrac{3}{2}^+$ 的 9 个重子按类似图 2.1 那样画出来, 按照 SU(3) 对称性的要求, 就应该存在这一家族的重子十重态, 如图 2.2 所示. 1962 年, Gell-Mann 由此断定还存在一个未被发现的重子 (奇

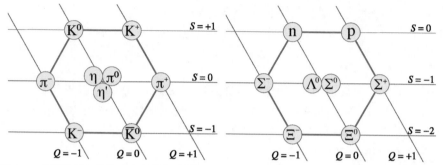

图 2.1 自旋为零、宇称为负的赝标量介子 (左图) 和自旋为 1/2、宇称为正的重子 (右图)

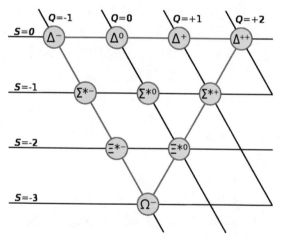

图 2.2 自旋为 3/2、宇称为正的重子十重态

异数 $S = -3$、同位旋 $I = 0$、电荷 $Q = -1$、质量约为 1680 MeV), 并将其命名为 Ω^-. 1964 年, 新粒子 Ω^- 在美国布鲁克海文国家实验室 (BNL) 被发现, 其性质几乎完全符合 Gell-Mann 的预言. 同年, Gell-Mann 和 Zweig 在强子分类八重法的基础之上分别提出了夸克模型, 认为所有强子都是由三种更基本的粒子及其反粒子 —— 正反夸克组成, 即上夸克 (up, u)、下夸克 (down, d)、奇异夸克 (strange, s) 以及相应的反夸克. 这些夸克的重子数 $B = 1/3$, 并且携带分数电荷 $q_u = 2/3$ 及 $q_d = q_s = -1/3$ (以电子电量的绝对值为单位). 为了寻找夸克的踪迹, 斯坦福直线加速器 (SLAC) 在 1968 年开展了电子-质子深度非弹性散射实验, 证明质子内

部存在点状物, 其大小约为核子的 $1/10000$[①]. 而后续 SLAC 的正负电子对撞实验产生了两个强子喷注 (jet), 其角分布符合自旋为 $1/2$ 的粒子, 表明夸克的自旋应为 $1/2$. 在接下来的粒子物理实验中, 人们又陆续发现了粲夸克 (charm, c)、底夸克 (bottom, b) 以及顶夸克 (top, t) 的存在证据, 因此总共有 6 类夸克, 即 6 种味 (flavor). 而这些夸克又可以被分成三代, 其中 (u, d) 属于第一代并分别构成了同位旋的上分量和下分量, 而第二代和第三代则由 (c, s) 和 (t, b) 分别构成. 因此, 据标准模型, 世间物质由基本费米子 (夸克和轻子) 和传递其间相互作用的规范玻色子构成 (见表 2.3、表 2.4).

按照强子的夸克模型, 我们就能够基于 SU(3) 对称性来构造强子的夸克波函数. 对于介子, 夸克模型认为它是由一个夸克和反夸克构成的束缚态, 其总角动量 $\boldsymbol{J} = \boldsymbol{L} + \boldsymbol{S}$, 其中 $\boldsymbol{L}$ 为轨道角动量, $\boldsymbol{S}$ 为总自旋 ($S = 0$ 或 1). 若介子的轨道角动量量子数是 L, 那么它的宇称 $P = (-1)^{L+1}$. 图 2.1 左图的介子就是对应于 $L = 0$, $S = 0$, $P = -1$ 的赝标量介子, 其夸克组成及质量在表 2.1 中列出.

表 2.1 赝标量介子 ($J^P = 0^-$) 的夸克组成及质量, 数据来源于粒子数据组 (PDG, Particle Data Group). 这里 $\bar{u}, \bar{d}, \bar{s}$ 分别代表相应的反夸克. 对于介子的反粒子, 只需将其夸克组成取为对应的反粒子即可.

符号	反粒子	夸克组成	$M_{\text{Exp}}/\text{MeV}$
π^+	π^-	$u\bar{d}$	139.57039 ± 0.00018
π^0	π^0	$\dfrac{u\bar{u} - d\bar{d}}{\sqrt{2}}$	134.9768 ± 0.0005
η	η	$\dfrac{u\bar{u} + d\bar{d} - 2s\bar{s}}{\sqrt{6}}$	547.862 ± 0.017
$\eta'(958)$	$\eta'(958)$	$\dfrac{u\bar{u} + d\bar{d} + s\bar{s}}{\sqrt{3}}$	957.78 ± 0.06
K^+	K^-	$u\bar{s}$	493.677 ± 0.016
K^0	$\bar{K}^0$	$d\bar{s}$	497.611 ± 0.013

对于重子, 夸克模型认为它是由三个夸克组成; 若只考虑轻夸克 (u, d, s) 的贡献, 那么就存在 27 种不同的组合. 按照 SU(3) 对称性, 可以进一步将这 27 种组合分为完全反对称的单态, 两个混合反对称的八重态, 以及对称的十重态. 由夸克的自旋为 $1/2$, 得重子的总自旋 $S = 1/2$ 或 $3/2$, 其宇称 $P = (-1)^L$. 图 2.1 右图的重子就对应于 $L = 0$, $S = 1/2$, $P = +1$ 的重子八重态, 而图 2.2 对应于 $L = 0$, $S = 3/2$ 以及 $P = +1$ 的重子十重态, 它们的夸克组成及质量在表 2.2 中列出. 尽管如此, 通过进一步分析重子十重态我们发现: 由于总自旋 $S = 3/2$, 三个夸克的自旋取向相同, 则由相同夸克构成的重子如 Δ^- (ddd), Δ^{++} (uuu), Ω^- (sss) 等就不满足泡利

[①]通过增加入射电子的能量, 即进一步提高时空分辨率, 人们看到质子不再是简单地由 3 个夸克构成, 而是在 3 个价夸克的基础之上还存在大量正反夸克对 (称为海夸克) 及胶子.

不相容原理. 为此, 1964 年 Greenberg 引入了夸克的一种新的自由度 —— "颜色" (color), 每味夸克可以有红 (R)、绿 (G)、蓝 (B) 三种颜色, 但是强子必须为色单态 (即 "白色": 重子内部三色相等, 而介子内部颜色相反). 此后, 基于测得正负电子对撞实验夸克轻子对的产额比 $r = N_c(q_u^2 + q_d^2 + q_s^2)$[①]在质心系能量 $E_{cm} \approx 1 \sim 3$ GeV 时为 2, 间接证明了夸克带颜色并且颜色数 $N_c = 3$. 而事实上, 夸克的颜色自由度对于理解强相互作用至关重要, 夸克携带色荷就如同电子带电荷, 是强相互作用的根源, 在下一节我们将详细讨论.

表 2.2　重子八重态 $\left(J^P = \dfrac{1}{2}^+\right)$ 和重子十重态 $\left(J^P = \dfrac{3}{2}^+\right)$ 的夸克组成及质量, 数据来源于 PDG.

重子八重态 $\left(J^P = \dfrac{1}{2}^+\right)$			重子十重态 $\left(J^P = \dfrac{3}{2}^+\right)$		
符号	夸克组成	$M_{\mathrm{Exp}}/(\mathrm{MeV})$	符号	夸克组成	$M_{\mathrm{Exp}}/\mathrm{MeV}$
p	uud	938.27208 ± 0.000006	Δ^-	ddd	1232 ± 2
n	udd	939.56541 ± 0.000006	Δ^0	udd	1232 ± 2
Λ	uds	1115.683 ± 0.006	Δ^+	uud	1232 ± 2
Σ^+	uus	1189.37 ± 0.07	Δ^{++}	uuu	1232 ± 2
Σ^0	uds	1192.642 ± 0.024	Σ^{*-}	dds	1387.2 ± 0.5
Σ^-	dds	1197.449 ± 0.03	Σ^{*0}	uds	1383.7 ± 1
Ξ^0	uss	1314.86 ± 0.2	Σ^{*+}	uus	1382.8 ± 0.35
Ξ^-	dss	1321.71 ± 0.07	Ξ^{*-}	dss	1535 ± 0.6
			Ξ^{*0}	uss	1531.8 ± 0.32
			Ω^-	sss	1672.45 ± 0.29

2.2　规范变换及相互作用

物质由粒子构成, 而粒子之间的各种相互作用主导着它们的运动和转化. 目前人类所知的基本相互作用共有四种, 即引力相互作用、电磁相互作用、弱相互作用和强相互作用. 除了引力之外, 在粒子物理标准模型框架下, 其他三种相互作用都成功地对应于特定的局域规范对称性, 并可以通过规范自由度构造出这些相互作用. 下面我们就以电磁相互作用为例, 讨论如何从 U(1) 对称性出发来得到电磁相互作用, 并在此基础之上简单介绍描述弱相互作用和强相互作用的规范理论.

2.2.1　电磁学中的规范变换及电磁相互作用

在经典电动力学的框架下, 描述真空中电磁相互作用的麦克斯韦方程组可以写

[①]如前所述, 夸克的电荷 $q_u = 2/3$, $q_d = q_s = -1/3$.

为如下形式:

$$\nabla \cdot \boldsymbol{E} = \frac{\rho}{\epsilon_0}, \tag{2.5}$$

$$\nabla \times \boldsymbol{E} = -\frac{\partial \boldsymbol{B}}{\partial t}, \tag{2.6}$$

$$\nabla \cdot \boldsymbol{B} = 0, \tag{2.7}$$

$$\nabla \times \boldsymbol{B} = \mu_0 \boldsymbol{J} + \mu_0 \epsilon_0 \frac{\partial \boldsymbol{E}}{\partial t}. \tag{2.8}$$

根据磁场 $\boldsymbol{B}$ 的无散性 (2.7) 式, 引入矢势 $\boldsymbol{A}$, 满足 $\boldsymbol{B} = \nabla \times \boldsymbol{A}$; 将其代入 (2.6) 式可得 $\nabla \times \left[\boldsymbol{E} + \frac{\partial \boldsymbol{A}}{\partial t} \right] = 0$, 进一步定义标势 φ, 满足 $\boldsymbol{E} + \frac{\partial \boldsymbol{A}}{\partial t} = -\nabla\varphi$. 从而可以将电磁场 $\boldsymbol{E}$ 和 $\boldsymbol{B}$ 用电磁势 $\boldsymbol{A}$ 和 φ 表示出来, 即

$$\begin{cases} \boldsymbol{B} = \nabla \times \boldsymbol{A}, \\ \boldsymbol{E} = -\dfrac{\partial \boldsymbol{A}}{\partial t} - \nabla\varphi. \end{cases} \tag{2.9}$$

值得一提的是, 虽然电磁场 $(\boldsymbol{E}, \boldsymbol{B})$ 可以由上式对电磁势求导得到, 但是 $(\boldsymbol{A}, \varphi)$ 的取法不唯一. 例如, 可以引入任意的标量函数 $\Lambda(\boldsymbol{r}, t)$, 并作下列变换:

$$\begin{cases} \boldsymbol{A} \to \boldsymbol{A}' = \boldsymbol{A} + \nabla\Lambda, \\ \varphi \to \varphi' = \varphi - \dfrac{\partial \Lambda}{\partial t}. \end{cases} \tag{2.10}$$

将新的电磁势 $(\boldsymbol{A}', \varphi')$ 代入 (2.9) 式, 能够得到相同的电磁场 $(\boldsymbol{E}, \boldsymbol{B})$. 上式 (2.10) 对电磁势的变换即电磁规范变换, 可见电磁场 $(\boldsymbol{E}, \boldsymbol{B})$ 对电磁规范变换具有不变性.

下面我们以电子为例来讨论带电粒子的电磁相互作用. 在非相对论极限下, 描述自由电子运动的波函数 (不考虑自旋) 需满足量子力学薛定谔方程

$$\mathrm{i}\hbar\frac{\partial}{\partial t}\Psi(\boldsymbol{r}, t) = -\frac{\hbar^2}{2m}\nabla^2\Psi(\boldsymbol{r}, t). \tag{2.11}$$

上式具有整体 U(1) 变换不变性, 即对波函数的相位作如下变换

$$\Psi(\boldsymbol{r}, t) \to \Psi'(\boldsymbol{r}, t) = \Psi(\boldsymbol{r}, t)\mathrm{e}^{\mathrm{i}\Lambda}, \tag{2.12}$$

新的波函数 $\Psi'(\boldsymbol{r}, t)$ 仍然满足薛定谔方程 (2.11), 因此电子的运动方程关于 U(1) 变换满足整体规范变换不变性. 然而, 若将该 U(1) 对称性局域化, 即取 $\Lambda = \Lambda(\boldsymbol{r}, t)$ 为时间和空间的标量函数, 则式 (2.12) 对应于局域规范变换, 变换后的电子波函数 $\Psi'(\boldsymbol{r}, t)$ 便不再满足薛定谔方程 (2.11), 即不具有局域规范变换不变性. 为了恢复 (2.11) 式的局域 U(1) 规范不变性, 引入外场 $(\boldsymbol{A}, \varphi)$ 并将 (2.11) 式改写为

$$\left[\frac{1}{2m}\left(\mathrm{i}\hbar\nabla + e\boldsymbol{A}\right)^2 + e\varphi\right]\Psi(\boldsymbol{r}, t) = \mathrm{i}\hbar\frac{\partial}{\partial t}\Psi(\boldsymbol{r}, t). \tag{2.13}$$

可以证明, 采用如下局域规范变换

$$
\begin{cases}
\Psi(\boldsymbol{r}, t) \to \Psi'(\boldsymbol{r}, t) = \Psi(\boldsymbol{r}, t) \mathrm{e}^{\mathrm{i}\Lambda}, \\[2mm]
\boldsymbol{A} \to \boldsymbol{A}' = \boldsymbol{A} + \dfrac{\hbar}{e} \nabla \Lambda, \\[2mm]
\varphi \to \varphi' = \varphi - \dfrac{\hbar}{e} \dfrac{\partial \Lambda}{\partial t},
\end{cases}
\tag{2.14}
$$

电子运动方程 (2.13) 仍保持不变. 而事实上, 方程 (2.13) 正好就是电子在电磁场 $(\boldsymbol{A}, \varphi)$ 中的运动方程. 比较 (2.11) 式和 (2.13) 式可知, 若要使运动方程满足局域 U(1) 规范变换不变性, 必须引入与电荷有关的电磁势 $(\boldsymbol{A}, \varphi)$ 并做如下变换

$$
\begin{cases}
\mathrm{i}\hbar \dfrac{\partial}{\partial t} \to \mathrm{i}\hbar \dfrac{\partial}{\partial t} - e\varphi, \\[2mm]
-\mathrm{i}\hbar \nabla \to -\mathrm{i}\hbar \nabla - e\boldsymbol{A},
\end{cases}
\tag{2.15}
$$

即带电粒子与电磁场的相互作用形式由局域 U(1) 对称性所决定. 对于未知的相互作用, 若知道它的局域规范对称性, 那么就能够在很大程度上限制其作用方式. 由于其满足规范变换不变性, 我们将 $(\boldsymbol{A}, \varphi)$ 描述的场称为 (电磁) 规范场, 其量子化粒子就是规范玻色子 (光子).

方程 (2.11) 不满足狭义相对论的要求. 为此, 对于自旋为零的粒子, 薛定谔方程 (2.11) 需改写成 Klein-Gordon 方程. 而对具有自旋的粒子, 它的波函数不仅包含动量和能量的信息, 还需进一步考虑该粒子的自旋极化方向. 对于自旋为 1/2 的粒子, 狄拉克采用四分量的波函数来表示, 将其写成两个二分量的旋量 Ψ_+ 和 Ψ_-:

$$
\Psi = \begin{pmatrix} \Psi_+ \\ \Psi_- \end{pmatrix},
\tag{2.16}
$$

并引入矩阵

$$
\boldsymbol{\alpha} = \begin{pmatrix} 0 & \boldsymbol{\sigma} \\ \boldsymbol{\sigma} & 0 \end{pmatrix}, \beta = \begin{pmatrix} I & 0 \\ 0 & I \end{pmatrix},
\tag{2.17}
$$

其中 I 和 $\boldsymbol{\sigma}$ 分别是 2×2 的单位矩阵和泡利矩阵

$$
I = \begin{pmatrix} 1 & 0 \\ 0 & 1 \end{pmatrix}, \sigma_1 = \begin{pmatrix} 0 & 1 \\ 1 & 0 \end{pmatrix}, \sigma_2 = \begin{pmatrix} 0 & -\mathrm{i} \\ \mathrm{i} & 0 \end{pmatrix}, \sigma_3 = \begin{pmatrix} 1 & 0 \\ 0 & -1 \end{pmatrix}.
\tag{2.18}
$$

在此基础之上, 自由电子的狄拉克方程可以写为

$$
\left(\mathrm{i}\hbar \frac{\partial}{\partial t} + \mathrm{i}\hbar c \boldsymbol{\alpha} \cdot \nabla - \beta m c^2 \right) \Psi(\boldsymbol{r}, t) = 0.
\tag{2.19}
$$

与非相对论的情形类似, 为了使上式满足局域 U(1) 规范不变性, 作 (2.15) 式的替换, 可得

$$\left[\left(i\hbar\frac{\partial}{\partial t}-e\varphi\right)+\boldsymbol{\alpha}\cdot(i\hbar c\nabla+e\boldsymbol{A})-\beta mc^2\right]\Psi(\boldsymbol{r},t)=0. \tag{2.20}$$

由此我们得到了相对论电子在电磁场中的运动方程.

上述讨论主要是在经典电磁理论框架下描述带电粒子的运动及相互作用, 即通过电磁场传递相互作用. 而在量子场论框架下, 粒子间的相互作用是通过交换规范玻色子来实现的. 对于电磁相互作用, 电磁场的量子化粒子就是光子, 对应于自旋为 1、质量为零的规范玻色子. 两个带电粒子间的电磁相互作用通过发射或吸收光子来实现. 然而, 此时带电粒子与光子不满足能量守恒条件, 因此光子只能短暂存在后便迅速消失, 即虚光子. 根据不确定性关系 $\Delta E\Delta t\sim\hbar$, 虚光子的寿命 $\Delta t\sim\hbar/\Delta E$, 即与能量涨落 ΔE 相关. 因此虚光子能够传播的距离 (力程) 约为 $r_0\approx c\Delta t\approx c\hbar/\Delta E$. 对于传递相互作用的规范玻色子, 若其静质量为 m, 那么它的能量应大于 mc^2, 其对应的力程 $r_0\approx\hbar/mc$. 由于光子静质量 $m=0$, 因此电磁相互作用的力程几乎无限大, 是长程力. 在量子场论的框架下, 要求拉氏量满足局域 U(1) 规范不变性, 就能够得到描述电磁相互作用的精确理论, 即量子电动力学 (Quantum Electrodynamics, QED). 在只给定粒子质量和电荷的前提下, 该理论的各种预言都与实验在极高的精度 (10^{-10}) 下完全符合.

2.2.2 弱相互作用及电弱统一理论

传递弱作用的规范玻色子是 W$^\pm$ 玻色子 (电性流) 和 Z 玻色子 (中性流), 其静质量约为 90 GeV, 因而弱相互作用的力程极短. 与电磁相互作用相比, 弱作用的强度极小, 其反应截面比电磁作用小 10 个数量级, 因而在实验上研究弱作用非常困难. 例如, 由于要满足反应前后电荷守恒, π^- 介子只能通过弱相互作用发生衰变, 其主要衰变过程[①]

$$\pi^-\to\mu^-+\bar{\nu}_\mu, \tag{2.21}$$

对应的寿命为 2.6×10^{-8} s. 而 π^0 介子能够通过电磁相互作用发生衰变

$$\pi^0\to\gamma+\gamma, \tag{2.22}$$

其衰变宽度比弱作用大得多, 对应的寿命为 8.4×10^{-17} s. 基于大量的实验和理论研究, 弱衰变过程主要有如下特征: (1) 产生中微子; (2) 改变夸克味道; (3) 衰变宽度非常小, 对应的寿命在 10^{-8} s 量级.

[①]$\pi^\pm$ 直接衰变为电子的概率仅为万分之一, 其中的原因涉及弱作用宇称破缺的 "螺度抑制" 效应.

在 2.1.1 小节中我们提到, 目前人们所知的轻子可以分为三代, 即

$$\begin{pmatrix} e^- \\ \nu_e \end{pmatrix}, \quad \begin{pmatrix} \mu^- \\ \nu_\mu \end{pmatrix}, \quad \begin{pmatrix} \tau^- \\ \nu_\tau \end{pmatrix} \tag{2.23}$$

以及它们的反粒子. 任何反应过程都必须保证每一代轻子数守恒, 即对于轻子 l ($l = e^-, \mu^-, \tau^-$), 反应前后总的轻子数 $N(l) - N(\bar{l}) + N(\nu_l) - N(\bar{\nu}_l)$ 不变. 而同一代轻子之间可以通过交换 $W^\pm$ 玻色子 (电性流) 互相转化.

与轻子类似, 夸克也可以分为三代, 包括

$$\begin{pmatrix} u \\ d \end{pmatrix}, \quad \begin{pmatrix} c \\ s \end{pmatrix}, \quad \begin{pmatrix} t \\ b \end{pmatrix} \tag{2.24}$$

及它们的反粒子. 同一代夸克之间也是通过电性流互相转化, 如中子衰变成质子的过程就对应着一个 d 夸克转变成 u 夸克. 然而, 与轻子的弱作用过程不同的是, 不同代之间的夸克也会通过弱作用互相转化, 即强子的弱反应过程并不需要保证每一代夸克数目不变, 只要总的夸克数守恒就有可能产生反应.

为了解释不同代之间夸克的转化, Cabibbo 在 1963 年提出参与弱作用的并非 d 夸克和 s 夸克的味本征态, 并认为夸克弱作用本征态应为它们的混合态

$$\begin{pmatrix} u \\ d' \end{pmatrix} = \begin{pmatrix} u \\ d\cos\theta_c + s\sin\theta_c \end{pmatrix}, \tag{2.25}$$

其中 $\theta_c \approx 13°$, 这里, 直接用夸克的符号 (u, d, s) 代表它们相应的量子态. 1973 年, 日本物理学家小林诚和益川敏英把 Cabibbo 的混合态推广到三代夸克, 新的夸克弱作用本征态表示为

$$\begin{pmatrix} u \\ d' \end{pmatrix}, \quad \begin{pmatrix} c \\ s' \end{pmatrix}, \quad \begin{pmatrix} t \\ b' \end{pmatrix}, \tag{2.26}$$

其中

$$\begin{pmatrix} d' \\ s' \\ b' \end{pmatrix} = \begin{pmatrix} V_{ud} & V_{us} & V_{ub} \\ V_{cd} & V_{cs} & V_{cb} \\ V_{td} & V_{ts} & V_{tb} \end{pmatrix} \begin{pmatrix} d \\ s \\ b \end{pmatrix} = V \begin{pmatrix} d \\ s \\ b \end{pmatrix}. \tag{2.27}$$

这里的幺正矩阵 V 就是 CKM(Cabibbo-Kobayashi-Maskawa) 矩阵. 该矩阵只包含四个独立参量, 其中一个参量对应相位 $\exp(i\delta)$, 可以用来解释弱相互作用中的电荷宇称对称性破缺 (CP 破坏), 而相位角 δ 的大小决定了 CP 破坏的程度.

在量子场论框架下, 弱衰变过程是通过发射和吸收弱作用规范玻色子 $W^\pm$ 引起的. 图 2.3 分别展示了中子和 μ^- 的弱衰变过程, 其中 g 为弱作用的耦合常数, 满足如下关系

$$\frac{G_\mathrm{F}}{(\hbar c)^3} = \frac{\sqrt{2}}{8}\frac{g^2}{m_\mathrm{W}^2} = 1.16637 \times 10^{-5}\ \mathrm{GeV}^{-2}. \tag{2.28}$$

这里 G_F 是描写弱相互作用强度的一个物理常数, 即费米耦合常数. 由此可以得到图 2.3 中 (a)(b) 两个过程在一阶近似下的衰变宽度

$$\Gamma_\mathrm{a} = \frac{f^\mathrm{R} m_\mathrm{e}^5 c^4}{2\pi^3 \hbar^7}\cos^2\theta_\mathrm{c} G_\mathrm{F}^2 (1 + 3\lambda^2), \tag{2.29}$$

$$\Gamma_\mathrm{b} = \frac{m_\mu^5 c^4}{192\pi^3 \hbar^7} G_\mathrm{F}^2. \tag{2.30}$$

其中 $f^\mathrm{R} = 1.71482$ 为相空间因子, 而 $\lambda = -1.2695$ 由实验确定. 由此我们可以得到 μ^- 和中子的寿命分别为 2.19×10^{-6} s 和 907.6 s.

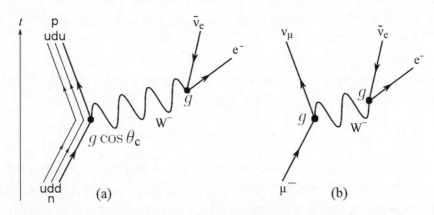

图 2.3 中子 (a) 和 μ^- (b) 的弱衰变过程

由前面的讨论可知, 弱相互作用的强度 G_F 非常小. 而实际上, 由 (2.28) 式可知之所以造成弱作用强度小, 是在于极大的 $W^\pm$ 玻色子质量 ($m_\mathrm{W} = 80.399$ GeV). 当作用能量达到 m_W 量级的时候, 弱作用的强度接近电磁作用的强度, 此时能够将弱作用和电磁作用看成同一类相互作用. 在 1960 年代, Glashow、Weinberg 和 Salam 等人在 Higgs 机制的基础之上, 建立了电弱统一理论. 该理论认为电磁和弱相互作用是属于 SU(2)×U(1) 规范对称性的同一种作用, 对应于四个质量为零的中间玻色子, 即由 $W_\mu^{(1)}$, $W_\mu^{(2)}$ 和 $W_\mu^{(3)}$ 构成的同位旋三重态及单态 B_μ. 这些中间玻色子通过 Higgs 机制发生自发对称性破缺, 形成大质量的 $W^\pm$ 和 Z 玻色子及质量

为零的光子 A_μ, 其中参量

$$e = g \sin \theta_{\mathrm{W}}, \tag{2.31}$$

$$Z_\mu = W_\mu^{(3)} \cos \theta_{\mathrm{W}} - B_\mu \sin \theta_{\mathrm{W}}, \tag{2.32}$$

$$A_\mu = W_\mu^{(3)} \sin \theta_{\mathrm{W}} + B_\mu \cos \theta_{\mathrm{W}}. \tag{2.33}$$

同时可以得到 W$^\pm$ 和 Z 玻色子的质量 $M_{\mathrm{W}} = \sqrt{\dfrac{\sqrt{2}e^2}{8G_{\mathrm{F}} \sin^2 \theta_{\mathrm{W}}}} = \dfrac{37.4}{\sin \theta_{\mathrm{W}}}$ GeV 和

$M_{\mathrm{Z}} = \dfrac{M_{\mathrm{W}}}{\cos \theta_{\mathrm{W}}}$. 这里 θ_{W} 是弱混合角, 也称为 Weinberg 角, 实验测得 $\sin^2 \theta_{\mathrm{W}} \approx$ 0.2223. 电弱统一理论成功预言了 Z 玻色子参与的弱中性流的存在, Glashow、Weinberg 和 Salam 也因此获得了 1979 年的诺贝尔物理学奖.

2.2.3　强相互作用

在 2.1.2 小节我们讨论了强子的夸克模型, 表明夸克带有颜色自由度. 因此人们推断强作用应该和夸克的颜色耦合, 即强相互作用起源于色荷, 并在此基础之上建立了量子色动力学 (Quantum Chromodynamics, QCD). 由于夸克有三种颜色, 量子色动力学的拉氏量满足 SU(3) 规范不变性, 而传递强相互作用的规范玻色子就是胶子, 其静质量为零, 自旋为 1. 夸克之间的强相互作用就是通过不断交换胶子来实现的. 然而, 与 QED 不同的是, 由于 SU(3) 群的非阿贝尔特性, 胶子也带颜色, 因此会发生胶子自耦合. SU(3) 对称性预言了八种胶子, 所带的颜色分别为

$$\mathrm{R}\bar{\mathrm{B}}, \ \mathrm{R}\bar{\mathrm{G}}, \ \mathrm{B}\bar{\mathrm{G}}, \ \mathrm{B}\bar{\mathrm{R}}, \ \mathrm{G}\bar{\mathrm{R}}, \ \mathrm{G}\bar{\mathrm{B}}, \ (\mathrm{R}\bar{\mathrm{R}} - \mathrm{B}\bar{\mathrm{B}})/\sqrt{2}, \ (\mathrm{R}\bar{\mathrm{R}} + \mathrm{B}\bar{\mathrm{B}} - 2\mathrm{G}\bar{\mathrm{G}})/\sqrt{6}. \tag{2.34}$$

在真空中, 虚夸克-反夸克对的极化能够屏蔽色荷的作用. 但是由于胶子的自耦合, 色荷的作用反而被加强了, 此即胶子的反屏蔽效应. 这跟 QED 描述的电荷屏蔽相反! 因此虽然胶子的静质量为零, 但是强相互作用却是短程的. 当夸克的味道不超过 16 种的时候, 反屏蔽的作用更强. 具体来说, 根据强耦合常数 α 的重正化群方程我们可以得到 α 随能标的跑动关系

$$\alpha(\mu) = \frac{1}{\beta_0 \ln \left(\dfrac{\mu^2}{\Lambda^2} \right)}. \tag{2.35}$$

这里的重正化剪除点 μ 对应于转移动量, 而 Λ 是 QCD 能标, 其取值大约在 220 MeV 左右. $\beta_0 = 11/4 - N_{\mathrm{f}}/6$ 对应于重正化群方程的 β 函数. 当夸克的味道数 $N_{\mathrm{f}} > 16$ 时, $\beta_0 < 0$, 此时由 (2.35) 式得到的耦合常数 α 随 μ 的增大而增大. 这表明在坐标空间下夸克之间强相互作用随着距离减小而增大, 即对色荷的屏蔽效应 (而

不是反屏蔽效应) 更占优势. 然而事实上现实世界中只存在 6 种味道夸克 ($N_f = 6$), 此时跑动耦合常数 α 随能标 μ 的增大单调递减, 如图 2.4 所示. 当 $\mu \to \infty$ 时 $\alpha \to 0$, 这反映了 QCD 渐近自由的性质. Gross、Politzer 和 Wilczek 于 1973 年首次基于 QCD 揭示了这一特征, 并被实验反复证实, 他们也因此获得了 2004 年的诺贝尔物理学奖. 而在 μ 减小的时候 α 增大, 相应高阶项的贡献也变得越来越重要. 当 μ 足够小的时候, 高阶项的贡献甚至会超过领头阶, 此时微扰计算就不再收敛. 到目前为止, 唯一能够从 QCD 出发对强相互作用物质进行研究的非微扰方法只有格点 QCD. 其主要思想就是把四维的连续时空离散化, 并应用蒙特卡罗方法进行数值模拟. 格点 QCD 的模拟结果表明, 色荷之间的强相互作用如同弹簧一样, 它们之间的距离越远吸引力就越强, 因此我们无法把一个带颜色的夸克或胶子从强子中分离出来. 这就是著名的夸克禁闭现象, 虽然没有严格的理论或实验证明夸克禁闭, 但是迄今为止所有的实验研究都支持这个观点.

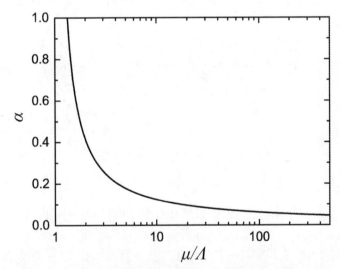

图 2.4 由 (2.35) 式得到的强耦合常数 α 随能标 μ 的变化关系

接下来我们通过正负电荷的电力线和强子中的色力线的比较, 进一步讨论强相互作用的特点. 图 2.5 展示了等量异号电荷的电力线, 其疏密程度反映了电场强度. 由于光子不带电荷, 因此电力线能够分得比较 "开". 然而, 如图 2.6 所示, 对于强子内部夸克间的相互作用来说, 由于胶子带颜色, 胶子间强的色作用使得虚胶子的分布主要集中在夸克之间, 色力线的密度在两夸克连线上几乎是常量, 就好像是连接两夸克的一条 "弦".

由于强相互作用具有渐近自由和色禁闭这两个基本特性, 人们推断由大量夸克和胶子组成的强相互作用物质至少存在两种物态: 在能量密度较低 (较低的温度

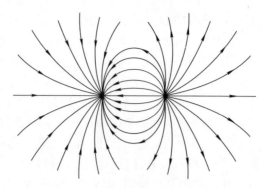

图 2.5　等量异号电荷电力线

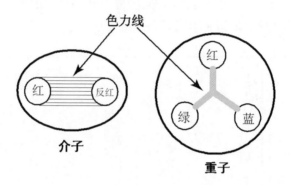

图 2.6　强子中可能的色力线

T 和重子数密度 $n_{\rm b}$) 时夸克和胶子被禁闭在色单态的强子中, 即强子相; 而当能量或密度比较高 (较高的 T 或 $n_{\rm b}$) 的时候, 强相互作用变得足够弱, 夸克和胶子不再被囚禁在强子中, 成为准自由粒子. 此时发生解禁闭相变, 生成夸克胶子等离子体 (QGP) 或夸克物质. 需要指出的是, 由于 c, b, t 夸克的质量远大于 u, d, s 夸克, 一般情况下夸克物质中只存在两种或三种夸克. 对于低温高密的情况, 夸克物质奇异数一般不为零, 因此也被称作奇异夸克物质 (SQM). 在上世纪七八十年代, Bodmer、Witten 以及 Terazaw 发现大块奇异夸克物质由于多了奇异夸克这一自由度, 比核物质更稳定. 而奇异夸克物质比核物质的密度大得多, 由此可以推测宇宙中的致密星很可能就是由奇异夸克物质构成的. 除此之外, 由于 QCD 的非微扰效应, 人们预期还存在奇子物质, 即由大致等量的 u, d, s 夸克成团而形成类似于核子的奇子, 且奇子之间通过剩余强相互作用产生长程吸引、短程排斥, 形成更稳定的奇子物质及奇子星. 关于奇异夸克物质、奇子物质以及它们构成的奇异星, 这将是后续章节详细讨论的内容.

2.3 标准模型简介

结合前面的讨论, 粒子物理标准模型是人们从局域规范对称性出发, 建立的能够描述基本粒子及它们之间电磁、弱、强三种作用的量子场理论. 标准模型包含了构成物质世界的费米子 (夸克和轻子), 传递相互作用的规范玻色子, 以及导致对称性自发破缺的 Higgs 粒子. 其中三代费米子的性质如表 2.3 所示, 六味夸克又依据其质量的大小分为轻夸克 (上夸克 u, 下夸克 d, 奇异夸克 s) 和重夸克 (粲夸克 c, 顶夸克 t, 底夸克 b). 每味夸克能够带三种颜色, 因此总的正夸克数目为 18 种. 轻子也分为三代, 包括电子 (e)、缪子 (μ) 和陶子 (τ) 以及相应的中微子 (ν_e, ν_μ, ν_τ). 进一步考虑夸克和轻子的反粒子, 三代费米子总共有 48 种. 表 2.4 列出了标准模型中传递规范相互作用的玻色子, 其中电磁、弱、强三种作用的媒介粒子自旋都为 1. 这样总的媒介粒子数为 12, 即自然界是由 48 (三代夸克与轻子) + 12 (规范玻色子) + 1 (Higgs 粒子) = 61 种基本粒子构成的, 而它们的存在都已经有了明确的实验证据. 到目前为止, 标准模型的许多预言都已经被实验精确地验证.

表 2.3 三代费米子

电量/单位电荷	夸克		轻子	
	+2/3	−1/3	0	−1
第一代	u, $m_u \approx 2.4$ MeV	d, $m_d \approx 4.8$ MeV	ν_e	e, $m_e \approx 0.511$ MeV
第二代	c, $m_c \approx 1.28$ GeV	s, $m_d \approx 95$ MeV	ν_μ	μ, $m_\mu \approx 106$ MeV
第三代	t, $m_t \approx 172$ GeV	b, $m_b \approx 4.18$ GeV	ν_τ	τ, $m_\tau \approx 1.78$ GeV

表 2.4 规范相互作用理论对应的规范玻色子

作用类型	规范群	规范玻色子	动力学理论	质量
电磁	U(1)	γ	量子电动力学 (QED)	$m_\gamma = m_g = 0$
弱	U(1)×SU(2)	γ, W$^\pm$, Z	电弱统一理论	$m_W = 80.399$ GeV
强	SU(3)	g	量子色动力学 (QCD)	$m_Z = 91.187$ GeV

2.4 超出标准模型

尽管标准模型取得了巨大的成功, 但是没能回答很多基本的问题. 例如, 标准模型引入了许多由实验确定的参数, 是否存在比标准模型更基本的理论来自然地给出这些参数? 引力是弯曲时空的体现, 但时空的本质是什么? 如何将引力与标准模型统一? 标准模型把基本费米子和玻色子看成点粒子, 但是它们真的没有结构吗?

人们从各个角度尝试回答这些问题, 在标准模型基础之上发展了大统一理论、超对称理论以及弦理论等众多学说. 例如, 在标准模型中的基本粒子是零维的, 而弦理论将这些粒子看成是一维的弦, 尺度接近普朗克尺度 (约 10^{-32} cm), 不同的基本粒子就由不同振荡模式的弦表示. 弦理论还有望统一量子理论与广义相对论, 建立一个成功的量子引力理论. 当然, 由于当前加速器能量的限制, 实验探测的空间尺度不小于 10^{-15} cm, 因此在可预见的未来想要直接探测弦的结构是不现实的.

综上所述, 粒子物理标准模型的建立是人类认识物质世界的一个重要里程碑, 而对超出标准模型的理论研究和实验验证还亟待人们未来取得突破.

第三章　致密星的形成与表现

3.1　致密星的形成

中子星通常是演化后期的大质量恒星的铁 (Fe) 核或 O-Ne-Mg 核的引力坍缩以及随后的超新星爆发而形成的, 直接的证据来自著名的超新星 SN1054 (见第一章). 此外, 一些中子星可能是由于大质量白矮星的吸积诱导坍缩形成的 —— 当双星中的白矮星从伴星吸积足够的物质诱发电子俘获过程, 也可能会引发超新星爆发并生成中子星. 下面主要描述铁核坍缩超新星的物理过程.

3.1.1　铁核坍缩

质量大于约 $10M_\odot$ 的恒星, 其核心经历了多个阶段的核燃烧之后形成铁峰元素, 而外层因为温度较低而处于不同的核燃烧阶段. 恒星的元素丰度分布呈现出由内向外原子序数逐渐降低的结构, 俗称 "宇宙洋葱". 在 Si 燃烧层以下主要是 Fe 以及元素周期表中 Fe 附近的元素组成, 这个区域被称为铁核. 铁核主要是依靠电子简并压支撑, 当其质量随着核燃烧增加到接近 Chandrasekhar 质量时, 将不可避免地坍缩并导致超新星爆发.

数值计算表明, 恒星在铁核坍缩前中心密度 $\rho \sim 4 \times 10^9$ g/cm^3, 温度 $T \sim 0.7$ MeV, 单位质量的熵 $s \sim k_B$[22]. 若我们粗略地假定铁核由 Fe、电子以及光子构成, 则星体内部的气体热压强 (MB 统计)、光子压强 (BE 统计) 和电子简并压 (FD 统计) 可写为

$$P_{\text{gas}} = 5.9 \times 10^{25} \text{dyn/cm}^2 \left(\frac{\rho}{4 \times 10^9 \text{ g/cm}^3} \right) \left(\frac{T}{10^{10} \text{ K}} \right) \left(\frac{A}{56} \right)^{-1}, \quad (3.1)$$

$$P_{\text{rad}} = 2.6 \times 10^{25} \text{dyn/cm}^2 \left(\frac{T}{10^{10} \text{ K}} \right)^4, \quad (3.2)$$

$$P_{\text{e}} = 2.8 \times 10^{27} \text{dyn/cm}^2 \left(\frac{\rho}{4 \times 10^9 \text{ g/cm}^3} \right)^{4/3} \left(\frac{Y_{\text{e}}}{26/56} \right)^{4/3}, \quad (3.3)$$

其中, A 为核子数, Y_{e} 为电子数与核子数之比, 1 dyn (达因) $= 10^{-5}$ N. 可见当星体内部的物理过程导致电子数密度降低或者消耗热能时必将显著降低压强. 当高密度简并物质的费米能足够高时, 将引发如下的电子俘获过程

$$e^- + {}^A_Z X \rightarrow {}^{A}_{Z-1} Y + \nu_e. \quad (3.4)$$

该过程消耗了电子, 降低了简并压. 当中心温度超过 $0.5\,\mathrm{MeV}$ 时, 光子热平衡下普朗克高能尾的光子可能超过铁峰元素的核子结合能, 从而发生如下的光致裂变反应

$$\gamma + {}^{56}\mathrm{Fe} \to 13\,{}^{4}\mathrm{He} + 4\mathrm{n}\,, \tag{3.5}$$

$$\gamma + {}^{4}\mathrm{He} \to 2\mathrm{p} + 2\mathrm{n}\,. \tag{3.6}$$

这些过程是吸热反应, 显著降低了星体内部的热压. 此外, 温度高于 $0.5\,\mathrm{MeV}$ 时, 存在如下的中微子对产生过程

$$\gamma + \gamma \longleftrightarrow \mathrm{e}^{+} + \mathrm{e}^{-} \longleftrightarrow \nu + \bar{\nu}\,, \tag{3.7}$$

中微子辐射带走了热能, 导致压力降低. 以上的几种物理过程都会导致内部压强降低, 最终使星体在径向扰动下不再稳定而引力坍缩.

3.1.2 中微子过程

中微子在铁核坍缩超新星爆发的过程中扮演着重要的角色. 根据弱相互作用理论, 能量为 E_ν 的中微子与核子的散射截面可以近似为

$$\sigma_\nu \approx 10^{-44} \left(\frac{E_\nu}{m_\mathrm{e}c^2} \right)^2 \mathrm{cm}^2\,, \tag{3.8}$$

其中 $m_\mathrm{e}c^2 = 0.511\mathrm{MeV}$ 是电子静能. 以处于氢燃烧阶段的主序恒星为例, 总的核反应过程为: $4\mathrm{p} \to {}^{4}\mathrm{He} + 2\mathrm{e}^{+} + 2\nu_\mathrm{e}$. 释放出的中微子的平均自由程为

$$l_\nu = \frac{\mu m_\mathrm{u}}{\rho \sigma_\nu} \approx 2 \times 10^{20} \frac{1\,\mathrm{g}\cdot\mathrm{cm}^{-3}}{\rho} \left(\frac{m_\mathrm{e}c^2}{E_\nu} \right)^2 \mathrm{cm}\,, \tag{3.9}$$

其中 μ 是平均分子量, m_u 是原子质量单位. 主序恒星内产生的中微子能量 $E_\nu \approx 1\,\mathrm{MeV}$, 密度 $\rho \approx 1\,\mathrm{g}\cdot\mathrm{cm}^{-3}$, 对应的平均自由程 $l_\nu \approx 100\,\mathrm{pc}$. 因此对于主序星来说, 中微子是透明的.

然而, 在大质量恒星的铁核坍缩阶段, 情况完全不同. 一方面, 物质密度和中微子能量都比较高, 增大了散射截面; 另一方面, 坍缩过程中出现了原子序数较高的重核, 中微子和重核的相互作用主要是 "相干散射", 散射截面与核子数 A 的平方成正比, 可近似为

$$\sigma_\nu \approx 10^{-45} \left(\frac{E_\nu}{m_\mathrm{e}c^2} \right)^2 A^2 \,\mathrm{cm}^2\,. \tag{3.10}$$

在铁核坍缩过程中中微子主要通过电子俘获过程产生, 典型能量是电子的费米能

$$\frac{E_\nu}{m_\mathrm{e}c^2} \approx \frac{E_\mathrm{F}}{m_\mathrm{e}c^2} \approx 10^{-2} Y_\mathrm{e}^{1/3} \left(\frac{\rho}{1\,\mathrm{g/cm}^3} \right)^{1/3}\,. \tag{3.11}$$

若估计原子核的数密度为 $\rho/(Am_u)$, 可计算出中微子相干散射的平均自由程为

$$l_v \approx \frac{1.7 \times 10^{25}}{Y_e^{2/3} A} \left(\frac{1\,\mathrm{g/cm^3}}{\rho} \right)^{5/3} \mathrm{cm}. \tag{3.12}$$

若取 $Y_e = 0.5$, $\rho = 10^{10}\,\mathrm{g/cm^3}$, 由上式得到的自由程 $l_v \approx 60\,\mathrm{km}$. 坍缩铁核的密度一般显著高于 $\rho = 10^{10}\,\mathrm{g/cm^3}$, 且铁核的大小超过约 100 km, 所以在这种情况下中微子是不透明的. 以上仅是中微子和物质的相互作用一个定性的介绍, 实际的物理过程需要考虑中微子的输运过程. 接下来, 我们按照图 3.1 来具体描述超新星爆发的中微子过程.

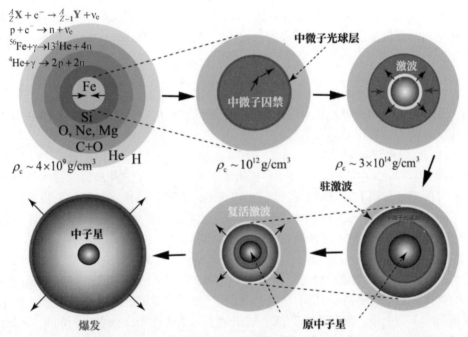

图 3.1 标准的超新星爆发的中微子过程. 在初始质量大于约 10 倍太阳质量的大质量恒星的最后阶段, 铁核心坍缩生成原中子星. 原中子星的表面形成激波, 然后向外传播. 然而, 激波在前进的过程会损失能量而停滞不前. 某种机制, 如中微子加热, 可能激活激波, 从而引发超新星爆炸. 确切的爆发机制尚未构建成功.

(1) 坍缩的初始阶段. 这个阶段星体的中心密度 ρ_c 小于 $\sim 10^{11}\,\mathrm{g/cm^3}$, 核心主要由铁峰元素构成. 中微子的平均自由程大于星体的典型半径, 星体对中微子来说是透明的, 可以自由地逃离星体. 中微子带走热能并且电子俘获减少了简并的电子, 加速了坍缩的过程.

(2) 中微子囚禁. 当中心的密度进一步升高到约 $10^{12}\,\mathrm{g/cm^3}$ 时, 中微子的平均

自由程远小于铁核的半径, 中微子通过扩散过程从核心逃逸的时间尺度变得比系统的动力学时间尺度

$$t_{\mathrm{ff}} \sim \frac{1}{\sqrt{G\rho}} \sim 0.004 \left(\frac{10^{12}\,\mathrm{g/cm^3}}{\rho} \right)^{1/2}\,\mathrm{s} \tag{3.13}$$

更长, 所以此时中微子不能自由地从核心逃逸. 由于这种中微子捕获, 中微子处于简并状态, 这阻止了进一步的电子俘获, 因此, 在中微子捕获开始后, 坍缩核心中每重子对应的电子数 Y_e 大致被冻结. 此外, 简并中微子的费米能量在坍缩过程中逐渐增加. 由于重子和中微子之间的截面大约与中微子能量的平方成正比, 中微子的不透明度增强. 这一效应对于坍缩过程中持续的中微子捕获也很重要. 在存在中微子捕获的情况下, 任何有效的冷却过程都不存在. 因此坍缩大致以绝热方式进行, 星体结构的变化是自相似的, 核心的尺度由以下瞬时的 Chandrasekhar 质量 (M_{Ch}) 决定

$$M_{\mathrm{hc}} \lesssim M_{\mathrm{Ch}} = 1.457 \left(2Y_e \right)^2 M_\odot . \tag{3.14}$$

由于 Y_e 从约 0.46(铁峰元素对应的数值) 下降到小于 0.3, 内核的质量 M_{hc} 在中微子捕获后缩小到大约 $0.5\,M_\odot$.

(3) 反弹激波与瞬时爆. 在中微子捕获发生的几 ms 后 (对应于公式 (3.13) 给出的动力学时标), 中心密度超过饱和核物质密度, 由于核子之间核力的排斥作用导致不可压缩性急剧上升, 压缩受到阻力, 内核的坍缩骤然停止. 然后, 核心反弹发生并形成原中子星. 声波在以超声速下落的外层物质的边界处变为激波前沿. 反弹激波开始向外传播, 对抗上层铁核物质的持续坍缩.

(4) 激波停滞不前. 尽管自 Colgate 和 White 于 1966 年的首项工作[23] 以来的 50 多年中, 天文学家已经进行了多种数值模拟, 但是, 迄今为止, 导致超新星爆炸的具体机制仍然不清楚. 目前达成的共识是, 如果超新星过程以球对称方式进行, 铁核坍缩不会引发超新星爆炸. 这个结论基于多个研究团队独立进行的大量球对称模拟[24,25], 其中考虑了详细的微观物理和中微子传输过程, 表明超新星爆炸会不可避免地失败. 在所有的球对称模拟中, 核心反弹激波在大约 100 ms 内停滞不前, 变成一个静止的吸积激波. 这主要由以下两点造成:

(i) 铁是核心反弹后早期下落物质的主要成分, 激波的大量热能被消耗用于铁的光致裂变.

(ii) 中微子带走了位于激波后方被冲击加热的物质的热能.

接着, 由热中子星辐射出的中微子会支撑吸积激波一段时间. 到这一阶段为止, 产生的所有物理过程基本和系统几何对称性无关. 然而, 仅靠中微子加热不足以在球对称条件下驱动爆炸, 因此随着原中子星外部物质的继续吸积, 静止吸积激波最终回退到原中子星, 爆炸失败.

(5) 激波复活与延迟爆. 球对称系统在数值模拟中无法爆炸可能暗示着非球对称过程扮演着重要的作用. 目前能引发超新星爆发的非球对称机制主要是中微子驱动的对流过程[26]. 由于中微子辐射, 原中子星和其周围区域通常具有负熵梯度和负轻子数梯度, 这是引发对流不稳定性的必要条件. 通过对流, 热物质从原中子星的内区域被携带到外区域. 这可能会提高中微子球的温度并增强中微子光度. 此外, 发生在静止吸积激波后方的对流可能会为这一停滞的激波提供显著的能量, 从而引发 "延迟" 爆炸.

然而, 进一步的研究发现由对流过程增强的中微子加热时间尺度并不像落入原中子星的物质的平流时间尺度 (advection time scale) 那样短. 因此, 仅凭对流和中微子加热的作用, 静止吸积激波可能无法恢复. 2000 年后, 人们发现了一种称为静止吸积激波不稳定 (Standing Accretion Shock Instability, SASI) 的机制[27,28]. 这种机制能引起静止吸积激波的大幅度非球形形变, 为其输送更多的能量, 帮助爆发.

总之, 虽然一些非球对称机制很可能是引发爆炸的关键因素, 但超新星爆发的精确图像目前还是未知的. 其中最关键的问题是: 原中子星物质能否通过对流有效地辐射中微子而加热已经停滞不前的反弹激波? 目前的数值模拟还不能给出非常肯定的答案.

超新星爆发过程中形成的热中子星的内部温度约 10 MeV. 原中子星的自引力虽然主要由核力相关的压力抗衡, 但热压力也对总压力有一定贡献, 因此原中子星的半径比冷却后形成的冷中子星的半径要大. 新生中子星在爆发过程中释放的引力能量级为

$$E_g \sim \frac{M_{\mathrm{PNS}}^2}{R_{\mathrm{PNS}}} \sim 1.7 \times 10^{53} \left(\frac{M_{\mathrm{PNS}}}{1.4 M_\odot}\right)^2 \left(\frac{R_{\mathrm{PNS}}}{30 \ \mathrm{km}}\right)^{-1} \ \mathrm{erg}, \tag{3.15}$$

其中 M_{PNS} 和 R_{PNS} 分别为原中子星的典型质量和典型半径, 1 erg = 10^{-7} J. 其中绝大部分 (约 99%) 的能量被中微子带走, 只有约 1% 的能量转换为喷射物的动能, 万分之一左右的能量转换为电磁辐射, 引力波带走的能量也仅有非常少的一部分.

原中子星的总热能和引力束缚能相当. 它通过辐射大量中微子很快 ($\sim$ 10 s) 冷却下来. 热压力的影响变得可以忽略不计 (即, 核子和电子的热能变得远小于它们的费米能量), 形成一个主要由核物质中的排斥力维持压力的冷中子星. 这里, "冷" 是指核子的费米能量远高于它们的热能, 典型费米能量估计为:

$$E_{\mathrm{F}} \sim 100 \mathrm{MeV} \left(\frac{\rho}{2\rho_{\mathrm{nuc}}}\right)^{2/3}, \tag{3.16}$$

其中 $\rho_{\mathrm{nuc}} \approx 2.8 \times 10^{14}$ g/cm³ 是饱和核物质密度. 所以只要中子星的温度小于约 10^{12} K, 热压的作用就可忽略不计.

在结束中子星形成话题之前, 让我们回到第一章式 (1.1), 再次讨论内能 ε 及相应的自引力天体. 除了 $\varepsilon \to \infty$ 情形的 "灾难性" 后果 —— 黑洞之外, 我们看到 $\varepsilon \sim$

keV, MeV 和 10^2 MeV 分别对应于主序星、白矮星以及中子星, 其中前两者的形成过程相对比较 "温和", 而极端的超新星爆发之后才能生成中子星. 为何有如此尖锐的对比? 这可能体现了组成超新星爆炸遗骸物质的基本属性的差异: 构成主序星和白矮星物质的基本单元之间是电磁作用主导的 (我们称之为 "电物质", 见第六章6.6 节), 而强作用主导了中子星的物性. 虽然传统中子星不能像处理主序星和白矮星时略去强力那样忽略电磁力, 但这类致密星表层物质依然是 "电物质", 受星体的引力而束缚. 然而, 奇异物质能够在零压情形下稳定存在, 因此奇异星可以 "裸露" 于宇宙空间.

既然传统中子星在数值模拟中很难产生超新星爆发, 那么一个自然的问题是核心坍缩并形成奇异星, 能否导致成功爆发? 鉴于奇异夸克物质可能是物质的真正基态, 奇异夸克物质的形成可能有助于克服成功产生II型超新星的能量困难.

除了从普通重子物质相变为奇异物质将释放能量 (如辐射更多的中微子), 裸露的奇异星表面可能也对超新星的成功爆炸至关重要, 原因很简单且直观: 由于色禁闭的作用, 奇异物质表面的光子辐射光度不受 Eddington 极限的约束.据此, 陈安博等人[1]提出了一种光子驱动超新星机制来解释成功的核坍缩超新星爆炸, 并认为在爆炸后残留的是裸露的奇异星. 通过计算发现, 辐射压力可以通过光子与电子的散射, 将覆盖在星体上的外层物质推开, 释放出约 10^{51} erg 的能量, 满足核坍缩超新星所需的典型能量. 这种光子驱动机制还可能为宇宙中的 γ 射线暴提供一种替代模型, 解释火球是如何在这些伴随超新星的 γ 射线暴中产生的[2]. 由于夸克表面的色禁闭作用, 这类火球中的重子污染会非常低, 而低重子污染正是此类模型中必需的条件. 不过, 目前数值模拟铁核坍缩形成奇异星还面临诸多的挑战, 有待更多的研究.

3.1.3 超新星遗迹

超新星爆发过程中伴随着核合成, 向周围喷射大量富含碳、硅和铁等元素的物质. 这些膨胀的物质和星际介质相互作用, 将气体加热到数百万度, 形成高度电离的等离子体, 表现为云状、壳状或其他不规则的发光区域. 这些区域被称为超新星遗迹, 其辐射波段可覆盖射电、红外、可见光和 X 射线等, 通常能保持可见达数千年, 甚至数万到数十万年. 我们银河系目前记录在册的超新星遗迹约有 300 个.

超新星爆发喷射物质的初始速度 $v_0 \approx 10^9$ cm/s, 总质量 $M_e \approx 10^{33}$ g(约几倍太阳质量), 所以喷射物的总动能 $E_e \approx M_e v_0^2 \approx 10^{51}$ erg. 喷射物质速度远超星际介质的声速, 形成激波. 超新星遗迹的动力学演化可以分为以下四个阶段.

• 自由膨胀相: 开始时, 激波扫过物质的质量远低于喷射物质量 M_e. 爆发能量

---

[1] 参见 ApJ, 668, L5, 2007.
[2] 参见 MNRA, 362, L4, 2005.

的损失可忽略不计; 喷射物质基本保持恒定速度自由膨胀. 虽然喷射物的速度很高, 但它是一种整体速度, 各种流体元素的速度随机性很小且没有减速 (这就是 "自由膨胀" 的定义). 因此, 没有加热, 喷射物的温度在开始时实际上相当低, 遗迹在所有波长上通常都较暗. 不过, 激波加速的高能电子可产生非热同步辐射.

● 绝热相: 在自由膨胀阶段结束时, 膨胀开始减速, 因为前向激波扫过了星际介质中不可忽略的物质. 当激波扫过物质质量刚开始大于 M_e 时, 辐射引起的能量损失可以忽略不计, 激波绝热膨胀, 速度随着时间下降.

● 辐射相: 辐射逐渐变得重要, 当冲击速度减速到约 $200\,\mathrm{km/s}$ 时, 气体温度降至约 $10^6\,\mathrm{K}$ 以下, 辐射冷却开始影响演化的动力学. 在这个阶段, 原子的重新形成会产生光学波段的辐射, 特别是 H_α, [S II], [N II] 和 [O III] 谱线.

● 消失相: 最后, 当喷射物质的速度下降到与星际介质热运动速度接近时, 就不能区分喷射物质了, 遗迹消失.

从形态上看, 超新星遗迹可以分为壳层型、实心型和混合型三类. 壳层型具有壳层结构, 观测上呈现出环状, 中心没有致密天体的辐射源. 已发现的超新星遗迹中, 超过 80% 都属于这一类. 壳层结构反映了爆发的抛射物质和星际介质之间的相互作用. 其光谱在 X 射线和光学波段具有热辐射的形式, 在射电波段表现为非热的幂律谱. 实心型超新星无壳层结构, 中心具有致密天体提供能量, 光谱在 X 射线和射电波段都表现为非热幂律谱, 其典型代表是蟹状星云. 混合型超新星遗迹结合了前两类的特点, 既具有提供能量的中心致密天体, 又具有抛射物质和星际介质作用形成的壳层结构, 典型的遗迹是船帆座超新星遗迹. 图 3.2 中展示了三类超新星遗迹.

图 3.2 从左到右依次为天鹅座环, 蟹状星云和 W28 超新星遗迹, 分别对应壳层型、实心型和混合型超新星遗迹.

实心型和混合型超新星都可以认为是 II 型超新星爆发产生的, 其中心的致密源由大质量恒星坍缩形成. 1968 年, 人们在船帆座星云的边缘找到了一颗脉冲星, 编号 B0833–45, 周期为 0.089 s, 特征年龄约为 11000 年. 同一年在蟹状星云中心找到了脉冲星 B0531+21, 周期仅有 0.033 s, 年龄约为 1000 年.

目前, 人们找到的与超新星遗迹成协的脉冲星仅占脉冲星总数的很小一部分. 主要原因有两个: 一是超新星遗迹的寿命很短, 约 $10^4 \sim 10^5$ 年, 而观测到的大多数脉冲星的年龄已经远超过这个值; 二是脉冲星具有很高的自行速度, 典型数值为几百千米每秒, 年龄较大的脉冲星可能已经跑出超新星遗迹了.

3.2 致密星的观测表现

中子星的观测表现极为丰富和多样. 其中脉冲星是中子星最早被发现的形式之一, 其辐射涵盖从光学到 γ 射线的各个波段. 快速射电暴 (Fast Radio Burst, FRB) 是近几年在天文学中引起广泛关注的现象. FRB 是来自遥远宇宙的短暂而强烈的射电波爆发, 持续时间仅为毫秒级别. 虽然其确切起源尚未完全确定, 但部分研究认为, 某些 FRB 可能与磁星 (magnetar, 又译为超磁星或磁陀星, 即具有超强磁场的中子星) 有关. 处于致密双星系统的中子星在演化后期的旋近和并合阶段会产生丰富的电磁和引力辐射. 2017 年 8 月 17 日, 人类首次探测到了来自两颗中子星旋近的引力波以及双星并合产生的短 γ 射线暴和千新星辐射, 宣告了多信使天文学时代的到来. 接下来我们介绍脉冲星类致密天体的观测表现.

3.2.1 脉冲星类致密天体

目前, 天文学家已发现了超过 3000 颗脉冲星, 它们种类繁多、辐射特征各异. 我们首先以供能方式简要阐述脉冲星类致密天体 (pulsar-like compact stars) 的表现形式.

自 1967 年 Bell 和 Hewish 发现脉冲星以来, 人类已经观测到了 2000 多个射电脉冲星. 如图 3.3 所示, 脉冲星的辐射束像灯塔一样有规律地扫过观测者的视线, 可以精确测量它们的自转周期. 长时间的监测会发现脉冲星的周期变长, 说明星体的转动能逐渐被损耗. 此类依靠转动能来提供磁层中的粒子流和辐射的脉冲星称为转动供能脉冲星 (rotation-powered pulsar). 虽然这类脉冲星主要以射电辐射为主, 但也有少部分具有高能辐射 (转动供能 X 射线脉冲星或 γ 射线脉冲星) 和光学辐射. 转动供能脉冲星的周期主要集中在 1 s 和几 ms, 分别称为普通脉冲星和毫秒脉冲星.

处于 X 射线双星中的脉冲星可通过吸积伴星物质释放引力能供能, 这类脉冲星被称为吸积供能脉冲星 (accretion-powered pulsar). 一般来说, 大质量 X 射线双星中的脉冲星拥有较强的磁场, 吸积的物质会被磁场约束到磁极而形成热斑, 而小质量 X 射线双星中的脉冲星磁场较低, 吸积物质可以直接掉落到星体的赤道附近发生热核爆炸, 观测上表现为 X 射线暴.

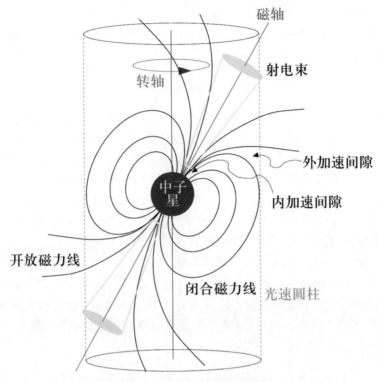

图 3.3　脉冲星辐射的灯塔模型

上世纪 90 年代末, 天文学家发现了一类特殊的 X 射线脉冲星, 它们的 X 射线辐射功率大于转动能损率, 因而不是转动供能的 X 射线脉冲星, 并且观测上也未发现双星, 基本可以排除是吸积供能的. 人们称这一类脉冲星为反常 X 射线脉冲星 (Anomalous X-ray Pulsars, AXP). 后来人们认识到软 γ 射线重复暴 (Soft Gamma-ray Repeaters, SGR) 和 AXP 同属一类. 目前人们认为这类脉冲星是磁场供能脉冲星 (magnetic-powered pulsar), 具有 $10^{14} \sim 10^{16}$ G 的偶极磁场或多极场, X 射线的辐射来源于磁能的释放. 特别地, 这类脉冲星有超强的暴发活动, 光度可达 $10^{44} \sim 10^{46}$ erg · s^{-1}. 因其典型磁场强于普通的脉冲星, 故取名为磁星.

人们也发现了一类温度较低的 X 射线源, 热光子的能量约为 $50 \sim 700$ eV. 它们没有射电辐射, 以热 X 射线辐射为主. 依据源是否处于超新星遗迹 (SNR) 中又分为: 超新星遗迹中心致密天体 (Central Compact Objects, CCO), 处于 SNR 中; 暗 X 射线孤立中子星 (X-ray Dim Isolated Neutron Stars, XDINS), 与 SNR 不成协. 这两类脉冲星可能由残余的热能或者表面多极磁场的磁重联过程供能. 在之后的讨论中, 我们称其为热辐射主导的脉冲星.

脉冲星类致密天体的基本观测量

尽管不同类别的中子星在观测上表现出多种面貌, 但通常以几个观测上重要的
量来表征它们:

$$M, R, P, \dot{P}, (B,) T, \tag{3.17}$$

即中子星的质量、半径、自转周期、周期导数、(磁场强度和) 表面温度, 其中磁场
B 通常是一个由周期和周期导数决定的导出量. 对于 X 射线双星系统, 质量吸积
率 ($\dot{M}$) 也扮演着重要的作用. 典型中子星的质量和半径的离散度在几十个百分点
以内, 而 $P, \dot{P}, T$ 和 B 的离散度则大得多, 达到几个数量级. 质量和半径直接反映
了中子星物态方程, 而 $P, \dot{P}, B$ 和 T 分布范围的广度则决定了中子星辐射特征的
多样性. 特别是磁场 B, 它的强度、结构和演化是决定脉冲星辐射的主要因素. 理
解这些观测参数是建立中子星 "统一理论" 的关键.

星体是自身引力被内部压强平衡而形成的稳定结构, 其宏观结构 (如我们关注
的质量和半径) 由微观物质的组分和相互作用决定. 由于目前对非微扰强相互作用
缺乏理解, 我们对中子星内部结构还不清楚. 因此, 不论是理论上研究各种物态模
型对应的质量-半径关系, 还是利用观测数据测量质量和半径都至关重要. 利用基本
常数, 中子星的极限质量可估算为[29]

$$M_{\max} \sim m_{\mathrm{n}} \left(\frac{\hbar c}{G m_{\mathrm{p}}^2} \right)^{3/2} \approx m_{\mathrm{p}} \alpha_{\mathrm{G}}^{-3/2} \sim 2 M_{\odot}, \tag{3.18}$$

其中 $\hbar$ 是约化普朗克常数, m_{n} 和 m_{p} 是中子和质子的质量, $\alpha_{\mathrm{G}} = G m_{\mathrm{p}}^2/(\hbar c) = 5.9 \times 10^{-39}$ 是引力精细结构常数. 中子星的典型半径可估算为

$$R_{\mathrm{ns}} \sim N^{1/3} d < \left(\frac{\hbar c}{G m_{\mathrm{n}}^2} \right)^{1/2} \frac{\hbar}{m_{\mathrm{n}} c} \approx \alpha_{\mathrm{G}}^{1/2} \frac{\hbar}{m_{\mathrm{p}} c} \sim 3 \ \mathrm{km}. \tag{3.19}$$

其中 $N \sim M_{\mathrm{ns}}/m_{\mathrm{n}}$ 是星体内的重子数, $d < \hbar/m_{\mathrm{n}} c$ 是核子之间的典型距离. 以上的
公式仅是大致的估算, 其在量级上是正确的. 具体的核物质状态方程给出的极限质
量 $M_{\max} \sim (2 \sim 3) M_{\odot}$, 半径为 $6 \sim 16$ km.

观测上, 部分双星系统中的中子星的质量已通过双星运动非常精确地测量, 见
图 3.4. 脉冲星是非常精确的时钟, 脉冲束像灯塔一样有规律地扫过我们. 若脉冲星
处在双星系统中, 这个运动的时钟就包含着双星轨道和周围弯曲的引力场的信息,
脉冲到达时间也会受到相应的调制. 若脉冲星的伴星是白矮星, 射电脉冲星的脉冲
信号经过伴星附近弯曲的时空时会有时间延迟, 叫做 Shapiro 时间延迟. 这个效应
会打破轨道参数的某些简并性, 从而独立地给出脉冲星的质量.

不同的物态预言了不同的极限质量. 如果某种物态对应的极限质量低于观测
到的脉冲星质量, 那么这种物态就被排除了, 因此寻找更大质量的中子星是人们检

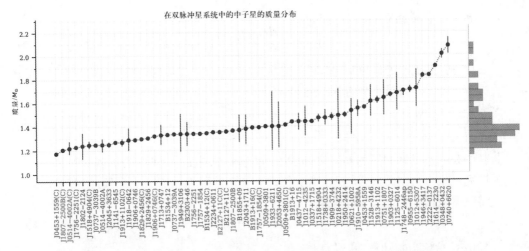

图 3.4 脉冲双星中的中子星的质量分布. 图源自 Vivek V. Krishnan.

验物态的绝佳探针. 如图 3.4, 目前探测到质量最大的中子星为 PSR J0740+6620 ($M = 2.17^{+0.11}_{-0.10}M_{\odot}$)[30] 和 PSR J0348+0432 ($M = 2.01 \pm 0.04M_{\odot}$)[31]. 双星系统中的引力动力学效应也可以用于中子星半径的间接测量. 例如, 在双脉冲星系统中, Lense-Thirring 进动效应可用于测量中子星的转动惯量 (其数值大致与半径的平方成正比). 这一效应已在 PSR 0737–3039 系统中被观测到[①], 预计在 2024 年后的十年内, 转动惯量的测量精度可达到 10%[②]. 另一种方法是通过双中子星旋近时的潮汐形变效应 (该效应与半径的五次方成正比), 此效应会引起引力波相位的变化. 目前, 来自双中子星旋近的引力波信号 GW170817 已经对潮汐形变效应做出了显著约束, 排除了部分较硬的传统中子星物态模型[12].

脉冲星类致密天体的转动周期 P 和周期随时间的变化率 $\dot{P}$ (即周期导数) 是最基本的观测量. 周期-周期导数图在表现脉冲星的生命周期方面非常重要, 其作用类似于赫罗图在普通恒星中的作用. 由于脉冲星的强磁场, 辐射主要沿着磁极方向发射, 形成两个窄的辐射束. 随着脉冲星自转, 这些辐射束像灯塔的光束一样扫过太空, 如果其中一个辐射束刚好指向地球, 天文学家就能观测到周期性的脉冲信号. 脉冲星自转的典型周期约为 1 s, 但可以横跨几 ms (毫秒脉冲星) 到约几个小时 (部分吸积供能的 X 射线脉冲星) 的广泛区间.

星体的转动能为 $E_{\rm rot} = I\Omega^2/2$, 其中 I 是星体的转动惯量, Ω 是星体转动的角速度. 假设转动能损全部用来提供电磁辐射, 则辐射的光度为

$$L = -\frac{{\rm d}E}{{\rm d}t} = 4\pi^2 I\dot{P}P^{-3}, \tag{3.20}$$

[①]参见: PRX, 11, 041050, 2021.
[②]参见: MNRAS, 497, 3118, 2020.

旋转的真空磁偶极的辐射功率为

$$L_{\mathrm{md}} = \frac{B_{\mathrm{d}}^2 \Omega^4 R_{\mathrm{ns}}^6}{6c^3} \sin^2 \alpha \,, \tag{3.21}$$

其中 B_{d} 是极点处的磁场 (相对于磁场位形), α 是自转轴和磁轴之间的夹角. 积分方程 (3.20) 可求得脉冲星的特征年龄为

$$\tau = \frac{P}{2\dot{P}} \left[1 - \left(\frac{P(0)}{P(t)} \right)^2 \right]^{-1/2} \approx \frac{P}{2\dot{P}} \,, \tag{3.22}$$

其中我们假设脉冲星的初始周期 $P(0)$ 远远小于现在的周期 $P(t)$. 若脉冲星自转减慢完全来自真空磁偶极辐射, 则由公式 (3.20) 可得 $\dot{\Omega} \propto \Omega^3$. 更一般地, 我们假设自转频率减慢满足如下幂律关系

$$\dot{\Omega} = -K\Omega^n \,, \tag{3.23}$$

其中 n 被称为制动指数, 满足

$$n = \frac{\Omega \ddot{\Omega}}{\dot{\Omega}^2} \,. \tag{3.24}$$

脉冲星的 Ω, $\dot{\Omega}$ 和 $\ddot{\Omega}$ 都是可观测量, 所以制动指数 n 也是可观测量. 目前观测到的脉冲星制动指数有正有负, 差别较大. 所以简单的真空磁偶极模型 ($n = 3$) 远不能完整描述脉冲星的制动.

磁化中子星特征磁场的强度约为 $B \sim 10^{12}$ G, 观测范围从 10^8 G 到 10^{15} G. 磁场的强度、结构和演化的广泛分布是中子星表现出多样性的主要原因. 假设真空中旋转偶极子的辐射功率 (方程 (3.21)) 等于自转减慢的光度 (方程 (3.20)), 则中子星表面的偶极子磁感应强度为

$$B_{\mathrm{d}} = \sqrt{\frac{3c^3 I}{2\pi^2 R_{\mathrm{ns6}}} P\dot{P}} = 1.0 \times 10^{14} \mathrm{G} \left(\frac{P}{1\,\mathrm{s}} \right)^{1/2} \left(\frac{\dot{P}}{10^{-11}\,\mathrm{s \cdot s^{-1}}} \right)^{1/2} \,, \tag{3.25}$$

其中 I 是中子星的转动惯量, 取典型数值 $I = 10^{45}\,\mathrm{g \cdot cm^2}$, $R_{\mathrm{ns6}} = R_{\mathrm{ns}}/10^6\,\mathrm{cm}$. 这里我们取磁倾角 $\alpha = \pi/2$.

在图 3.5 中我们展示了各类脉冲星的 P-$\dot{P}$ 关系以及特征年龄、特征磁场和自转减慢光度的等值线. 数据取自 ATNF Pulsar Catlog[1]和 McGill Magnetar Catalog[2]. 图表的中上部代表年轻的脉冲星, 这些脉冲星通常与超新星遗迹相关联, 并具有高能辐射. 随着自转逐渐减慢, 年轻脉冲星会演化成周期 $P \sim 1\mathrm{s}$ 的普通脉冲星, 直至自转速度过慢, 跨过死亡线 (death line), 无法再产生射电辐射, 从视线中消失. 图的左下方显示了毫秒脉冲星, 它们大多数处于双星系统中, 通过从伴星吸积物质而被加速. 近年来发现的自转射电暂现源 (Rotating Radio Transients, RRAT) 是一类间歇性地产生单个脉冲而非连续脉冲序列的脉冲星.

---

[1]https://www.atnf.csiro.au/research/pulsar/psrcat/.
[2]https://www.physics.mcgill.ca/~pulsar/magnetar/main.html.

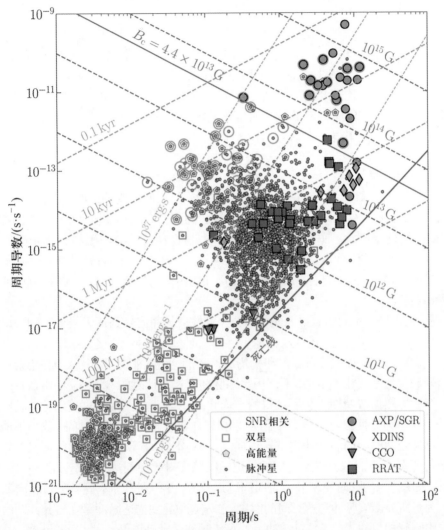

图 3.5 脉冲星周期-周期导数图. 图中标注了各种类型的脉冲星[32,33], 并展示了特征年龄、特征磁场及自转减慢的等值线, 其中 $B_c = 4.4 \times 10^{13}$ G 表示 Schwinger 极限, 单位 yr 表示年.

3.2.2 转动供能脉冲星

自转驱动的中子星通过脉冲风和电磁辐射而消耗其旋转能量, 并以稳定的速率减速. 它们占据了已观测到的中子星的大多数 (见图 3.5), 以射电辐射为主, 其中一些也在光学、X 射线或 γ 射线波段被探测到. 自旋周期集中在几 ms 和 1 s 附近, 前者被称为毫秒脉冲星, 后者是正常脉冲星.

各波段辐射特征

观测到的旋转脉冲星的能谱基本上由热的黑体辐射和非热的幂律成分组成. 热辐射通常在光学到软 X 射线范围内可见, 其起源被认为是来自中子星内部的潜热以及磁层中回流粒子撞击极冠区产生的热辐射.

非热辐射大致分为两个组成部分: 从红外到 γ 射线的非相干宽带辐射, 以及在射电波段的相干辐射, 后者的流量密度谱较陡峭 (平均谱指数约为 -1.6). 粒子在磁层中加速并导致相干非热辐射, 不过具体的辐射机制尚不清楚.

脉冲星计时

脉冲星的观测主要分为两大类: 一是脉冲到达时间的观测, 包括对未知脉冲星的搜寻; 二是脉冲星辐射特征的观测. 通过脉冲到达时间的观测, 可以获取脉冲星的周期、周期变化、色散等参数, 进而可以确定脉冲星的年龄、磁场、制动指数, 并可以发现脉冲双星, 确定轨道参数以及实现对广义相对论的高精度检验, 还能测定脉冲星的位置、距离和自行. 通过脉冲星周期的不均匀变化可以进一步研究脉冲星的内部结构.

脉冲到达时间 (Time of Arrival, TOA) 是指脉冲信号到达天线的时间. 射电天线接收到来自脉冲星的信号, 由原子钟确定时刻, 信号经过接收系统和消色散处理, 获得单个脉冲的一系列数据和平均脉冲轮廓. 一般来说, 单个脉冲在辐射窗口中出现的位置是变化不定的, 不能用单个脉冲来选定计时的参考点. 而由数百个或数千个脉冲数据按周期折叠所获得的平均脉冲, 其轮廓是稳定的, 可以选择轮廓上的某个点作为特征参考点, 由原子钟给出时刻, 确认该点的到达时间. 我们不能直接从脉冲到达时间的间隔获得自转周期, 脉冲星本身的运动 (包括自行或双星轨道运动)、星际介质的色散以及地球的轨道运动等会对脉冲到达时间造成各种时间延迟, 需采用特定的计时模型来拟合时间延迟效应, 并得到脉冲星固有的自转周期.

为了研究影响脉冲到达时间的因素, 首先必须找到描述脉冲星在与其共动的参考系中自旋相位的表达式. 对脉冲星的自旋频率做泰勒展开,

$$\nu(T) = \nu_0 + \dot{\nu}_0 \left(T - t_0\right) + \frac{1}{2}\ddot{\nu}_0 \left(T - t_0\right)^2 + \cdots, \tag{3.26}$$

其中 T 是脉冲星的共动时, $\nu_0 \equiv \nu(t_0)$ 是参考时间 t_0 的自旋频率, $\dot{\nu}_0$ 和 $\ddot{\nu}_0$ 分别是 t_0 时刻自旋频率的一阶导数和二阶导数. 可以将上式写为脉冲星的共动时间和脉冲数 N 的函数关系

$$N = N_0 + \nu_0 \left(T - t_0\right) + \frac{1}{2}\dot{\nu}_0 \left(T - t_0\right)^2 + \frac{1}{6}\ddot{\nu}_0 \left(T - t_0\right)^3 + \cdots. \tag{3.27}$$

方程 (3.26) 和 (3.27) 描述了与脉冲星共动的参考系观测到的脉冲星的自旋变化. 我们的观测系不是惯性系, 因为我们使用的是位于绕太阳旋转的地球上的望远

镜. 因此, 在分析望远镜对应的时钟测量的脉冲到达时间之前, 我们需要将脉冲到达时间转换到太阳系质心系 (Solar System Barycentre, SSB), 这是一个很好的近似惯性参考系. 通过使用这种 "质心到达时间", 我们可以轻松地结合在不同天文台不同时间测量的望远镜到达时间. 对于孤立的脉冲星, 望远镜到达时间 t_{tele} 转换为太阳系质心到达时间 t_{SSB} 的转换公式为

$$t_{SSB} = T = t_{tele} + t_c - \frac{D \times DM}{f^2} + \Delta_{R_\odot} + \Delta_{S_\odot} + \Delta_{E_\odot}, \tag{3.28}$$

其中 t_c 是观测站原子钟相对于平均参考时钟的修正; $D \times DM/f^2$ 是星际介质色散效应造成的时间延迟, $D \times DM/f^2$ 中参数 $D \equiv e^2/2\pi m_e c = (4148.808 \pm 0.003) \, \mathrm{MHz}^2 \cdot \mathrm{pc}^{-1} \cdot \mathrm{cm}^3 \cdot \mathrm{s}$ 是色散常数, 其中 e 和 m_e 分别是电子的电荷和质量, DM 是色散量 (Dispersion Measure), 定义为:

$$DM \equiv \int_0^d n_e \, dl,$$

其中 d 是脉冲星的距离, n_e 是电子数密度, f 是观测到的信号频率; $\Delta_{R_\odot}$ 是由于地球绕太阳运动导致的延迟, 称为 Römer 延迟, $\Delta_{S_\odot}$ 是 Shapiro 延迟, 它是由于太阳系中存在的质量 (特别是太阳和木星) 引起的时空弯曲造成的相对论延迟; $\Delta_{E_\odot}$ 是爱因斯坦延迟, 它是由太阳系中质量引起的引力红移和地球运动引起的时间膨胀的综合效应. 对于处在双星系统中的脉冲星, 伴星的引力场还会带来其他的延迟. 此时, t_{tele} 和 t_{SSB} 的转换公式为

$$T = t_{tele} + t_c - \frac{D \times DM}{f^2} + \Delta_{R_\odot} + \Delta_{S_\odot} + \Delta_{E_\odot} + \Delta_{RB} + \Delta_{SB} + \Delta_{EB} + \Delta_{AB}.$$
$$\tag{3.29}$$

其中相对于公式 (3.28) 多出的四项分别为: 由于脉冲星轨道运动引起的 Römer 延迟 Δ_{RB}; 由双星系统中伴星的引力场引起的 Shapiro 延迟 Δ_{SB}; 由于脉冲星轨道运动引起的时间膨胀和引力红移产生的爱因斯坦延迟 Δ_{EB}; 由旋转脉冲星射电束的光行差引起的光行差延迟 Δ_{AB}, 该效应取决于脉冲星轨道速度随时间变化的横向分量.

如果脉冲星与太阳质心之间没有进一步的运动或加速度发生, 方程 (3.28) 和 (3.29) 就足以测量脉冲星钟的变化. 如果脉冲星相对于太阳系质心运动, 则只能从计时中观测到其速度的横向分量 v_T. 径向运动无法通过脉冲星计时测量, 导致我们无法确定观测到的脉冲周期、质量等的多普勒修正值. 但是, 如果脉冲星有一个光学上可检测到的伴星 (如白矮星), 则可以通过光谱测量多普勒频移. 相比之下, 横向运动会导致脉冲星相对太阳系质心的方向发生变化, 在 Römer 延迟中引入一个随时间线性变化的项, 从而可以测量脉冲星的自行速度.

横向运动产生的另一个效应是 Shklovskii 效应: 随着脉冲星的运动, 脉冲星到太阳系质心的投影距离增加, 导致一个随时间平方增长的修正项

$$\Delta t_S = \frac{v_T^2}{2dc}(T - T_0)^2, \tag{3.30}$$

d 为脉冲星至观测者距离. 由于该延迟与 d 的倒数成比例, 通常情况下这个修正值小到可以忽略不计. 然而, 它会导致观测到的周期变化 (即脉冲或轨道周期的变化) 相对于固有值增加:

$$\frac{\dot{P}}{P} = \frac{1}{c}\frac{v_T^2}{d}. \tag{3.31}$$

对于自转周期非常短的毫秒脉冲星来说, 由于 $\dot{P}$ 很小, 观测到的周期变化中可能有很大一部分是由 Shklovskii 效应引起的. 当研究由于引力波辐射导致的轨道周期衰减时, 也需要考虑这种效应, 因为观测值会被 Shklovskii 效应放大.

同样, 任何由于外部引力场导致的脉冲星视线方向上的加速度 a 都会改变观测到的周期导数, 即

$$\frac{\dot{P}}{P} = \frac{a}{c}. \tag{3.32}$$

这种效应在球状星团的脉冲星中常被观测到, 因为星团引力场沿视线方向的加速度常常非常大, 以致改变 $\dot{P}$ 的符号. 结果, 脉冲星看起来像是在加速自转而不是减速自转! 这种脉冲星对星团的质量分布和星团内介质提供了有用的约束.

对脉冲星进行多次观测得到一系列的 TOA 后, 将公式 (3.28) 或者 (3.29) 作为计时模型, 利用最小二乘法拟合该计时模型, 即使得如下表达式最小

$$\chi^2 = \sum_i \left(\frac{N(T_i) - n_i}{\sigma_i}\right)^2, \tag{3.33}$$

这里 $N(T_i)$ 是给定 TOA 的脉冲数, n_i 是距离 $N(T_i)$ 最近的整数, σ_i 是计时的不确定度. 通过计时模型预计的到达时间和真实 TOA 之间的偏差称为计时残差. 一个精确的计时解应 "数到" 脉冲星的每一个脉冲. 理想情况下, 计时残差的大小应与其不确定度相当, 在脉冲相位-时间图中围绕零值分布.

测量密近双星中的相对论效应以及中子星的质量非常重要. 这些研究一方面可用于广义相对论的验证, 另一方面为限制中子星极限质量, 从而限制中子星物态提供了探针. 考虑一阶后牛顿近似 (Post-Newtonian, PN) 并结合脉冲星的观测数据, Damour 和 Deruelle 提出了一种现象学参数化方法, 即所谓的参数化后开普勒形式 (Parametrised Post-Keplerian, PPK). PPK 参数反映了可从脉冲星计时中提取的超出开普勒轨道的效应. 常用的可观测 PPK 参数包括近心点进动的角加速度 $\dot{\omega}$, 由

于引力波辐射导致的轨道周期衰减速率 $\dot{P}_{\mathrm{b}}$, 爱因斯坦延迟的幅度 γ, 描述 Shapiro 时间延迟的参数 r 和 s. 这些参数可用开普勒参数表示为

$$\dot{\omega} = \frac{3n_{\mathrm{b}}}{1-e^2}\frac{V_{\mathrm{b}}^2}{c^2},$$

$$\gamma = \frac{e}{n_{\mathrm{b}}}\left(1+\frac{m_{\mathrm{c}}}{m}\right)\frac{m_{\mathrm{c}}}{m}\frac{V_{\mathrm{b}}^2}{c^2},$$

$$r = \frac{Gm_{\mathrm{c}}}{c^3},$$

$$s = \sin i = xn_{\mathrm{b}}\frac{m}{m_{\mathrm{c}}}\frac{c}{V_{\mathrm{b}}},$$

$$\dot{P}_{\mathrm{b}} = -\frac{192\pi}{5}\frac{m_{\mathrm{p}}m_{\mathrm{c}}}{m^2}\left[1+(73/24)e^2+(37/96)e^4\right]\left(1-e^2\right)^{-7/2}\frac{V_{\mathrm{b}}^5}{c^5},$$

这里 $n_{\mathrm{b}} = 2\pi/P_{\mathrm{b}}$ 是双星轨道的平均角速度, $V_{\mathrm{b}} \equiv (Gmn_{\mathrm{b}})^{1/3}$ 是轨道运动的平均速度, m_{p} 是脉冲星的质量, m_{c} 是伴星的质量, m 是双星的总质量, $x \equiv a_{\mathrm{p}}\sin i/c$ 是半长轴在轨道平面作投影并除以光速 c. 如果测量了任意两个这样的 PPK 参数, 就可以确定脉冲星及其伴星的质量. 如果测量了两个以上的参数, 每一个额外的 PPK 参数都可以提供对引力理论的不同检验.

在著名的 Hulse-Taylor 脉冲双星 B1913+16 中, 首先通过对 $\dot{\omega}$ 和 γ 的高精度测量, 准确确定了两颗中子星的质量, 通过对轨道周期衰减 $\dot{P}_{\mathrm{b}}$ 的测量间接证明了引力波的存在.

PSR J0737-3039A/B 于 2003 年被发现[①], 是目前已知的唯一一个双脉冲星系统, 其中 PSR J0737-3039A 是一个 22.7 ms 的毫秒脉冲星, 它是首先形成的脉冲星, 通过从伴星吸积物质而进入加速旋转; PSR J0737-3039B 是第二个形成的脉冲星, 周期为 2.7 s, 并且由于测地线进动, 其射电辐射在 2008 年消失.

2006 年, Kramer 等人通过对该系统 2.5 年的计时结果, 提供了四项独立的广义相对论强场检验[②]. 由于该系统中很强的相对论效应, PPK 参数 $\dot{\omega}$, γ 和 $\dot{P}_{\mathrm{b}}$ 已经被精确测量. 由于轨道几乎是边缘朝向观测者, Shapiro 延迟效应的 PPK 参数 r 和 s 也得以精确测量. 由于该系统中两颗脉冲的辐射均可探测到, 投影的半长轴 x_{A} 和 x_{B} 都被高度精确地测量, 所以该系统也提供了质量比 $R = m_{\mathrm{A}}/m_{\mathrm{B}} = x_{\mathrm{B}}/x_{\mathrm{A}}$ 的精确测量. 在 2021 年, Kramer 等人[③]利用对 PSR J0737-3039 的 16.2 年计时数据, 提供了 7 个 PPK 参数的测量, 并且对广义相对论的四极引力波辐射给出了目前为止最精确的限制: $\dot{P}_{\mathrm{b}}^{\mathrm{GW}}/\dot{P}_{\mathrm{b}}^{\mathrm{GW,GR}} = 0.999963(63)$.

大质量中子星为物态方程提供了强有力的约束, 因此通过脉冲双星系统的动力学测量中子星质量至关重要. 通过观测脉冲星-白矮星系统中的 Shapiro 时间延

[①]参见: Nature, 426, 531, 2003.
[②]参见: Science, 341, 97, 2006.
[③]参见: PRX, 11, 1050, 2021.

迟效应, 已发现几颗质量约为 $2\,M_\odot$ 的大质量中子星. PSR J0740+6620 是迄今为止通过 Shapiro 延迟效应观测到的最重中子星之一, 其质量为 $2.08^{+0.07}_{-0.07}\,M_\odot$[30]. 我们尚不清楚是否存在质量约为 $\sim 2.5\,M_\odot$ 的脉冲星, 但很值得期待: 自然界往往会带给我们意想不到的惊喜.

3.2.3 吸积供能脉冲星

处于双星系统中的中子星可以通过吸积伴星物质产生辐射. 由于中子星半径很小, 吸积能够有效地释放能量. ^{56}Fe 平均每核子的结合能约为 $8\,\text{MeV}$. 若将氢充分燃烧成铁峰元素, 核聚变的产能效率为 $\eta_{\text{n}} = 8/938 \approx 0.009$. 而对于中子星的吸积, 单位质量物质落至中子星表面所释放的引力能为 GM/R, 引力能的释放效率为

$$\eta_{\text{g}} \approx \frac{GM}{Rc^2} = 0.206 \left(\frac{M}{1.4\,M_\odot}\right)\left(\frac{10\,\text{km}}{R}\right).\tag{3.34}$$

由此可见, 中子星吸积产能的效率非常高, 是核反应的几十倍. 假设引力能以接近黑体辐射的形式释放, 则光子的典型能量为

$$\varepsilon \approx k\left(\frac{L}{4\pi\sigma R^2}\right)^{1/4} \approx 1.67\left(\frac{L}{L_{\text{Edd}}}\right)^{1/4}\sqrt{\frac{10\,\text{km}}{R}}\,\text{keV},\tag{3.35}$$

可见能量主要集中在 X 射线波段. 观测上已发现很多处于 X 射线双星中的中子星, 这些中子星的辐射正是吸积驱动的.

X 射线双星

大质量 X 射线双星 (HMXB) 的光学子星的质量大于 $10\,M_\odot$. 几乎所有情况下, 光学子星都是年轻 ($\leqslant 10^7$ 年)、大质量 ($(10 \sim 30)\,M_\odot$) 的早型星 (O, B 型). 参见图 3.6, HMXB 中的中子星吸积的物质主要由高速星风或 Roche 瓣流出的物质形成. 一般而言, 处于 HMXB 的脉冲星具有较强的磁场, 吸积流受到磁场控制, 在中子星磁极区形成热斑, 表现为吸积供能的 X 射线脉冲星. 目前在银河系中发现了 100 多个此类系统, 轨道周期从 0.2 天到 262 天不等, X 射线脉冲星的自转周期范围为 33 ms 到 4 个小时.

部分 HMXB 属于 Be/X 射线双星系统 (图 3.6), 其轨道偏心率较高, X 射线活动与包围 Be 星赤道的物质盘有关. 这些系统可以发生巨型或普通暴发. 相对于"标准"的大质量 X 射线脉冲星, Be/X 射线脉冲星具有较长的静默期, 会在几个月到几年的时间内观测不到, 而在可以观测到 X 射线辐射时, 呈现出持续几个星期到几个月的"暂现源"现象.

小质量 X 射线双星 (LMXB) 的伴星质量一般小于 $1\,M_\odot$, 是一类老年天体, 年龄一般大于 10^9 年. 它们绝大多数是银河系核球源和星族 II 型. 中子星吸积物质

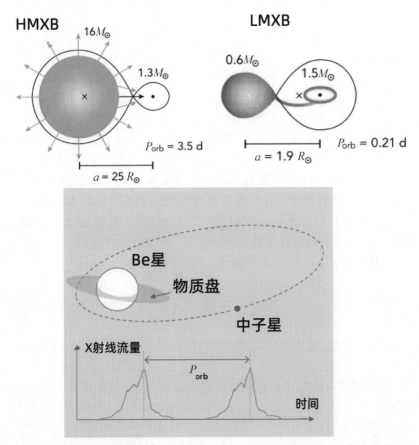

图 3.6 大质量 X 射线双星 (HMXB) (左上) 中的中子星吸积物质主要由高速星风或 Roche 瓣流出的物质提供. 小质量 X 射线双星 (LMXB) (右上) 中的中子星吸积物质由吸积盘提供, 而吸积盘由 Roche 瓣流出的物质形成. 下方为 Be/X 射线双星的示意图: 中子星绕 Be 星在椭圆轨道上运动, 当中子星运动到近心点附近时, 吸积 Be 星周围的物质产生 X 射线辐射.

由吸积盘提供, 而吸积盘由 Roche 瓣流出的物质形成. LMXB 在观测上主要表现为 X 射线暴, 分为 I 型暴和 II 型暴.

X 射线脉冲星

最先发现的 X 射线脉冲星 Cen X-3 和 Her X-1 清楚地表明, 其 X 射线脉冲来自双星系统中的中子星. X 射线脉冲星的周期分布在 69 ms 到 1400 s 之间. 绝大多数射电脉冲星的脉冲周期随着时间以较稳定的速率增大, 这是转动能不断被消耗的结果. 对于 X 射线脉冲星, 物质的吸积导致角动量迁移, 可以增加转动能量, 因为

脉冲星的转动周期可以变短. 如果吸积的光度小于 Eddington 光度 L_E, 这里

$$L_\mathrm{E} = \frac{4\pi GM m_\mathrm{p} c}{\sigma_\mathrm{T}} = 1.3 \times 10^{38} \frac{M}{M_\odot} \,\mathrm{erg \cdot s^{-1}}, \qquad (3.36)$$

则等离子体可以被吸积, 其中 σ_T 是电子的汤姆孙散射截面.

在中子星磁层的特定位置有一个叫做 Alfen 面的边界, 在 Alfen 面上, 磁能和外来物质的动能相等. 当被吸积的物质尚未达到中子星的磁层 Alfen 面时, 中子星的磁场不能控制它们, 它们也不会对中子星的自转有影响, 此时它们以开普勒角速度绕着中子星运动. 当从伴星来的等离子体物质到达 Alfen 面以内时, 等离子体只能沿着磁力线运动而成为脉冲星的附加物. 这些等离子体携带的角动量使得脉冲星自转加快. 脉冲星自转加速的程度由物质的吸积率和脉冲星的 Alfen 面的半径决定.

中子星由于获得角动量而自转加快, 持续进行, 一直到和 Alfen 面的开普勒角速度相同为止. 这导致自转加快有一个上限, 对应的自转周期有一个下限, 任何因吸积加速的脉冲星不可超过该界限, 即

$$P_\mathrm{min} = 1.9 B_9^{6/7} \left(\frac{\dot{M}}{\dot{M}_\mathrm{E}} \right) \mathrm{ms} . \qquad (3.37)$$

其中 B_n (n 为整数, 这里 $n = 9$) 是指以 $10^n\,\mathrm{G}$ 为单位的磁场, $\dot{M}_\mathrm{E}$ 是 Eddington 吸积率极限.

对于 X 射线双星中的 X 射线脉冲星, 可以利用电子-正电子在强磁场中的回旋共振散射特征 (Cyclotron Resonance Scattering Feature, CRSF) 来确定中子星的磁场. 从伴星吸积的物质沿着强偶极磁场被引导到中子星的磁极, 形成吸积柱. X 射线脉冲源自这些一个或两个 "热点" 吸积柱. 在这种类型的中子星表面附近的强磁场中, 电子的运动被限制在沿着强磁场线的一个方向上, 并且它们的横向能量被量化为朗道能级

$$E_n = \sqrt{c^2 p_\parallel^2 + m^2 c^4 \left(1 + 2\frac{B}{B_\mathrm{c}} n \right)}, \quad n = 0, 1, 2, \cdots, \qquad (3.38)$$

其中 $p_\parallel$ 为粒子沿着磁场方向的动量, m 为电子质量, B_c 为 Schwinger 极限磁场,

$$B_\mathrm{c} \equiv \frac{m^2 c^3}{e\hbar} = 4.4 \times 10^{13}\,\mathrm{G} . \qquad (3.39)$$

当磁场超过该值时真空基态和朗道能级第一激发态之间的能量差为

$$E_\mathrm{cyc} = \frac{heB}{2\pi mc} = 11.6\,\mathrm{keV} B_{12} . \qquad (3.40)$$

如果谱线产生于中子星表面, 辐射离开中子星时受到引力红移, 上式的能量改为

$$E_{\mathrm{cyc}} = \frac{heB}{2\pi mc} = 11.6\,\mathrm{keV} B_{12} \frac{1}{1+z_{\mathrm{g}}}\,, \tag{3.41}$$

其中 z_{g} 为红移因子, 满足

$$1 + z_{\mathrm{g}} = \left(1 - 2GM/c^2 R\right)^{-1/2}. \tag{3.42}$$

1976 年 Trümper 等人首次测到了 Her X-1 电子朗道能级跃迁产生的回旋吸收谱线. 两条回旋吸收谱线的能量约为 38 keV 和 76 keV, 得到这颗 X 射线脉冲星的磁场约为 3×10^{12} G. 类似的电子朗道能级已在其他若干个源中观测到了, 确定出了 X 射线脉冲星的磁场.

3.2.4 磁场供能脉冲星

磁场供能的脉冲星包含软 γ 射线重复暴 (SGR) 和反常 X 射线脉冲星 (AXP) 两类. 历史上, SGR 是通过其重复的软 γ 射线暴发被发现的, 而 AXP 则被识别为较亮的 X 射线脉冲星, 其 X 射线光度超过了自转减慢功率. 尽管这两类脉冲星曾被认为是不同的, 但越来越多的证据表明它们本质上是同一类. 例如, 大多数 SGR 被发现具有与 AXP 相似的光谱和自转周期, 而一些 AXP 显示出与 SGR 相似的暴发活动. 现在, SGR 和 AXP 都被称作磁星, 它们的特征主要有:

(1) 较集中的自转周期 ($P = 2 \sim 12\,\mathrm{s}$) 和较大的 $\dot{P}$ (约为 $10^{-12} \sim 10^{-10}\,\mathrm{s} \cdot \mathrm{s}^{-1}$) (图 3.5). 若假设磁偶极制动, 其表面磁场 $B_{\mathrm{d}} \sim (10^{13} \sim 10^{15})\,\mathrm{G}$. 大多数 SGR 和 AXP 的磁场处于量子临界磁场 $B_{\mathrm{cr}} = 4.3 \times 10^{13}\,\mathrm{G}$ 之上.

(2) 为年轻的中子星群体. 特征年龄 $\tau_{\mathrm{c}} \sim (1 \sim 100)$ 千年, 空间分布集中在银道面附近, 且部分被认为与超新星遗迹 (SNR) 成协.

(3) X 射线光度 $L_{\mathrm{X}} = 10^{34} \sim 10^{35}\,\mathrm{erg} \cdot \mathrm{s}^{-1}$, 超过星体自转减慢的光度 $L_{\mathrm{sd}} = 10^{32} \sim 10^{34}\,\mathrm{erg} \cdot \mathrm{s}^{-1}$, 因此排除了自转供能的解释.

(4) X 射线脉冲没有多普勒调制, 表明缺乏双星伴星, 排除了吸积供能的解释.

(5) 低于 $\sim 10\,\mathrm{keV}$ 的软 X 射线辐射可以用黑体谱 ($kT \sim (0.3 \sim 0.5)\,\mathrm{keV}$) 加幂律谱来描述. 黑体成分比典型的自转供能脉冲星更热, 因此需要除常规冷却曲线的潜热外的其他能量来源.

(6) 若干磁星展示出硬 X 射线的幂律成分, 并在 10 keV 以上占主导地位, 延伸到 $\sim 100\,\mathrm{keV}$ 或更高.

(7) 已观测到约 10 个光学/红外对应体及候选体, 其中 3 个对象还检测到了脉冲, 脉冲轮廓与软 X 射线中的相似. 在射电波段, 已从 5 个暂态磁星 (transient magnetar) 中检测到脉冲, 这些射电脉冲辐射与 X 射线暴发相关.

(8) 偶发强烈的短暴 (short burst), 中等暴 (intermediate burst) 或远超 Eddington 光度 ($L \sim 10^{38}\,\mathrm{erg} \cdot \mathrm{s}^{-1}$) 的巨大耀发活动 (giant flare).

上述 SGR 和 AXP 的观测表现排除了转动和吸积驱动的图像, 而由周期和周期导数推测出的磁场强度远高于一般的脉冲星. 因此, "磁星猜想", 即它们是超强磁化的中子星这一理论逐渐成型, 是目前最成功和最为广泛接受的模型. 根据该模型, 强磁场在超新星爆炸后不久通过发电机作用生成, 辐射由存储在中子星内部的磁能释放驱动. 不过, AXP 和 SGR 的辐射源也有其他模型的解释, 如奇异星模型和快速旋转的大质量白矮星模型.

磁星的持续辐射

磁星的持续辐射总结在图 3.7. 在图中, 我们展示了磁星 4U 0142+61 的多波段能谱. 用黑体谱描述的软 X 射线成分很可能来源于星体的表面及其附近. 在约 $10\,\mathrm{keV}$ 附近需要一个额外的幂律或热成分来拟合观测到的光谱, 该成分可能是由沿扭曲的闭合磁力线流动的带电粒子对热光子的散射产生的. 扭曲的磁场是磁星的磁场引起壳层产生横向滑动的结果, 并由强电流在磁层中支撑. 在 $10\,\mathrm{keV}$ 以上, 延伸至约 $100\,\mathrm{keV}$ 的 X 射线辐射具有幂律谱. 该成分的起源尚不清楚, 有可能来自轫致辐射、同步加速辐射或共振散射等物理过程.

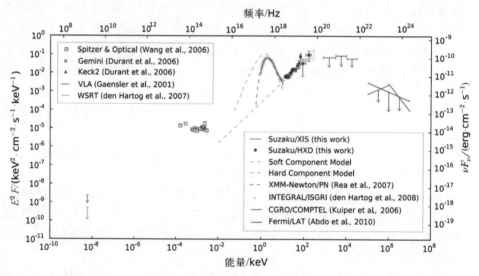

图 3.7 X 射线脉冲星 4U 0142+61 的谱能量密度, 以 νF_ν 的形式表示. 图取自参考文献 [29].

部分磁星探测到了光学/红外辐射, 其中 3 个对象还检测到了脉冲, 脉冲轮廓与软 X 射线中的相似. 辐射的起源仍然存在争议, 主要的争论在于辐射是来自盘还是磁星的磁层. 4U 0142+614 的光学/近红外光谱被发现可以很好地用热谱拟合, 这很可能表明其起源于超新星爆发的回落盘. 但却未能找到其他类似的直接证据. 另一方面, "磁层解释"认为光学辐射也可能来自内磁层的非热辐射, 在这些波长的辐射是由沿闭合磁场线运动的相对论电子的曲率辐射产生, 但仍旧缺乏详细的模型.

暂现磁星

许多 SGR/AXP 的持续 X 射线辐射是变化的, 典型的流量变化是在几天到几个月的时间尺度内变化几倍, 通常与暴发活动增强的时期相吻合. 直到 2002 年, 人们才意识到存在更加极端的暂现磁星, 这要归功于 AXP XTE J1810–197 的发现.

这些源的特征是 X 射线流量在短时间内 (约几小时) 突然增加, 超过宁静期水平的 10 到 1000 倍, 并伴随短暂的暴发. 这种活跃阶段通常被称为 X 射线活跃期 (outburst), 通常持续约 1 年. 在此期间, 流量逐渐下降, 光谱变软, 脉冲轮廓变得简单. 图 3.8 展示了几个暂现磁星在活跃期的 X 射线流量衰减特征.

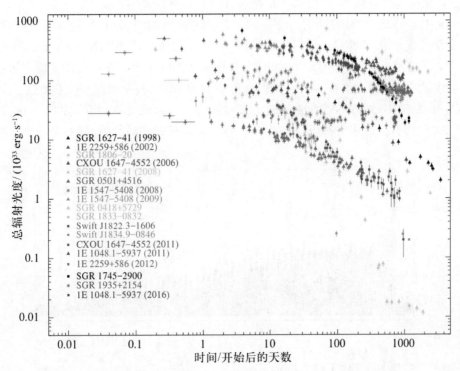

图 3.8 截至 2016 年底发现的一些磁星处于活跃期 (outburst) 的光度随时间的演化, 波段为 $0.011 \sim 100\,\mathrm{keV}$. 图取自参考文献 [34].

在发现暂现磁星前, 人们一直认为 SGR 和 AXP 是射电静默的, 而缺乏射电脉冲辐射常被认为是它们的定义特性之一. 虽然在 SGR 1806–20 和 SGR 1900+14 的耀发后探测到一个扩展的射电源, 但这是由周围的物质产生的, 而不是来自磁星的磁层.

首次从磁星探测到的射电相干辐射来自暂现源 AXP XTE J1810–197, 为磁星研究开辟了一个新窗口. XTE J1810–197 在许多个月内是银河系中频率高于 20 GHz 的最亮射电脉冲星, 在不同时间尺度上表现出射电流量和脉冲轮廓的强烈变化. 射电辐射持续了几年后消失了. 有趣的是在 2018 年的另一个活跃期, 射电脉冲再次出现. 相似的射电辐射模式也在其他几颗暂现磁星中观测到了.

磁星暴发活动

磁星在 X 射线和 γ 射线范围内表现出壮观且频繁的暴发活动, 时间尺度从不到 1 s 到几十 s 不等. 暴发活动大致被分为以下三类:

- 短暴发: 这是最常见的, 典型持续时间约为 $0.1 \sim 1$ s, 峰值光度为 $10^{39} \sim 10^{41}$ erg/s, 光谱为软的热谱 (~ 10 keV), 在 SGR 和 AXP 中均有探测到.

- 中等暴发: 持续时间约为 $1 \sim 40$ s, 峰值光度为 $10^{41} \sim 10^{43}$ erg/s. 这些暴发特征是突发起始, 通常也显示热光谱; 同样, 这些暴发在 SGR 和 AXP 中均有观察到.

- 巨耀发: 非常异常且罕见的事件, 光度为 $10^{44} \sim 10^{47}$ erg/s, 仅次于耀变体和 γ 射线暴. 这些耀发仅在 SGR 中观察到, 并且自 SGR 被发现以来仅发生过三次: 1979 年的 SGR 0526–66, 1998 年的 SGR 1900+14 , 以及 2004 年的 SGR 1806–20 (图 3.9). 所有三次事件都以持续约 $0.1 \sim 0.2$ s 的初始尖峰开始, 随后是一个长时

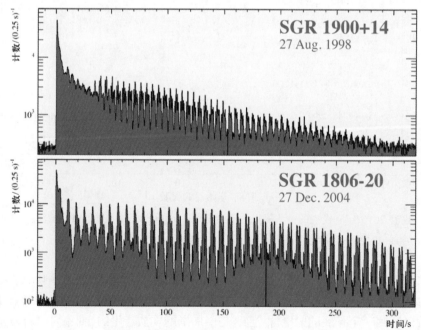

图 3.9   两次巨耀发的光变曲线: 1998 年 8 月从 SGR 1900+14 检测到的耀发 (上) 和 2004 年 12 月从 SGR 1806–20 检测到的耀发 (下). 图取自参考文献 [29].

间的脉动尾巴 (持续约几百 s), 且被中子星自转调制.

目前对磁星暴发活动物理机制的理解仍十分匮乏. 在传统的磁星框架下, 磁场的快速变化可能是暴发产生的原因. 缓慢的磁场演化在中子星壳层中积累了应力, 其中一些应力在暴发中以灾变性的方式释放, 暴发由快速的磁场变化驱动或引发. 在固态奇异星的框架下, 随着磁星自转减慢, 非各向同性的压强积累了应力, 灾变性的应力释放提供了暴发所需的能量.

在磁星 SGR 1806–20 和 SGR 1900+14 的巨耀发的尾部脉动中, 发现了硬 X 射线辐射的准周期振荡 (Quasi-Periodic Oscillation, QPO). SGR 1806–20 巨耀发尾部中的 QPO, 其频率集中在 18 ~ 150 Hz 范围内, 并有两个频率分别为 625 Hz 和 1840 Hz 的孤立高频信号. 在 SGR 1900+14 巨耀发尾部中检测到的 QPO 频率范围为 28 ~ 155 Hz. 目前认为 QPO 是由磁星振荡产生. 如果这种解释是正确的, 那么这些振动可用来约束内部磁场的强度和几何结构、固态壳层的剪切模量, 以及致密物质的状态方程.

根据 QPO 的频率范围, 人们初步确定其为中子星壳层的扭转剪切模, 频率由共振体积的大小和相关的波速决定. 取固体壳层的平均密度 $\rho = 10^{14}$ g · cm^{-3} 和平均剪切模量 $\mu = 10^{30}$ erg · cm^{-3}, 得到剪切波波速为

$$v_{\rm s} = \left(\frac{\mu}{\rho}\right)^{1/2} = 10^8 \text{ cm} \cdot \text{s}^{-1} \left(\frac{\mu}{10^{30} \text{ erg} \cdot \text{cm}^{-3}}\right)^{1/2} \left(\frac{\rho}{10^{14} \text{ g} \cdot \text{cm}^{-3}}\right)^{-1/2} . \tag{3.43}$$

相应地, 壳层剪切模式基频频率为 $\nu \sim v_{\rm s}/2\pi R = 18(10 \text{ km}/R)$Hz. 具体的振荡频率计算得出了相似的数值. 较低的 QPO 频率可以解释为没有径向节点的谐波, SGR 1806–20 的 QPO 中两个最高频率被认为是内部有节点的高阶频. 由于相对论效应, 频率还会额外依赖于中子星的质量和半径. 正是这种依赖关系使这些振荡模式成为探索致密物质状态方程的有力探针.

磁星内部高度磁化流体的剪切 Alfen 模也会影响 QPO 的频率. 在磁星的内部, Alfen 波的波速可以估算为

$$v_{\rm A} = 10^8 \text{ cm/s} \left(\frac{B}{10^{16} {\rm G}}\right) \left(\frac{10^{15} \text{ g/cm}^3}{\rho}\right)^{1/2} . \tag{3.44}$$

相应地, 剪切 Alfen 振荡的基频频率 $\nu \sim v_{\rm A}/4R = 25(10 \text{ km}/R)$Hz. 磁星内部的磁场非常高, 壳层振动和核心振动应在非常短的时间尺度上耦合在一起. 因此, 将它们单独考虑并不合适. 基于更详细的建模并考虑壳层和核心之间的磁耦合, 目前的观点认为, QPO 实际上与磁星的整体磁-弹性扭转振荡 (magneto-elastic torsional oscillation) 相关.

3.2.5 热辐射主导脉冲星

中子星冷却后残余的热能使其成为热 X 射线源.

暗 X 射线孤立中子星 (XDINS) 和超新星遗迹中心致密天体 (CCO) 就是此类以热辐射主导的孤立脉冲星, 其辐射主要集中在软 X 射线波段, 未观测到射电脉冲, 前者与超新星遗迹 (SNR) 不成协, 而后者与 SNR 成协. 部分源在 X 射线波段观测到了脉冲周期和周期导数. XDINS 和 CCO 的部分参数见表 3.1.

表 3.1　热辐射主导的中子星: XDINS 和 CCO

	名称	P/s	$\dot{P}$/(s·s^{-1})	距离 D/(kpc)[a]	成协
XDINS	RX J0420.0–5022	3.45	2.91×10^{-14}	0.345	-
	RX J0720.4–3125	8.39	7.01×10^{-14}	0.36	-
	RX J0806.4–4123	11.37	1.06×10^{-14}	0.25	-
	RX J1308.6+2127	10.31	$1.121 10^{-13}$	0.5	-
	RX J1605.3+3249	-	-	0.39	-
	RX J1856.5–3754	7.06	3.01×10^{-14}	0.16	-
	RX J2143.0+0654	9.43	4.15×10^{-14}	0.43	-
CCO	RX J0822.0–4300	0.122	$< 8 \times 10^{-15}$	2.2	Puppis A
	CXOU J085201.4–461753	-	-	1	G266.1–1.2
	1E 1207.4–5209	0.424	$< 2.5 \times 10^{-16}$	2	G296.5+10.0
	CXOU J160103.1–513353	-	-	5	G330.2+0.1
	RX J1713.4–3949	-	-	1.3	G347.3–0.5
	CXOU J185238.6+004020	0.105	8.7×10^{-18}	7.1	Kes 79
	1E 161348–5055.1	-	-	3.3	RCW 103
	CXOU J232327.8+584842	-	-	3.4	Cas A

[a] 部分源的距离测量有很大不确定性.

暗 X 射线孤立中子星 (XDINS)

自从 1990 年代使用 ROSAT 发现 RX J1856.5–3754 以来, 目前人们已经发现了 7 颗 XDINS, 它们被称为 "The Magnificent Seven" (M7), 详细参数见表 3.1. 除了 RX J1605.3+3249 外, 其他 M7 成员都观测到了 X 射线的脉冲, 对应的自转周期 P 在 $3 \sim 12$ s, 周期导数 $\dot{P}$ 在 $10^{-14} \sim 10^{-13}$s·s^{-1}, 由此推测的表面偶极磁场 $B_{\rm d} = 10^{13} \sim 10^{14}$ G, 特征年龄 $\tau_{\rm c}$ 为几百万年. 在 P-$\dot{P}$ 图 (参见图 3.5) 中, 它们的位置接近磁星, 但 $\dot{P}$ 略低于磁星.

它们是我们已知的距离最近的中子星中的 7 颗, 根据氢柱密度 $N_{\rm H}$ 分布模型推导出的距离小于或等于 500 pc. 只有两个源有视差测量数据, 分别是 RX J1856.5–3754 和 RX J0720.4–3125, 其距离分别为 123^{+11}_{-15} pc 和 280^{+210}_{-85} pc, 与从光谱和 $N_{\rm H}$ 估算得到的结果一致.

如图 3.10 所示, XDINS 的光变曲线近似为正弦, 脉冲调制度在 $1\% \sim 20\%$, 其中

RX J1308.6+2127 具有双峰结构. XDINS 的 X 射线光度 $L_X \sim (10^{30} \sim 10^{32})\,\text{erg}\cdot\text{s}^{-1}$, 软 X 射线能谱大多可以用黑体连续谱和在 $0.2 \sim 0.8\,\text{keV}$ 范围内的宽吸收特征来很好地描述, 表面特征温度 $kT = 0.04 \sim 0.1\,\text{keV}$, 黑体的半径约为 $2 \sim 3\,\text{km}$. 其吸收特征或被解释为质子回旋共振特征, 或被解释为在强磁场中的原子跃迁, 两种解释所需的磁场强度均为 $B = 10^{13} \sim 10^{14}\text{G}$, 这与从 P 和 $\dot{P}$ 推断的偶极磁场相当. 比较特殊的是 RX J1856.5–5754, 没有观测到任何吸收特征.

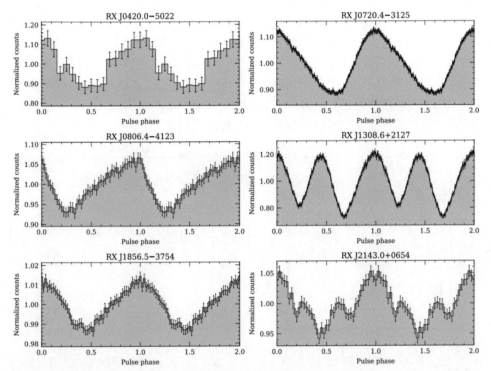

图 3.10　6 颗 XDINS 的归一化的 X 射线脉冲轮廓, 横轴为相位, 纵轴为归一化的光子计数. 图源自参考文献 [35].

　　一般认为, 中子星壳层、磁层等各种复杂的物理过程会造就复杂的能谱, 可能包括热和非热成分, 以及各种谱线. 然而, XDINS 的辐射近似为热谱, 这是难以理解的. 在传统的中子星框架下, 人们认为 XDINS 的低表面温度 ($\sim 100\,\text{eV}$) 和强磁场 ($\sim 10^{13}\,\text{G}$) 可能会导致在表面层产生相变, 留下一个具有凝聚态表面的裸中子星, 没有大气 (或具有一个稀薄的大气), 可以得到简单的黑体谱. 相对于传统的中子星, 奇异星可以具有自束缚的表面, 可以自然得到简单的黑体谱, 这是裸奇异星的观点.

　　XDINS 的辐射直接来自中子星表面, 几乎没有来自磁层活动或周围超新星遗迹的污染, 它们可以用来限制中子星的质量-半径比. 例如, 通过拟合 RX J1308.6+2127 的相位分辨光谱得到星体表面存在凝聚态铁的结论, 并给出部分电离的薄氢大气层组成的模型, 对于标准中子星质量 $1.4M_\odot$ 给出了真实半径 $16\pm1\,\mathrm{km}$. 确定的质量与半径比 $M/R = 0.087\pm0.004$.[①]. 应用相同的模型, 有文献对另一个源, RX J0720.4–3125 的质量与半径比进行了研究. 假设质量为 $1.4M_\odot$, $M/R=0.105\pm0.002$, 由光谱拟合推断出的半径为 $13.3\pm0.5\,\mathrm{km}$. 在奇异星框架下, 小质量的奇异星具有更小的半径, 由此可以理解观测上较小的黑体辐射半径.

多波段的观测表明, XDINS 没有射电辐射、非热的 X 射线辐射和高能 γ 射线辐射. 然而, 在光学和紫外波段存在辐射. 光学对应体非常暗淡, 其 X 射线流量与光学流量的比值为 $F_\mathrm{x}/F_\mathrm{opt} = 10^4 \sim 10^5$, 这一比值也可以用黑体谱拟合. 此外, 光学和紫外辐射超出了 X 射线黑体谱的理论外推范围 (如图 3.11 所示), 这就是所谓的 XDINS 光学和紫外超出问题. 目前, 所有已观测到的 7 颗 XDINS 都有光学和紫外测量数据, 并且都表现出类似的光学和紫外超出现象.

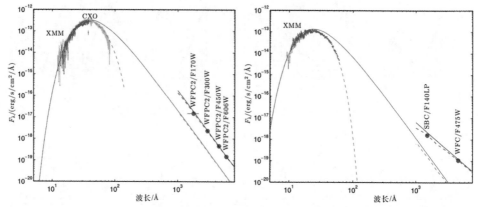

图 3.11　RX J1856.5–3754 (左) 和 RX J2143.0+0654 (右) 的 X 射线到光学的光谱, 其中绘制了来自 XMM (蓝色) 和 CXO (绿色) 的 X 射线数据, 以及最佳拟合模型 (红色虚线); RX J1856.5–3754 的模型仅为黑体, 而 RX J2143.0+0654 的模型包括一个宽吸收线, 未吸收的模型为蓝色实线. 蓝色点代表在光学/紫外波段的观测数据. 最佳拟合幂律包括吸收的幂律 (黑色虚线) 和未吸收的幂律 (黑色实线). 图取自参考文献 [223]. $1\,\mathrm{\AA} = 10^{-10}$ m.

一种观点认为, 在裸的中子星表面, 考虑强磁场下大气的辐射转移, 有可能解释 XDINS 的光学/紫外和 X 射线能谱. 如果考虑到中子星磁层中的电子对光子的散射, 则也有可能同时解释 XDINS 从光学到 X 射线的辐射. 在奇异星框架下, 考虑到星体周围的回落盘或星际介质会落到奇异星表面, 形成类似大气的一层物质, 来自这一层物质的辐射也有可能解释 XDINS 的光学和紫外超出现象.

[①]这里采用了 $G = c = 1$ 的量纲, M/R 实际是 GM/Rc^2, 代表中子星的致密度.

超新星遗迹中心致密天体 (CCO)

CCO 通常具有以下观测特性: (1) CCO 与超新星遗迹相关联, 非常年轻, 年龄小于约数万年; (2) CCO 具有相对恒定的热 X 射线流量, X 射线光度 $L_x \sim 10^{33}$ erg/s, 光谱可以用黑体辐射拟合, 温度为 $kT \sim (0.2 \sim 0.5)$ keV, 发射区的半径很小, 从 0.1 km 到几 km 不等; (3) CCO 没有光学或射电对应体, 也没有脉冲星星风星云.

目前只有 3 个 CCO 测量到了自转周期 P 以及自转周期导数 $\dot{P}$ 的值或上限: Kes 79 中的 PSR J1852+0040, Puppis A 中的 PSR J0821–4300, 以及 G296.5+10.0 中的 1E 1207.4–5209. 如表 3.1 所示, 它们的周期在 0.1 s 左右, 周期导数 $\dot{P} \sim (10^{-18} \sim 10^{-16})$ s·s^{-1}. 从周期和周期导数可推断出: (1) 自转减慢光度大约比 X 射线光度低一个数量级; (2) 特征年龄 τ_c 比宿主超新星遗迹的年龄大 $4 \sim 5$ 个数量级, 表明可能 CCO 在诞生时的自转周期就与现在的自转周期相当, 或者其磁场演化异常; (3) 推测的偶极磁场 B_d 为 $10^{10} \sim 10^{11}$ G, 显著小于大多数射电脉冲星的磁场强度. 1E 1207.4–5209 的 X 射线光谱在约 0.7 keV, 1.4 keV, 2.1 keV 处存在高斯型吸收线 (如图 3.12 所示). 这些按谐波间隔的特征可以通过电子回旋吸收来解释, 对应的磁场为

$$B = 10^{11}\text{G} \frac{E}{1.16\,\text{keV}} \left(1 + z_g\right). \tag{3.45}$$

假设引力红移 $z_g = 0.25$, 回旋共振的基频能量约为 0.7 keV, 得到的磁场为 $B_{cyc} \sim 8 \times 10^{10}$ G. 这一结果与通过周期导数推测出的磁场 $B_d \sim 9.8 \times 10^{10}$ G 一致.

CCO 的磁场显著低于大多数年轻中子星的磁场 ($B \approx (10^{12} \sim 10^{13})$G), 并比典型磁星的磁场小 $4 \sim 5$ 个数量级. 因此, 很自然的问题是: CCO 是天生就具有弱磁场, 还是天生具有强磁场但演化到约 1 万岁时表现出弱磁场的? Halpern 人[37] 提出 CCO 是诞生时具有弱磁场, 而且由于诞生时的缓慢自转, 未通过发电机效应有效放大磁场. 然而, 这种物理情景不能解释 CCO 的若干观测表现. 特别地, 诞生磁场小于约 10^{11} G 要求 CCO 距离中子星分布峰值约 4 个标准差, 因此相对于正常脉冲星群体而言, 它们应该非常少见. 但这与它们的观测数量相矛盾. 例如, 在所有已知的距地球 5 kpc 范围内的超新星遗迹中找到了 6 个 CCO, 而找到了 14 个射电脉冲星. Kaspi[38] 估计 CCO 的诞生率约为每年 0.0004 个 (因为所有已知的 CCO 都小于 7 千岁) 且银河系中约有 100 万个 CCO, 与强磁场中子星的数量相当.

另一种可能的解释是 CCO 的磁场存在演化. 中子星诞生时均具有很强的磁场, 在中子星刚诞生不久, 会有不同数量的物质回落. 如果回落的物质多, 则中子星磁场可能被回落的物质掩埋, 从而造成中子星磁场的降低, 到达 CCO 的水平. 回落物质携带的角动量也会造成中子星的自转减慢. 在后续的演化中, 最初被掩埋的磁场会逐步扩散到中子星表面, 因此预期 CCO 的磁场是不断增强的. CCO 有可能从它现在的状态, 逐步演化到通常脉冲星, 甚至演化到磁星, 最终的磁场依赖它初

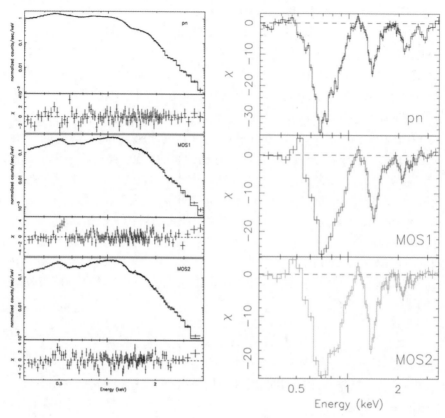

图 3.12　左图: X 射线光谱和残差. 从上到下, 三个面板图显示了 pn 相机、MOS1 相机和 MOS2 相机的数据. 在各个面板图中, 图的上部展示了数据 (以 $s^{-1} \cdot keV^{-1}$ 为单位的归一化计数) 与相机模型; 下部显示了以 σ 为单位的残差. 右图: 残差, 以 σ 为单位, 通过将 1E 1207.4–5209 的数据与最佳拟合热连续模型 (即两个黑体之和) 进行比较得到. 显然在约 0.7 keV, 1.4 keV, 2.1 keV 处存在吸收光谱特征. 图中横轴皆为能量 (keV). 图源自参考文献 [36].

始诞生时的磁场强度.

　　CCO 1E 161348–5055 位于超新星遗迹 RCW 103, 是第一个在超新星遗迹中发现的射电宁静的孤立 X 射线天体. 过去约二十年的观测表明该天体与其他 CCO 有明显的不同. 首先, 与该类其他成员的稳定辐射不同, 它表现出强烈的流量变化, 在 1999 年底经历了一次流量增加约 100 倍的爆发. 其次, 在该源中检测到一个 6.7 小时的长周期! 尽管在所有足够长的数据集中都能识别出 6.7 小时的周期性, 但观测到相应的脉冲轮廓会根据源的流量水平发生变化: 在低状态时脉冲轮廓呈现出正弦形状, 软 X 射线流量约为 10^{-12} erg $\cdot$ s^{-1} $\cdot$ cm^{-2}; 在高状态时脉冲轮廓变为更复杂的多峰结构, 软 X 射线流量约为 10^{-12} erg $\cdot$ s^{-1} $\cdot$ cm^{-2}. 长时标的变化和不寻常的周期性让该源充满了谜题, 基于这些特征, 人们提出了两种解释: 1E 1613 可能是具有 6.7 小时轨道周期的超新星遗迹中的低质量 X 射线双星, 或者是一个具有 6.7 小时自转周期的特殊孤立致密天体.

2016 年, Swift 望远镜在 RCW 103 方向探测到一次短暂 (约 10 ms) 的硬 X 射线类磁星爆发 (图 3.13), 硬 X 射线的非热光谱可以用光子指数 Γ 约为 1.2 的幂律描述, 而软 X 射线光谱则可以通过两个黑体之和很好地描述. 哈勃太空望远镜和

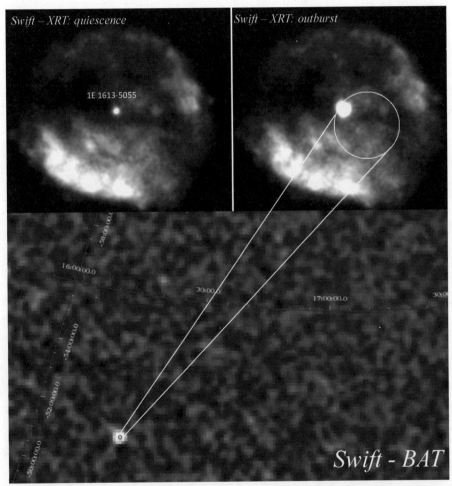

图 3.13 超新星遗迹 RCW 103 方向, 于 2016 年 6 月 22 日探测到的爆发事件的 Swift-BAT 15 ~ 150 keV 图像 (底部). 上部两个 Swift-XRT 1 ~ 10 keV 合并图像分别显示了 1E 161348–5055 在静止状态 (从 2011 年 4 月 18 日至 2016 年 5 月 16 日, 曝光时间 66 ks; 左上) 和爆发状态 (从 2016 年 6 月 22 日至 7 月 20 日, 曝光时间 67 ks; 右上) 期间的 RCW 103. 白色圆圈标示了探测到的爆发位置精度, 半径为 1.5 角分. 图取自参考文献 [39].

甚大望远镜在爆发开始几周后观测了视场, 找到了红外对应体.

虽然这些观测所捕捉到的多个方面 —— 在爆发峰值时出现的硬幂律尾巴、脉冲轮廓随时间的变化以及红外对应体 —— 都暗示着 1E 1613 可能是一颗磁星, 但其长周期性令人困惑; 需要一种非常高效的制动机制才能使该源在约 2 千年的时间内减速到目前测得的 6.7 小时. 一种可能性是源头是一颗强磁场的磁星, 并存在一个质量较大的回落盘. 在强磁场和回落盘物质的共同作用下导致自转周期达到目前的数值.

第四章 奇异物质

第二章我们简要介绍了粒子物理标准模型, 给出了当前人类已知的基本粒子及它们之间的相互作用. 这些基本粒子能够以不同的方式组合, 构成宇宙中的各种物质. 如第三章所述, 恒星内部主要成分为各种原子核和电子, 而原子核中的质子和中子由 3 个 u, d 价夸克组成. 在核能耗尽后, 恒星最终难以抵抗引力束缚而坍缩形成致密星. 致密星的密度跟原子核相当, 其中心密度往往能够达到 10^{15} g/cm^3, 比我们生活中的常见物质大了 14 个量级. 在如此高的密度下, 质子和中子之间的平均距离甚至小于它们的直径, 难以想象它们还能保持原有的形态. 事实上, 此时很有可能出现由 u, d, s 价夸克构成的新型物质, 即奇异夸克物质或奇子物质, 统称奇异物质. 这类物质可能不仅存在于致密星内部, 也会在宇宙早期强子化或致密星并合过程中产生 (前者还可能是暗物质候选体), 而其中的一部分甚至能够到达地球成为高能宇宙射线. 本章我们将解释这类奇异物质的基本性质.

4.1 强相互作用和 QCD 相图

如第二章所述, 量子色动力学 (QCD) 是描述夸克、胶子之间强相互作用的基本理论, 对应于色空间的 SU(3) 非阿贝尔规范理论, 其拉氏密度为

$$\mathcal{L} = \sum_i \bar{\psi}_i \left[\mathrm{i}\gamma^\mu \partial_\mu - m_i + \frac{g_s}{2}\gamma^\mu G_\mu^c \lambda^c \right] \psi_i - \frac{1}{4}\mathcal{G}_{\mu\nu}^c \mathcal{G}^{c\mu\nu}. \tag{4.1}$$

这里 ψ_i 代表带色的夸克场, 下标 $i = \mathrm{u, d, s, \cdots}$ 表示夸克的味道, 其质量为 m_i. g_s 对应于强耦合常数 $(\alpha = g_s^2/4\pi^2)$, λ^c 代表 Gell-Mann 矩阵, 而 $\lambda^c/2$ 即为 SU(3) 群的生成元. 夸克之间通过交换胶子 G_μ^c $(c = 1, 2, \cdots, 8)$ 传递相互作用, 其对应的场张量为

$$\mathcal{G}_{\mu\nu}^c = \partial_\mu G_\nu^c - \partial_\nu G_\mu^c + g_s f^{abc} G_\mu^a G_\nu^b. \tag{4.2}$$

由于结构常数 f^{abc} 不为 0, 胶子与胶子还会发生自耦合, 即胶子也带色, 导致低能标下 QCD 微扰计算失效. 在高能标下, 如 2.2.3 小节的图 2.4 所示, 耦合常数 α 随能标 μ 的增大单调递减, 反映了 QCD 渐近自由的性质.

基于强相互作用具有渐近自由和色禁闭两大基本属性, 早在 1975 年人们就意识到由大量夸克和胶子构成的强相互作用物质至少会表现出两种物态, 即禁闭的

强子物质和解禁闭的夸克胶子等离子体 (QGP) 或夸克物质[40,41]. 而在过去 20 多年, 各种相对论重离子对撞实验揭示了一系列强相互作用物质的奇特性质, 如发现 QGP 类似于理想流体, 其剪切黏滞系数与熵密度比值极小. 另一方面, 格点 QCD 通过将四维的连续时空离散化并利用蒙特卡罗方法进行数值模拟, 求解得到了低重子数密度下强相互作用物质的性质, 发现化学势为零时由强子气体到 QGP 是平滑过渡 (crossover), 温度在 155 MeV 附近[42,43]. 然而, 由于受到符号问题的困扰, 格点 QCD 目前仅适用于化学势趋于零的系统. 因此, 对于密度不为零的强相互作用物质, 人们只能借助于各种有效模型进行模拟, 存在较大的模型不确定性.

图 4.1 给出了我们当前关于 QCD 相图的认识. 在这张图中, 主要存在两个不同的相, 即夸克和胶子被禁闭的 "强子相", 以及它们退禁闭后形成的 QGP. 宇宙演化早期几微秒的时间范围内, 由于此时的温度非常高, 人们预期 QGP 能够自然生成. 除此之外, 图中右下角低温高密的区域对应于解禁闭的夸克物质. 由于夸克之间互相吸引, 其对关联效应可能导致夸克物质中生成色超导态 (Color-Superconducting, CSC)[45]. 进一步研究发现夸克物质中的对能隙可能达到 100 MeV, 对应于较大的临界温度, 这意味着在很大的温度范围内夸克物质都处于色超导态. 因此, 除了两个传统的相之外, 在 QCD 相图中还应该存在一个不可忽略的区域, 对应处于色超导态的夸克物质[46]. 此外, 图中解禁闭相变临界点的可能位置由白色圆点给出, 红色圆点则对应重离子碰撞实验不同碰撞能量 $\sqrt{s}$ 下火球热解冻 (freeze-out) 在相图上的大致位置, 能够通过测量碰撞产物的动量谱来对该红色圆点处强相互作用物质的性质进行测量.

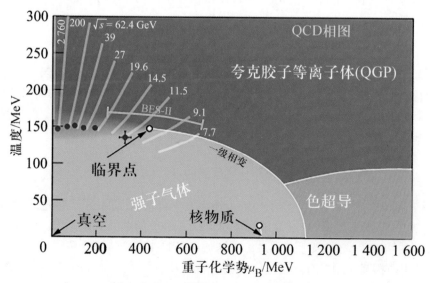

图 4.1   QCD 相图示意, 取自文献 [44].

4.1.1 解禁闭相变

事实上, 上世纪七八十年代人们就预期温度、密度足够高时强子物质会发生解禁闭相变, 主要基于三条线索:

(1) 在高温高密情形下粒子间动量交换增大, 渐近自由表明此时强耦合常数减小, 强相互作用变弱, 夸克和胶子就难以被束缚在强子中;

(2) 在高温高密情形下强子数密度增大, 此时强子之间的边界变得模糊, 无法确定夸克和胶子属于哪个强子;

(3) 基于实验测得的强子谱, 拟合得到强子的态密度为 $\rho(m) = Cm^{-5/2}\mathrm{e}^{m/T_0}$ ($T_0 \approx 160$ MeV), 此时可进一步推导得到强子物质的配分函数 $\ln Z(T,V) = CV(T/2\pi)^{3/2} \int_{m_0}^{\infty} \mathrm{d}m \mathrm{e}^{m(T-T_0)/TT_0}/m$, 发现其在温度 $T \to T_0$ 时发散, 即更高温度下不存在强子物质[40].

目前, 从 QCD 出发自洽地描述解禁闭相变过程还存在较大困难. 尽管如此, 若夸克质量大到可以忽略夸克自由度的贡献, 则 QCD 拉氏密度 (4.1) 满足中心对称性 (纯胶子场的部分), 其在高能量高密度下会发生对称性自发破缺, 可以用 Polyakov 圈的期望值作为序参量来描述, 即

$$L = \frac{1}{N_\mathrm{c}} \mathrm{tr} \left\langle \mathcal{P} \exp \left[\mathrm{i} g_\mathrm{s} \int_0^{1/T} \mathrm{d}\tau G_0^c(\boldsymbol{x}, \tau) \frac{\lambda^c}{2} \right] \right\rangle \equiv \exp \left[-\frac{F_\mathrm{Q}}{T} \right]. \tag{4.3}$$

这里 F_Q 代表介质中夸克的自由能. 由上式可知, 当 $L = 0$ 时 $F_\mathrm{Q} \to \infty$, 此时处于禁闭相并且 L 满足中心对称性. 而随着温度增加, Polyakov 圈的期望值也随之增加 ($L \neq 0$), 中心变换后 $L' \neq L$, 即中心对称性自发破缺, 此时发生解禁闭相变. 因此 Polyakov 圈的期望值可作为解禁闭相变的序参量.

然而, 真实的夸克流质量并非无穷大, 其贡献不可忽略, 因此 Polyakov 圈的期望值 $L \neq 0$ 并不一定对应于解禁闭相变, 只能近似作为该相变过程的序参量. 考虑夸克流质量的贡献之后, 如图 4.2 所示, 在低密高温情形下, 格点 QCD 计算表明 L 随着温度缓慢增长, 对应于强子物质到夸克胶子等离子体的平滑过渡.

由于直接应用 QCD 遇到的种种困难, 在理论上研究高温高密物质的解禁闭相变过程时, 人们往往会选择一些唯象模型. 当前使用最广泛也最简单的就是 MIT 袋模型[49], 如图 4.3 所示, 夸克禁闭通过一个假定的真空能量密度 (即袋常数 B) 来实现, 而袋中的夸克在真空压强的作用下无法从中逃逸出去. 由于非微扰相互作用已经包含在袋常数中, 处于袋子内部的夸克之间只存在微弱的具有渐近自由性质的微扰相互作用. 忽略微扰相互作用, 基于袋模型可得到夸克胶子等离子体的热力学势密度为

$$\Omega_{\mathrm{bag}} = \sum_i \omega_i(\mu_i, m_i, T) + \omega_\mathrm{g}(T) + B. \tag{4.4}$$

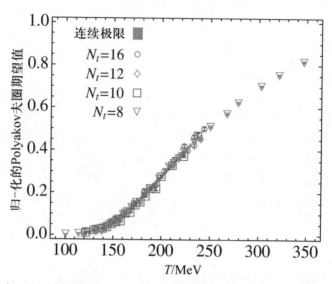

图 4.2　格点 QCD 计算得到的 Polyakov 圈期望值随温度的变化关系, 摘自文献 [47].

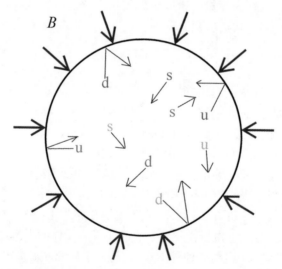

图 4.3　袋模型示意图: 不同颜色夸克之间的非微扰相互作用归结为外部的真空压强 (即袋常数 B), 而袋内夸克之间的相互作用非常微弱, 可作微扰处理, 摘自文献 [48].

这里 ω_i 和 ω_{g} 分别代表自由夸克 i 和胶子的热力学势密度

$$
\omega_i = -\frac{3T}{\pi^2} \int_0^\infty \left\{ \ln\left[1 + \mathrm{e}^{-(\sqrt{p^2+m_i^2}-\mu_i)/T}\right] + \ln\left[1 + \mathrm{e}^{-(\sqrt{p^2+m_i^2}+\mu_i)/T}\right] \right\} p^2 \mathrm{d}p,
$$

$$
\tag{4.5}
$$

$$\omega_{\mathrm{g}} = \frac{8T}{\pi^2} \int_0^\infty \ln\left[1 - \mathrm{e}^{-p/T}\right] p^2 \mathrm{d}p, \tag{4.6}$$

其中 $\mu_i = \sqrt{\nu_i^2 + m_i^2}$, ν_i 和 m_i 分别为夸克 i 的化学势、费米动量和质量. 若忽略夸克质量并只考虑 u, d 夸克的贡献, 基于袋模型即可得到压强的解析表达式

$$P_{\mathrm{bag}} = -\Omega_{\mathrm{bag}} = 37\frac{\pi^2}{90}T^4 + \mu^2 T^2 + \frac{\mu^4}{2\pi^2} - B, \tag{4.7}$$

其中 u, d 夸克的化学势 $\mu_{\mathrm{u}} = \mu_{\mathrm{d}} = \mu$. 要使夸克胶子等离子体稳定存在, 压强必须满足 $P_{\mathrm{bag}} \geqslant 0$. 忽略强子气体压强的贡献并要求夸克胶子等离子体的压强 $P_{\mathrm{bag}} = 0$, 由此可得解禁闭相变的临界温度

$$T_{\mathrm{c}} = \frac{\sqrt{111}}{37\pi} B^{1/4} \sqrt{\sqrt{40\mu^4 + 370\pi^2 B} - 15\mu^2}. \tag{4.8}$$

相关的结果如图 4.4 所示, 零压强线代表禁闭的强子气和解禁闭的夸克胶子等离子体的相边界. 若我们进一步考虑强子物质的压强 ($P_{\mathrm{hadron}} \neq 0$) 以及夸克间的微扰相互作用, 则由相平衡条件 $P_{\mathrm{bag}}(\mu, T) = P_{\mathrm{hadron}}(\mu, T)$ 可知此时相边界将会发生偏移. 这里需要指出的是, 采用袋模型并利用相平衡条件来构造从强子物质到夸克胶子等离子体的相变过程本质上假定了解禁闭相变是一级相变, 禁闭相和解禁闭相可以用两种模型分别描述. 这显然和图 4.2 展示的格点 QCD 计算结果不符, 因此有必要采用统一的模型框架来更加精细地描述各个温度和密度下强相互作用物质的性质及可能的相变过程.

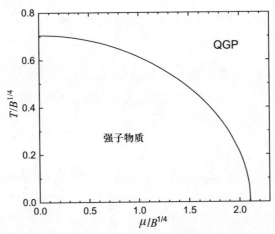

图 4.4 袋模型预言的零质量两味夸克和胶子构成的夸克胶子等离子体 (QGP) 的零压强线, 表示强子相与夸克胶子相的边界.

4.1.2　手征相变

费米子的矢量流 (vector current) 可定义为 $J^\mu = \bar{\psi}\gamma^\mu\psi$. 对于自由费米子, 需满足如下狄拉克方程

$$i\gamma^\mu\partial_\mu\psi = m\psi, \tag{4.9}$$

此时可得 $\partial_\mu J^\mu = 0$, 即流守恒. 同样的, 我们还可以定义费米子轴矢流 (axial vector current) 为 $J_5^\mu = \bar{\psi}\gamma^\mu\gamma^5\psi$, 利用狄拉克方程可得

$$i\partial_\mu J_5^\mu = -2m\bar{\psi}\gamma^5\psi. \tag{4.10}$$

由上式可知, 只有在费米子质量 $m = 0$ 时轴矢流 J_5^μ 才守恒. 对于零质量费米子, 此时狄拉克方程又可以写成 $i\gamma^\mu\partial_\mu\gamma^5\psi = 0$, 说明 ψ 和 $\gamma^5\psi$ 都是狄拉克方程的解. 因此它们的线性组合

$$\psi_\mathrm{L} = \frac{1}{2}(1 - \gamma^5)\psi, \quad \psi_\mathrm{R} = \frac{1}{2}(1 + \gamma^5)\psi, \tag{4.11}$$

同样也是狄拉克方程在 $m = 0$ 时的解, 分别表示零质量左旋费米子和右旋费米子, 满足

$$\gamma^5\psi_\mathrm{L} = -\psi_\mathrm{L}, \quad \gamma^5\psi_\mathrm{R} = \psi_\mathrm{R}. \tag{4.12}$$

在此基础之上, 定义手征变换

$$\psi \to \psi' = \exp\left(i\gamma^5\theta\right)\psi = \exp\left(-i\theta\right)\psi_\mathrm{L} + \exp\left(i\theta\right)\psi_\mathrm{R}. \tag{4.13}$$

可以证明, 零质量费米子的拉氏密度在手征变换下不变, 即

$$\begin{aligned}
\mathcal{L} &= i\bar{\psi}\gamma^\mu\partial_\mu\psi \\
&= i\bar{\psi}_\mathrm{L}\gamma^\mu\partial_\mu\psi_\mathrm{L} + i\bar{\psi}_\mathrm{R}\gamma^\mu\partial_\mu\psi_\mathrm{R} \\
&= ie^{i\theta}\bar{\psi}_\mathrm{L}\gamma^\mu\partial_\mu e^{-i\theta}\psi_\mathrm{L} + ie^{-i\theta}\bar{\psi}_\mathrm{R}\gamma^\mu\partial_\mu e^{i\theta}\psi_\mathrm{R} \\
&= i\bar{\psi}'\gamma^\mu\partial_\mu\psi' \\
&= \mathcal{L}'.
\end{aligned} \tag{4.14}$$

这就是手征对称性 (chiral symmetry), 是零质量费米子的一个重要特征. 若质量不为零, 则拉氏密度中的质量项

$$m\bar{\psi}\psi = m(\bar{\psi}_\mathrm{L}\psi_\mathrm{R} + \bar{\psi}_\mathrm{R}\psi_\mathrm{L}) \neq m\bar{\psi}'\psi' \tag{4.15}$$

将会破坏手征对称性, 导致拉氏密度在手征变换下无法保持不变, 即手征对称性破缺 (chiral symmetry breaking). 结合 QCD 拉氏密度 (4.1), 若夸克质量 $m_i = 0$, 可

以证明强相互作用也满足手征对称性. 而在强相互作用过程中, 公式 (4.10) 定义的
轴矢流近似守恒, 这说明 (u, d) 夸克质量相较反应的能标应该很小. 因此, 对于只
包含轻夸克的 QCD 拉氏密度, 手征对称性应该是近似满足的, 这成为了强相互作
用除渐近自由和色禁闭两大基本属性之外的另一重要特征.

基于 QCD 拉氏密度 (4.1) 的近似手征对称性, 人们预期存在许多具有相反宇
称的多重简并强子, 然而实验测得的强子谱却并不支持这一推断. 造成这一现象
的根本原因是夸克和胶子的强相互作用促使真空中形成了正反夸克凝聚, 导致手
征对称性自发破缺 (spontaneous chiral symmetry breaking). 这与夸克质量项造成
的明显破缺不同, 手征对称性自发破缺并不需要夸克质量不为零, 并且其拉氏密度
还能够满足手征对称性. 如图 4.5(a) 所示, 由于夸克质量很小, 很容易从狄拉克海
中激发出一对具有不同手征性 (螺旋性, helicity) 的夸克和反夸克, 即具有相反动
量的左 (右) 手夸克和右 (左) 手反夸克. 随着正反夸克对不断产生, 系统的能量降
低, 最终达到 QCD 基态并形成真空正反夸克凝聚 $\langle \bar{q}q \rangle_0 = \langle \bar{\psi}_u \psi_u \rangle_0 + \langle \bar{\psi}_d \psi_d \rangle_0$, 由
Gell-Mann–Oakes–Renner 关系可得正反轻夸克的真空凝聚值[50]

$$\langle \bar{q}q \rangle_0 = -m_\pi^2 f_\pi^2 / (m_u + m_d). \tag{4.16}$$

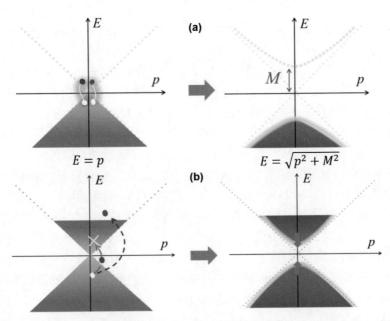

图 4.5 (a) 真空下夸克-反夸克配对导致手征对称性破缺, 其中正反夸克凝聚在夸克色散关系中
引入能隙 M, 改变了狄拉克海的结构. (b) 高重子密度下的夸克-反夸克配对, 在狄拉克海中制
造一个空穴时, 根据泡利不相容原理, 狄拉克海激发的夸克必须填充在费米海之上, 增加了形成
夸克-反夸克对的难度, 导致能隙 M 变小. 图取自文献 [50].

由公式 (4.16) 可知, 正反夸克凝聚 $\langle\bar{q}q\rangle_0$ 不满足手征对称性, 导致了 QCD 真空的手征对称性自发破缺. 由于正反夸克对由吸引相互作用束缚在一起, 此时在系统中激发出一个正夸克等价于破坏一对正反夸克, 需要付出额外的能量, 现实的效果是夸克获得了有效 (组分) 质量 M, 其大小取决于 QCD 相互作用的强度. 正反夸克的真空凝聚改变了狄拉克海的结构, 产生了非微扰的 QCD 真空. 进一步考虑真空胶子凝聚的贡献并估算出真空的总能量密度, 减去微扰 QCD 真空的能量密度就对应于 MIT 袋模型中的袋常数[52], 即

$$B = \frac{33 - 2N_\mathrm{f}}{96}\alpha\langle\mathcal{G}^{c\mu\nu}\mathcal{G}^c_{\mu\nu}\rangle_0 - \frac{1}{4}\sum_i m_i\langle\bar{\psi}_i\psi_i\rangle_0. \tag{4.17}$$

若进一步忽略口袋内部夸克之间的微扰相互作用, 由 MIT 袋模型即可得到零温情形下夸克物质的热力学势密度

$$\Omega_\mathrm{bag} = \sum_i^{N_\mathrm{f}} \omega_i(\mu_i, m_i) + B. \tag{4.18}$$

这里 ω_i 为夸克 i 所构成的自由费米气的热力学势密度

$$\omega_i(\mu_i, m_i) = -\frac{g_i}{24\pi^2}\left[\mu_i\nu_i\left(\mu_i^2 - \frac{5}{2}m_i^2\right) + \frac{3}{2}m_i^4\ln\left(\frac{\mu_i + \nu_i}{m_i}\right)\right], \tag{4.19}$$

其中 $g_i\,(=6)$, μ_i, $\nu_i\,(=\sqrt{\mu_i^2 - m_i^2})$ 和 m_i 分别为夸克 i 的简并度、化学势、费米动量及流质量.

图 4.5(b) 展示了有限密度情形下夸克凝聚的情况. 随着重子数密度增加, 正夸克不断占据低能级轨道, 其对应的费米能也随之增加. 根据泡利不相容原理, 新产生的夸克只能占据费米海以上的高能态, 此时要从狄拉克海激发出一对正反夸克就变得困难得多. 其后果就是此时夸克凝聚值变小, 夸克的有效质量 M 也减小. 最终当重子数密度足够大时, 形成正反夸克对无法使系统的能量降低, 夸克凝聚值趋于零, 手征对称性又得以恢复, 我们就说此时发生了手征对称性恢复相变. 相关的微观细节原则上可由 QCD 拉氏密度 (4.1) 直接得到. 然而, 由于高密物质处于非微扰区间, 难以直接求解 QCD, 因此需要借助各种有效模型来讨论高密物质中的夸克凝聚. 例如, 通过泛函积分法将 QCD 作用量中的胶子自由度形式上积分掉, 仅保留两点格林函数项的贡献, 并作 Fierz 变换即可得到仅包含夸克自由度的 QCD 低能有效拉氏密度, 即 Nambu-Jona-Lasinio (NJL) 模型. 在平均场近似下, 仅包含 u,d,s 三味夸克的 SU(3) NJL 模型拉氏密度为

$$\begin{aligned}
L_\mathrm{NJL} = &\sum_{i=\mathrm{u,d,s}} \bar{\psi}_i\left[\mathrm{i}\gamma^\mu\partial_\mu - M_i - 4G_\mathrm{V}\gamma^0 n_i\right]\psi_i \\
&+ 2\sum_{i=\mathrm{u,d,s}}\left(G_\mathrm{V}n_i^2 - G_\mathrm{S}\sigma_i^2\right) + 4K\sigma_\mathrm{u}\sigma_\mathrm{d}\sigma_\mathrm{s},
\end{aligned} \tag{4.20}$$

这里的四夸克耦合常数 $G_S = 2G_V = g_s^2\kappa/2$, 其中 g_s 对应于 QCD 拉氏密度 (4.1) 中的强耦合常数, κ 为有效耦合系数, 与胶子的动力学质量相联系. 六夸克耦合常数 K 对应于 't Hooft 相互作用强度, 决定了 η-η' 质量劈裂的程度. NJL 模型中的组分夸克质量由夸克凝聚值 $\sigma_i = \langle \bar{\psi}_i \psi_i \rangle$ 决定, 即

$$M_i = m_i - 4G_S\sigma_i + 2K\sigma_j\sigma_k. \tag{4.21}$$

对于零温夸克物质, NJL 模型预言其热力学势密度为

$$\Omega_{\text{NJL}} = \sum_{i=\text{u,d,s}} [\omega_i(\mu_i^*, M_i) - E_i(\Lambda, M_i) + 2G_S\sigma_i^2 - 2G_V n_i^2] - 4K\sigma_\text{u}\sigma_\text{d}\sigma_\text{s} - \Omega_0. \tag{4.22}$$

其中 $\mu_i^* = \sqrt{\nu_i^2 + M_i^2}$ 为夸克的有效化学势, E_i 对应于零温自由费米气的能量密度

$$E_i(\nu_i, m_i) = \frac{g_i}{16\pi^2}\left[\nu_i(2\nu_i^2 + m_i^2)\sqrt{\nu_i^2 + m_i^2} - m_i^4\text{arcsh}\left(\frac{\nu_i}{m_i}\right)\right], \tag{4.23}$$

这里 ω_i 由公式 (4.19) 给出, Λ 对应于真空动量截断, 夸克的粒子数密度为 $n_i = g_i\nu_i^3/6\pi^2$, 而引入常数 Ω_0 则保证了真空下 $\Omega_{\text{NJL}} = 0$. 由于矢量作用强度 $G_V \neq 0$, NJL 模型中的真实夸克化学势并非 μ_i^*, 而是

$$\mu_i = \mu_i^* + 4G_V n_i. \tag{4.24}$$

在夸克物质中的夸克凝聚值为

$$\sigma_i = \langle \bar{\psi}_i \psi_i \rangle = \frac{\partial \Omega_{\text{NJL}}}{\partial M_i}. \tag{4.25}$$

NJL 模型相关参数的具体取值可通过拟合 π, K, η' 等介子的质量以及 π 介子的衰变常数得到, 例如常用的 HK 参数组 ($\Lambda = 631.4$ MeV, $m_\text{u} = m_\text{d} = 5.5$ MeV, $m_\text{s} = 135.7$ MeV, $G_S = 1.835/\Lambda^2$, $K = 9.29/\Lambda^5$)[53] 和 RKH 参数组 ($\Lambda = 602.3$ MeV, $m_\text{u} = m_\text{d} = 5.5$ MeV, $m_\text{s} = 140.7$ MeV, $G_S = 1.835/\Lambda^2$, $K = 12.36/\Lambda^5$)[54].

在给定夸克化学势 μ_i 的前提下, 通过迭代求解即可得到上述 NJL 模型的各物理量. 图 4.6 展示了奇异星物质中夸克凝聚值 σ_u, σ_d 和 σ_s 随重子化学势 $\mu_\text{b} = \mu_\text{u} + \mu_\text{d} + \mu_\text{s}$ 的变化关系. 在重子化学势较小时 ($\mu_\text{b} \lesssim 1$ GeV), 夸克凝聚值保持不变, 对应于真空凝聚值. 随着 μ_b 增加, 夸克数密度也随之增加并形成费米海, 此时正反夸克配对相对于真空变得更加困难, 导致夸克凝聚值减小. 当 $\mu_\text{b} \gtrsim 2.6$ GeV, 形成正反夸克对无法使系统的能量降低, 此时夸克凝聚值 $\sigma_i = 0$. 若不考虑夸克质量的贡献, $\sigma_i = 0$ 即代表手征对称性得到恢复. 这里值得一提的是, 相对于 s 夸克, u, d 夸克的凝聚值恢复得更快, 这主要是由它们之间的质量差造成的. 由于 s 夸克质量较大, 其在奇异星物质中只在 $\mu_\text{b} \gtrsim 1.3$ GeV 时才出现, 此时 σ_s 才开始快速减小.

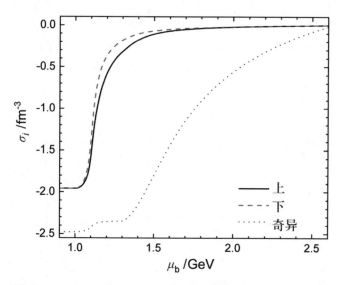

图 4.6　由 NJL 模型得到的奇异星物质中夸克凝聚值随重子化学势 μ_{b} 的变化关系, 其中采用了 HK 参数组并且 $G_{\mathrm{S}} = 2G_{\mathrm{V}}$.

4.2　重子及多重子态

对于禁闭相的强子, 我们在第二章已经进行了简要介绍, 其中图 2.1 和图 2.2 分别展示了由 u, d, s 夸克构成的介子和重子. 基于 MIT 袋模型、非相对论组分夸克模型、Skyrme 模型和双夸克模型等各种有效模型, 我们能够很好地描述这些强子的各种性质, 而格点 QCD 也同样能够直接得到各类介子和重子的性质. 除此之外, 应用这些理论模型还能够对多重子态的结构和性质进行预言. 随着夸克数目增多, 非相对论组分夸克模型和格点 QCD 所需要的计算资源指数增长, 而相对来说 MIT 袋模型所需的计算资源较少, 因此我们这里就以 MIT 袋模型为例, 探讨各类重子及多重子态的性质. 对于处于禁闭相的强子, 类似图 4.3 所示, 假定强子由一个半径为 R 的静态球形口袋及其内部自由运动的夸克构成, 在袋模型框架下即可得到强子的质量

$$M_{\mathrm{bag}} = \frac{4\pi}{3}R^3 B + \sum_i N_i \epsilon_i + \Delta M_{\mathrm{G}} - \frac{z_0}{R}. \tag{4.26}$$

上式右边第一项为夸克禁闭区域口袋能量的贡献; 第二项中 $\epsilon_i = \sqrt{(m_i R)^2 + x_i^2}/R$ 是半径为 R 的口袋内夸克 i 的单粒子能级, 其中 m_i 和 N_i 分别对应夸克质量和价夸克数目; $\Delta M_{\mathrm{G}} = \Delta M_{\mathrm{G}}^{\mathrm{e}} + \Delta M_{\mathrm{G}}^{\mathrm{m}}$ 对应于单胶子交换作用的贡献, 包含色电作用 $\Delta M_{\mathrm{G}}^{\mathrm{e}}$ 和色磁作用 $\Delta M_{\mathrm{G}}^{\mathrm{m}}$ 两部分, 其中 $\Delta M_{\mathrm{G}}^{\mathrm{m}}$ 对于解释 N-Δ 质量劈裂至关重要; 最

后一项 $-z_0/R$ 是口袋的零点能, 其中 z_0 为可调参数. 而事实上理论预言的零点能应为正值, 因此其实际作用是保证 MIT 袋模型能够较好地重复强子质量谱. 这里值得一提的是, 等式 (4.26) 包含了口袋内所有夸克整体平移的动能, 因此原则上需减除对应的贡献, 即作质心修正, 相关效应在一定程度上可通过零点能描述.

夸克单粒子能级 ϵ_i 通过求解以下的狄拉克方程得到

$$\left(-\mathrm{i}\boldsymbol{\gamma}\cdot\boldsymbol{\nabla}+\gamma^0\epsilon_i+m_i\right)\psi_i=0, \tag{4.27}$$

同时要求其在口袋表面 $r=R$ 处满足边界条件 $-\mathrm{i}\boldsymbol{\gamma}\cdot\hat{\boldsymbol{r}}\psi_i=\psi_i$ ($\hat{\boldsymbol{r}}$ 为径向单位矢量). 对于处于基态 $1\mathrm{s}_{1/2}$ 的夸克单粒子能级, 其波函数为

$$\psi_i(\boldsymbol{r},t)=\frac{1}{\sqrt{4\pi}r}\begin{pmatrix} \mathrm{i}P_i(r) \\ -Q_i(r)\boldsymbol{\sigma}\cdot\hat{\boldsymbol{r}} \end{pmatrix}\chi_{1/2}^{s_z}\mathrm{e}^{-\mathrm{i}\epsilon_i t}. \tag{4.28}$$

其中 $\chi_{1/2}^{s_z}$ 为两分量泡利旋量, $P_i(r)/r$ 和 $Q_i(r)/r$ 分别对应于波函数径向部分的上分量和下分量, 即

$$P_i(r)=A(x_i)\sqrt{\frac{\epsilon_i+m_i}{\epsilon_i}}r\mathrm{j}_0(x_i r/R), \tag{4.29}$$

$$Q_i(r)=-A(x_i)\sqrt{\frac{\epsilon_i-m_i}{\epsilon_i}}r\mathrm{j}_1(x_i r/R), \tag{4.30}$$

这里 j_k 代表球贝塞尔函数, 而归一化系数

$$A(x_i)^{-2}=R^3\mathrm{j}_0(x_i)^2\frac{2\epsilon_i(\epsilon_i R-1)+m_i}{\epsilon_i R(\epsilon_i-m_i)}, \tag{4.31}$$

从而

$$\int_0^R \mathrm{d}r\left[P_i^2(r)+Q_i^2(r)\right]=1. \tag{4.32}$$

单粒子能级系数 x_i 可通过求解下式得到,[55,56]

$$\tan(x_i)=\frac{x_i}{1-m_i R-\sqrt{(m_i R)^2+x_i^2}}. \tag{4.33}$$

若我们忽略 u, d 夸克质量, 则有 $x_\mathrm{u}=x_\mathrm{d}=2.043$. 对于 s 夸克, 其质量不可忽略, 此时系数 $x_\mathrm{s}>2.043$.

在袋模型框架下, 单胶子交换作用的贡献 $\Delta M_\mathrm{G}=\Delta M_\mathrm{G}^\mathrm{e}+\Delta M_\mathrm{G}^\mathrm{m}$ 需要单独处

理, 其色磁和色电部分分别为

$$\Delta M_{\mathrm{G}}^{\mathrm{m}} = -\frac{\alpha_{\mathrm{s}}}{2} \sum_{i>j} \left\langle \sum_c \lambda_i^c \lambda_j^c (\boldsymbol{\sigma}_i \cdot \boldsymbol{\sigma}_j) \right\rangle M_{ij}, \tag{4.34}$$

$$\Delta M_{\mathrm{G}}^{\mathrm{e}} = \frac{\alpha_{\mathrm{s}}}{4} \sum_{i>j} \left\langle \sum_c \lambda_i^c \lambda_j^c \right\rangle E_{ij} + \alpha_{\mathrm{s}} \frac{2}{3} \sum_i E_{ii}. \tag{4.35}$$

上式中 $M_{ij}(R)$ 和 $E_{ij}(R)$ 由下式得到

$$M_{ij}(R) = \int_0^R \mathrm{d}r \mu_i'(r) A_j(r, R), \tag{4.36}$$

$$E_{ij}(R) = \int_0^R \mathrm{d}r \rho_i'(r) V_j(r, R). \tag{4.37}$$

夸克 i 的标量磁化密度及由此产生的色磁矢势为

$$\mu_i'(r) = -\frac{2r}{3} P_i(r) Q_i(r), \tag{4.38}$$

$$A_i(r, R) = \frac{1}{r^3} \int_0^r \mu_i'(x)\mathrm{d}x + \frac{1}{2R^3} \int_0^R \mu_i'(x)\mathrm{d}x + \int_r^R \frac{\mu_i'(x)}{x^3}\mathrm{d}x. \tag{4.39}$$

夸克 i 的电密度及由此产生的色电势为

$$\rho_i'(r) = P_i^2(r) + Q_i^2(r), \tag{4.40}$$

$$V_i(r, R) = \left(\frac{1}{r} - \frac{1}{R}\right) \int_0^r \rho_i'(x)\mathrm{d}x + \int_r^R \frac{\rho_i'(x)}{x}\mathrm{d}x. \tag{4.41}$$

基于 $\mathrm{SU}(2, J)$ 自旋对称性、$\mathrm{SU}(3, F)$ 味道对称性以及 $\mathrm{SU}(3, C)$ 颜色对称性, 要求处于基态 $1\mathrm{s}_{1/2}$ 的夸克满足费米统计并且整体处于色单态, 我们就可以构造各种不同重子数 A 下的多夸克态波函数, 在此基础之上即可得到单胶子交换作用的质量修正 ΔM_{G}[57],

$$
\begin{aligned}
\frac{4\Delta M_{\mathrm{G}}}{\alpha_{\mathrm{s}}} =\; & M_{\mathrm{ns}}\left[3A(3A-10) + 4\left(C_3 + \frac{1}{3}\boldsymbol{J}^2\right)\right] + (M_{\mathrm{ss}} - M_{\mathrm{ns}})\left[\frac{3}{2}N_{\mathrm{s}}^2 - N_{\mathrm{s}} - \frac{2}{3}\boldsymbol{J}_{\mathrm{s}}^2\right] \\
& + (M_{\mathrm{nn}} - M_{\mathrm{ns}})\left[\frac{3}{4}N_{\mathrm{n}}^2 - N_{\mathrm{n}} - C_4 + 4\left(\boldsymbol{I}^2 + \frac{1}{3}\boldsymbol{J}_{\mathrm{n}}^2\right)\right] \\
& + (E_{\mathrm{nn}} - E_{\mathrm{ns}})\left[\frac{7}{12}N_{\mathrm{n}}(12 - N_{\mathrm{n}}) - C_4\right] \\
& + (E_{\mathrm{ss}} - E_{\mathrm{ns}})\left[\frac{5}{6}N_{\mathrm{s}}(6 - N_{\mathrm{s}}) - 2\boldsymbol{J}_{\mathrm{s}}^2\right],
\end{aligned}
\tag{4.42}
$$

将其代入公式 (4.26) 就能够得到相应的多夸克态质量. 这里下标 n 代表 u, d 夸克, C_3 是 SU(3,F) 味道空间的二阶卡西米尔算子 (quadratic Casimir operator), $C_4 = 2\boldsymbol{J}_s^2 + Y^2/4 - 3A(A-6)/2 - 4(A-3)Y$.

对于 $A = 1$ 的重子, 在味空间可分为重子八重态和十重态, 此时 $C_3 = 9/4 + \boldsymbol{J}^2$, 其质量的实验值已在表 2.2 中列出. 在袋模型框架下, 通过拟合实验值即可确定相关的模型参数, 如 $B^{1/4} = 0.146$ GeV, $z_0 = 1.89$, $\alpha_s = 2.12$, $m_u = m_d = m_n = 0$ 以及 $m_s = 0.285$ GeV[57]. 模型预言的重子质量谱如图 4.7 所示, 可见取该组参数时袋模型基本能够重复重子质量谱, 其各种相关作用量的期待值如表 4.1 所示. 这里值得

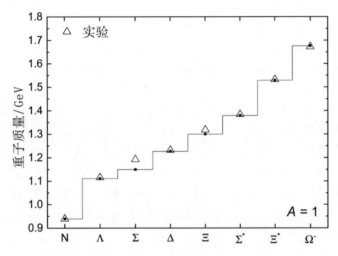

图 4.7 袋模型预言的重子质量谱及其对应的实验值, 采用了表 4.1 所列的模型参数[57].

表 4.1 袋模型多重子态相关作用量的期待值及给定重子数 A 下能量最低的多重子态的同位旋 I、自旋 J、奇异夸克数 N_s 及单位重子质量 M/A, 其中 $x_n = 2.043$, $M_{nn} = 0.177/R$, $E_{nn} = 0.2784/R$. 这里采用了袋模型参数 $B^{1/4} = 0.146$ GeV, $z_0 = 1.89$, $\alpha_s = 2.12$ 以及 $m_s = 0.285$ GeV, 下标 n 代表 u, d 夸克, 其质量 $m_u = m_d = m_n = 0$.[57]

A	R /GeV^{-1}	x_s	RM_{ns}	RM_{ss}	RE_{ns}	RE_{ss}	I	J	N_s	M/A /GeV
1	5.22	2.50666	0.1406	0.1127	0.3348	0.4091	1/2	1/2	0	0.94
2	6.70	2.58188	0.1310	0.0981	0.3466	0.4415	0	1	0	1.08
3	7.57	2.61933	0.1256	0.0905	0.3528	0.4592	1/2	1/2	2	1.15
4	8.39	2.65086	0.1208	0.0839	0.3582	0.4748	0	1	2	1.20
5	9.02	2.67291	0.1173	0.0791	0.3620	0.4863	0	3/2	3	1.24
6	9.60	2.69172	0.1141	0.0751	0.3653	0.4963	0	0	6	1.26

一提的是, 为了准确描述 N-Δ 质量劈裂, 拟合得到的强耦合常数 α_s 大于 1, 即尽管我们采用了单胶子交换作用, 但此时系统处于非微扰区间. 此外, 为了给出 N-Λ 的质量劈裂, 拟合得到的奇异夸克质量 $m_s = 0.285$ GeV 大于其流质量 $m_{s0} = 0.096$ GeV[58]. 在更高的能标下, 我们预期 α_s 和 m_s 都会减小并最终趋于渐近自由, 此时夸克之间的相互作用足够小并可看成自由粒子.

　　基于拟合得到的袋模型参数组, 可进一步估算各种多重子态的质量. 原则上, 由质子和中子构成的原子核也是多重子态, 只是此时夸克三个一组分布在不同的口袋中, 形成类似分子态的结构. 这里我们只考虑价夸克数目大于 3 并且夸克紧密结合在一起的情形. 图 4.8 给出了取不同奇异夸克数 N_s 时模型预言的最低能量的双重子态质量. 可见双重子态在 $N_s = 0$ 时最稳定, 此时同位旋 $I = 0$、自旋 $J = 1$, 对应于 u, d 夸克一样多的情形. 然而, 该双重子态的质量为 2.16 GeV, 比质子和中子加起来的质量还多 0.28 GeV, 因此只需微小的扰动就容易使其裂变成单独的质子和中子. 随着 N_s 增加, 双重子态质量整体上也增加. 尽管如此, 在 $N_s = 2$ 时出现了一个质量为 2.2 GeV 的局域极小, 对应的双重子态同位旋和自旋都为 0, 由相同数量的 u, d, s 夸克组成. 相较于 $N_s \neq 2$ 的情形, 该双重子态色磁作用最强, 大大增加了系统的结合能, 对比两个 Λ 超子的质量可知其结合能为 0.03 GeV. 事实上, 该双重子态就是著名的 H 粒子, 最早由 Jaffe 在 1977 年提出[59,60], 并由此引发了双重子态研究的热潮. 然而, 到目前为止大量的地面实验都未能证认 H 双重子态. 造成这种情形的原因, 可能在于实验上的困难或者 H 双重子态本身就不稳定. 近期

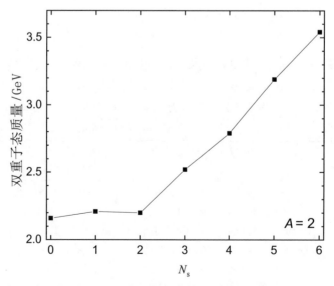

图 4.8　给定奇异夸克数 N_s 下袋模型预言的能量最低的双重子质量谱

的格点 QCD 模拟表明, 两个 Λ 超子之间存在非常弱的吸引相互作用, 因此 H 双重子态本身可能就是弱束缚或不束缚的[61,62].

对于更重的多重子态, 想要在实验上寻找将变得更加困难. 图 4.9 展示了袋模型预言的能量最低多重子态在取不同重子数 A 时的单位重子质量, 而紫色的实线给出了多夸克态分裂成对应数目的核子 N 和超子 Λ 的总静质量. 由图可知, 多重子态的最小单位重子能量随 A 增大而增加, 即越重越不稳定, 而图 4.9 中所有多重子态都容易衰变成自由的核子和超子. 除此之外, 基于表 4.1 所列的多重子态性质, 其自旋和同位旋一般较小, 而当 $A > 2$ 时最稳定多夸克态才开始出现 s 夸克并随着 A 增大逐步增多, 最终在 $A = 6$ 时 {u, d, s} 变得一样多, 夸克占满了 $1s_{1/2}$ 轨道. 图 4.9 中的红色圆点及蓝色三角形分别对应于去掉单胶子交换修正 $(M_{\text{bag}} - \Delta M_G)$ 及进一步去掉零点能修正 $(M_{\text{bag}} - \Delta M_G + z_0/R)$ 后的情形. 单胶子交换修正及零点能修正的贡献, 通过对照不同情形下的单位重子能量即可知. 具体来说, 单胶子交换作用使 $A = 1$ 的核子能量降低并且 $A > 1$ 的多重子态能量升高, 而零点能修正整体上使多重子态能量降低并且 A 越小降低的幅度越大, 最终导致最小单位重子能量随 A 的增长缓慢增大.

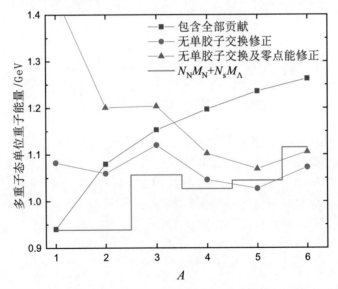

图 4.9 给定重子数 A 下袋模型预言的能量最低的多重子态单位重子质量, 其对应的具体性质在表 4.1 中列出.

4.3　重 子 物 质

4.3.1　核物质

从前面的分析可知, 夸克之间通过强相互作用组合形成各种强子, 而强子之间还常存在一些强相互作用的剩余相互作用. 对于核子来说, 如图 4.10 所示, 它们之间的相互作用类似于分子间的范德瓦尔斯 (van der Waals) 力, 具有短程排斥、长程吸引的特征. 因此, 类似于范德瓦尔斯方程对应的物态性质, 核物质也存在液态和气态两种物态. 在不同的温度和密度下, 两种物态会互相转换, 发生液气相变.

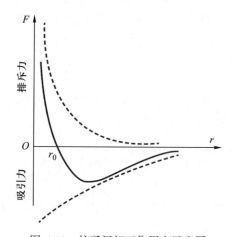

图 4.10　核子间相互作用力示意图

对于参与构成我们现实世界的原子核, 液滴模型取得了极大的成功. 原子核可看成是核物质的小液滴, 由几乎相同数量的质子和中子构成, 其数密度 $\rho_0 \approx 0.16$ fm^{-3}, 即核物质饱和密度. 通过对原子核结构及反应的研究, 人们对核子数密度 $\rho = \rho_{\mathrm{n}} + \rho_{\mathrm{p}}$ 和不对称度 $\delta = (\rho_{\mathrm{n}} - \rho_{\mathrm{p}})/\rho$ 各略微偏离 $\rho = \rho_0$ 和 $\delta = 0$ 的核物质性质有了一些了解, 其中核物质每核子结合能可写成如下表达式

$$\epsilon(\rho, \delta) \approx \epsilon_0(\rho) + S(\rho)\delta^2. \tag{4.43}$$

这里 $\epsilon_0(\rho)$ 为对称核物质的结合能, $S(\rho)$ 是核物质的对称能, 该两项可进一步在饱和密度附近做泰勒展开, 即

$$\epsilon_0 = \epsilon_0(\rho_0) + \frac{K}{18}x^2 + \frac{J}{162}x^3 + \cdots, \tag{4.44}$$

$$S = S(\rho_0) + \frac{L}{3}x + \frac{K_{\mathrm{sym}}}{18}x^2 + \frac{J_{\mathrm{sym}}}{162}x^3 + \cdots, \tag{4.45}$$

其中 $x \equiv (\rho/\rho_0 - 1)$, 对称核物质在饱和密度处的结合能 $\epsilon_0(\rho_0) \approx -16$ MeV, 对称能 $S(\rho_0) = 31.7 \pm 3.2$ MeV[63,64]. 公式 (4.44) 中的高阶项系数 K 和 J 分别为核物质的不可压缩 (incompressibility) 系数和偏斜 (skewness) 系数, 而公式 (4.45) 中的 L, K_{sym} 和 J_{sym} 为核物质对称能斜率 (slope)、曲率 (curvature) 及偏斜系数. 整体上来说, 这些系数描述了偏离饱和点密度处核物质的性质, 其具体取值存在较大的不确定性. 基于各种地面实验及天文观测数据, 可对这些系数的具体取值进行约束, 如 $K = 240 \pm 20$ MeV[65], $J = -390^{+60}_{-70}$ MeV[66], $L = 57.7 \pm 19$ MeV 和 $K_{\text{sym}} = -107 \pm 88$ MeV[67].

图 4.11 展示了取典型参数值 $\epsilon_0(\rho_0) = -15.9$ MeV, $S(\rho_0) = 31.6$ MeV, $L = 58.9$ MeV, $K = 240$ MeV 和 $J = J_{\text{sym}} = K_{\text{sym}} = 0$ 后, 公式 (4.43) 预言的核物质每核子结合能关于核子数密度 ρ 和同位旋不对称度 δ 的函数关系. 可见在 $\rho = \rho_0$ 和 $\delta = 0$ 处核物质最稳定, 其结合能为 $\epsilon_0(\rho_0) = -15.9$ MeV. 若 ρ 偏离 ρ_0, 核物质每核子能量升高, 变得不稳定. 特别地, 当 $\rho \lesssim \rho_0/2$ 时均匀核物质将分裂成由大量小液滴及核子气体构成的液气混合物质. 对于非对称核物质 $\delta \neq 0$, 由于对称能的作用, 其每核子能量也升高. 注意到公式 (4.43) 中对称能只包含了二阶 (δ^2) 项, 而忽略一阶 (δ) 项主要是依据核力和核子的同位旋对称性, 即 $\epsilon(\rho, \delta) = \epsilon(\rho, -\delta)$. 原则上我们还可以考虑更高阶的对称能项 ($\delta^4, \delta^6, \cdots$), 并且由于核力存在微小的电荷对称性破缺, 还需要考虑奇次方项, 这些都会对核物质性质带来微小的修正.

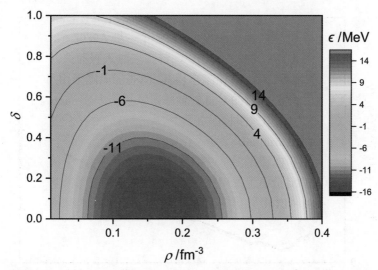

图 4.11 由公式 (4.43) 计算得到的核物质每核子结合能随核子数密度 ρ 和同位旋不对称度 δ 的变化关系, 其中相关的参数取为 $\epsilon_0(\rho_0) = -15.9$ MeV, $S(\rho_0) = 31.6$ MeV, $L = 58.9$ MeV, $K = 240$ MeV 以及 $J = J_{\text{sym}} = K_{\text{sym}} = 0$.

基于公式 (4.43) 给出的核物质每核子结合能, 进一步考虑库仑相互作用和表面能修正, 就可以估算得到原子核的结构和性质. 作为一个例子, 我们忽略所有高阶项的贡献, 即假定 $\rho = \rho_0$, 由此得到了给定核子数 A 和质子数 Z 时原子核的每核子结合能

$$\varepsilon_{\text{Nuclei}}(A, Z) = \epsilon\left(\rho_0, 1 - \frac{2Z}{A}\right) + \frac{1}{5}\sqrt[3]{36\pi\rho_0}\alpha\frac{Z^2}{A^{4/3}} + \sigma\left(\frac{A\rho_0^2}{36\pi}\right)^{-1/3}. \quad (4.46)$$

上式中第一项体积项由公式 (4.43) 得到, 第二项对应于库仑相互作用的贡献, 第三项是原子核的表面能, 在给定表面张力 ($\sigma = 1.34 \text{ MeV/fm}^2$) 的情况下由原子核的表面积大小决定. 在给定核子数 A 后, 我们对公式 (4.46) 进行变分, 即可得到满足 β 平衡条件时的质子数

$$Z = \frac{10AS(\rho_0)}{\sqrt[3]{36\pi\rho_0}\alpha A^{2/3} + 20S(\rho_0)}. \quad (4.47)$$

图 4.12 给出了液滴模型预言的满足 β 平衡条件的原子核每核子结合能随重子数 A 的变化关系. 随着重子数 A 增加, 原子核的每核子表面能不断减小, 同时库仑能不断增大, 从而在 $A \approx 56(^{56}\text{Fe})$ 时每核子能量最小, 此时原子核最稳定. 此外, 如图所示, 虽然对称核物质在饱和密度处的结合能为 $\epsilon_0(\rho_0) \approx -16 \text{ MeV}$, 由于还存在表面能和库仑能, 真实原子核的结合能 $\varepsilon_{\text{Nuclei}} \approx -8 \text{ MeV}$. 公式 (4.46) 抓住了影响原

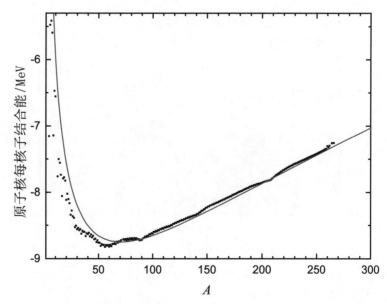

图 4.12　满足 β 平衡条件的原子核每核子结合能, 图中实心正方形代表 β 稳定原子核的实验值[68–70], 红色实线为液滴模型 (4.46) 的预言值.

子核结合能的整体效应. 在此基础之上, 考虑原子核壳修正及核子的对关联效应将进一步改善液滴模型的预言能力, 使其对原子核结合能描述的方均根偏差降低至几百 keV[71].

4.3.2 超子物质

除了核子之外, 随着温度和密度的增加, 表 2.2 所列的重子都有可能出现在重子物质中. 通常情况下, 人们将奇异数 S 不为 0 的重子称为超子[①], 而包含超子的重子物质则为超子物质. 类似于原子核, 在地面实验中能够探测到的超子物质就是超核, 由普通原子核混入超子得到. 由于 Λ 超子最轻, 实验上合成相对更容易一些, 因此在 1953 年就由波兰物理学家 Danysz 和 Pniewski 利用宇宙射线合成了 Λ 超核. 到目前为止, 实验上已累积了大量单 Λ 超核的实验数据, 如表 4.2 所示. 此外,

表 4.2　单 Λ 超核中处于不同单粒子能级的 Λ 超子分离能实验值 (MeV)[72,73]

$^A_\Lambda Z$	s_Λ	p_Λ	d_Λ	f_Λ	g_Λ
$^7_\Lambda$He	5.55(15)				
$^7_\Lambda$Be	5.16(8)				
$^8_\Lambda$Li	6.80(3)				
$^{10}_\Lambda$Be	8.55(13)				
$^{10}_\Lambda$B	8.7(3)				
$^{12}_\Lambda$B	11.52(2)	0.54(4)			
$^{12}_\Lambda$C		0.14(5)			
$^{12}_\Lambda$C	11.36(20)	0.36(20)			
$^{13}_\Lambda$C	11.69(12)	0.8(3)			
$^{13}_\Lambda$C	12.0(2)	1.1(2)			
$^{16}_\Lambda$N	13.76(16)	2.84(18)			
$^{16}_\Lambda$O	13.0(2)	2.5(2)			
$^{28}_\Lambda$Si	17.2(2)	7.6(2)	$-1.0(5)$		
$^{32}_\Lambda$S	17.5(5)	8.2(5)	$-1.0(5)$		
$^{40}_\Lambda$Ca	18.7(11)	11.0(5)	1.0(5)		
$^{51}_\Lambda$V	21.5(6)	13.4(6)	5.1(6)		
$^{52}_\Lambda$V	21.8(3)				
$^{89}_\Lambda$Y	23.6(5)	17.7(6)	10.9(6)	3.7(6)	$-3.8(10)$
$^{139}_\Lambda$La	25.1(12)	21.0(6)	14.9(6)	8.6(6)	2.1(6)
$^{208}_\Lambda$Pb	26.9(8)	22.5(6)	17.4(7)	12.3(6)	7.2(6)

[①]对于由更重夸克 (如粲夸克) 构成的重子, 本书不作考虑.

人们还观测到奇异数 $S = -2$ 的双 Λ 超核和 Ξ 超核, 如 $^{6}_{\Lambda\Lambda}\mathrm{He}$, $^{10}_{\Lambda\Lambda}\mathrm{Be}$ 和 $^{13}_{\Lambda\Lambda}\mathrm{B}$ 以及 $^{12}_{\Xi}\mathrm{Be}(^{11}\mathrm{B}+\Xi^{-})$, $^{13}_{\Xi}\mathrm{B}(^{12}\mathrm{C}+\Xi^{-})$ 和 $^{15}_{\Xi}\mathrm{C}(^{14}\mathrm{N}+\Xi^{-})$, 这些都为超子物质的研究提供了重要的依据.

4.3.3　相对论平均场模型

采用各种微观多体理论及密度泛函理论, 可对核物质及超子物质进行研究. 这里我们简要介绍一种密度泛函理论即相对论平均场 (RMF) 模型, 最早由 Walecka 模型发展而来, 用于描述重子物质的结构和性质. 在相对论平均场模型中, 重子之间通过单介子交换传递相互作用, 若只考虑同位旋标量-标量介子 σ、同位旋标量-矢量介子 ω_{μ}、同位旋矢量-矢量介子 $\boldsymbol{\rho}_{\mu}$ 以及光子 A_{μ}, 拉氏密度可写为

$$
\begin{aligned}
\mathcal{L} = & \sum_{i} \bar{\psi}_{i} \left[\mathrm{i}\gamma^{\mu}\partial_{\mu} - M_{i} - g_{\sigma i}\sigma - g_{\omega i}\gamma^{\mu}\omega_{\mu} - g_{\rho i}\gamma^{\mu}\boldsymbol{\tau}_{i}\cdot\boldsymbol{\rho}_{\mu} - e\gamma^{\mu}A_{\mu}q_{i} - \frac{f_{\omega i}}{2M_{i}}\sigma^{\mu\nu}\partial_{\nu}\omega_{\mu} \right] \psi_{i} \\
& + \frac{1}{2}\partial_{\mu}\sigma\partial^{\mu}\sigma - \frac{1}{2}m_{\sigma}^{2}\sigma^{2} - \frac{1}{3}g_{2}\sigma^{3} - \frac{1}{4}g_{3}\sigma^{4} - \frac{1}{4}\Omega_{\mu\nu}\Omega^{\mu\nu} + \frac{1}{2}m_{\omega}^{2}\omega_{\mu}\omega^{\mu} + \frac{1}{4}c_{3}\left(\omega_{\mu}\omega^{\mu}\right)^{2} \\
& - \frac{1}{4}\boldsymbol{R}_{\mu\nu}\cdot\boldsymbol{R}^{\mu\nu} + \frac{1}{2}m_{\rho}^{2}\boldsymbol{\rho}_{\mu}\cdot\boldsymbol{\rho}^{\mu} - \frac{1}{4}F_{\mu\nu}F^{\mu\nu},
\end{aligned} \tag{4.48}
$$

其中 ψ_{i} 为重子旋量场, 而重子的质量、同位旋及其第三分量分别为 M_{i}, $\boldsymbol{\tau}_{i}$ 和 $\tau_{i,3}$, $m_{\sigma}(g_{\sigma i})$, $m_{\omega}(g_{\omega i})$ 和 $m_{\rho}(g_{\rho i})$ 分别为 σ, ω 和 ρ 介子的质量 (耦合常数), 而 g_{2}, g_{3} 和 c_{3} 为 σ 和 ω 介子场的非线性自耦合项系数, 其作用是使原先 Walecka 模型中过大的核物质不可压缩系数减小以符合实验. 拉氏密度 (4.48) 中的张量耦合项控制重子的自旋-轨道劈裂, 对于核子我们一般取为 0, 即 $f_{\omega\mathrm{p}} = f_{\omega\mathrm{n}} = 0$. 矢量介子和光子的场张量为

$$
\Omega_{\mu\nu} = \partial_{\mu}\omega_{\nu} - \partial_{\nu}\omega_{\mu}, \tag{4.49a}
$$

$$
\boldsymbol{R}_{\mu\nu} = \partial_{\mu}\boldsymbol{\rho}_{\nu} - \partial_{\nu}\boldsymbol{\rho}_{\mu}, \tag{4.49b}
$$

$$
F_{\mu\nu} = \partial_{\mu}A_{\nu} - \partial_{\nu}A_{\mu}. \tag{4.49c}
$$

基于欧拉-拉格朗日方程就可由拉氏密度 (4.48) 得到重子场的狄拉克方程

$$
\gamma^{\mu}\left(\mathrm{i}\partial_{\mu} - g_{\omega i}\omega_{\mu} - g_{\rho i}\boldsymbol{\tau}_{i}\cdot\boldsymbol{\rho}_{\mu} - q_{i}A_{\mu}\right)\psi_{i} = \left(M_{i} + g_{\sigma i}\sigma + \frac{f_{\omega i}}{2M_{i}}\sigma^{\mu\nu}\partial_{\nu}\omega_{\mu}\right)\psi_{i}, \tag{4.50}
$$

以及玻色子场的运动方程

$$
(\partial^{\mu}\partial_{\mu} + m_{\sigma}^{2})\sigma = -\sum_{i}g_{\sigma i}\bar{\psi}_{i}\psi_{i} - g_{2}\sigma^{2} - g_{3}\sigma^{3}, \tag{4.51}
$$

$$
\partial_{\mu}\Omega^{\mu\nu} + m_{\omega}^{2}\omega^{\nu} = \sum_{i}g_{\omega i}\bar{\psi}_{i}\gamma^{\nu}\psi_{i} - c_{3}\omega^{\nu}\omega_{\mu}\omega^{\mu} + \sum_{i}\frac{f_{\omega i}}{2M_{i}}\partial_{\mu}(\bar{\psi}_{i}\sigma^{\mu\nu}\psi_{i}), \tag{4.52}
$$

$$\partial_\mu \mathbf{R}^{\mu\nu} + m_\rho^2 \boldsymbol{\rho}^\nu = \sum_i g_{\rho i} \bar{\psi}_i \gamma^\nu \boldsymbol{\tau}_i \psi_i, \tag{4.53}$$

$$\partial_\mu A^{\mu\nu} = \sum_i q_i \bar{\psi}_i \gamma^\nu \psi_i. \tag{4.54}$$

当重子场的标量密度 $\bar{\psi}_i \psi_i$ 和矢量密度 $\bar{\psi}_i \gamma^\mu \psi_i$ 足够大, 等式右边的玻色子场源就变得非常强, 此时产生大量介子和光子. 在这种情况下, 可将玻色子场看成经典场, 取 σ, ω_μ, $\boldsymbol{\rho}_\mu$ 和 A_μ 的平均值, 就能够大大简化计算, 即平均场近似 (mean-field approximation). 此外, 对于具有时间反演对称性的系统, 矢量场 ω_μ, $\boldsymbol{\rho}_\mu$ 和 A_μ 的空间分量消失, 只剩下时间分量 ω_0, $\boldsymbol{\rho}_0$ 和 A_0, 而电荷守恒确保 $\boldsymbol{\rho}_0$ 只能保留其同位旋第三分量 $\rho_{0,3}$ [①]. 这样上述的玻色子场运动方程就可以进一步简化为

$$(-\nabla^2 + m_\sigma^2)\sigma = -\sum_i g_{\sigma i}\rho_{is} - g_2\sigma^2 - g_3\sigma^3, \tag{4.55}$$

$$(-\nabla^2 + m_\omega^2)\omega_0 = \sum_i g_{\omega i}\rho_i + \sum_i \frac{f_{\omega i}}{2M_i}\partial_k J_{iT}^{0k} - c_3\omega_0^3, \tag{4.56}$$

$$(-\nabla^2 + m_\rho^2)\rho_{0,3} = \sum_i g_{\rho i}\tau_{3i}\rho_i, \tag{4.57}$$

$$-\nabla^2 A_0 = \sum_i q_i\rho_i, \tag{4.58}$$

其中重子的标量密度 $\rho_{is} = \langle \bar{\psi}_i\psi_i \rangle$, 矢量密度 $\rho_i = \langle \bar{\psi}_i\gamma^0\psi_i \rangle$, 张量密度 $J_{iT}^{0k} = \langle \bar{\psi}_i\sigma^{0k}\psi_i \rangle$.

假定原子核或超核具有球对称性, 与袋模型求解重子谱和多重子态类似, 重子的定态波函数可写为

$$\psi_{n\kappa m}(\boldsymbol{r}) = \frac{1}{r}\begin{pmatrix} iG_{n\kappa}(r) \\ F_{n\kappa}(r)\boldsymbol{\sigma}\cdot\hat{r} \end{pmatrix} \mathrm{Y}_{jm}^l(\theta,\phi)\mathrm{e}^{-i\varepsilon_{n\kappa}t}, \tag{4.59}$$

其中 $G_{n\kappa}(r)/r$ 和 $F_{n\kappa}(r)/r$ 分别是径向波函数的上下分量, 而 $\mathrm{Y}_{jm}^l(\theta,\phi)$ 为旋量球谐函数 (spinor spherical harmonics). 对于给定的轨道角动量及总角动量量子数, 取 $\kappa = (-1)^{j+l+1/2}(j+1/2)$. 将上式代入狄拉克方程 (4.50), 即可得到一维径向狄拉克方程

$$\begin{pmatrix} V_i + S_i + M_i & -\dfrac{\mathrm{d}}{\mathrm{d}r} + \dfrac{\kappa}{r} + T_i \\ \dfrac{\mathrm{d}}{\mathrm{d}r} + \dfrac{\kappa}{r} + T_i & V_i - S_i - M_i \end{pmatrix}\begin{pmatrix} G_{n\kappa} \\ F_{n\kappa} \end{pmatrix} = \varepsilon_{n\kappa}\begin{pmatrix} G_{n\kappa} \\ F_{n\kappa} \end{pmatrix}. \tag{4.60}$$

[①]不考虑重子之间的同位旋混合.

其中重子的单粒子能级为 $\varepsilon_{n\kappa}$, 而标量势、矢量势和张量势分别为

$$S_i = g_{\sigma i}\sigma, \tag{4.61a}$$

$$V_i = g_{\omega i}\omega_0 + g_{\rho i}\tau_{i,3}\rho_{0,3} + q_i A_0, \tag{4.61b}$$

$$T_i = -\frac{f_{\omega i}}{2M_i}\partial_r\omega_0. \tag{4.61c}$$

基于重子波函数 (4.59), 公式 (4.55)—(4.58) 右边玻色子场源中的标量密度、矢量密度和张量密度为

$$\rho_{is}(r) = \frac{1}{4\pi r^2}\sum_{k=1}^{N_i}\left[|G_{ki}(r)|^2 - |F_{ki}(r)|^2\right], \tag{4.62a}$$

$$\rho_i(r) = \frac{1}{4\pi r^2}\sum_{k=1}^{N_i}\left[|G_{ki}(r)|^2 + |F_{ki}(r)|^2\right], \tag{4.62b}$$

$$\boldsymbol{J}_{iT}^0 = \frac{1}{4\pi r^2}\sum_{k=1}^{N_i}\left[2G_{ki}(r)F_{ki}(r)\right]\boldsymbol{n}, \tag{4.62c}$$

其中 $\boldsymbol{n}$ 为角向的单位矢量, 而重子数 $N_i = \int 4\pi r^2\rho_i(r)\mathrm{d}r$. 这里为了计算简单, 我们忽略了狄拉克海中重子的贡献, 即作无海近似. 在选取合适的模型参数后, 通过迭代求解玻色子场运动方程 (4.55)—(4.58) 和径向狄拉克方程 (4.62), 就能够得到球形原子核或超核中的重子波函数、密度分布、介子场以及库仑场. 在此基础之上, 可进一步得到总重子数为 A 的球形原子核或超核的质量, 即

$$\begin{aligned}
M_{\mathrm{RMF}} = {}&\sum_{a=1}^{A}\varepsilon_a - \sum_i\int 2\pi r^2\left(g_{\sigma i}\rho_{is}\sigma + \frac{1}{3}g_2\sigma^3 + \frac{1}{2}g_3\sigma^4\right)\mathrm{d}r \\
&- \sum_i\int 2\pi r^2\left(g_{\omega i}\rho_i\omega_0 + \frac{f_{\omega i}}{2M_i}\partial_k J_{iT}^{0k}\omega_0 - \frac{1}{2}c_3\omega_0^4\right)\mathrm{d}r \\
&- \sum_i\int 2\pi r^2\left(g_{\rho i}\tau_{3i}\rho_i\rho_{0,3} + q_i\rho_i A_0\right)\mathrm{d}r + M_{\mathrm{c.m.}} + M_{\mathrm{pair}}, \tag{4.63}
\end{aligned}$$

其中 ε_a 为重子的单粒子能级, 而 $M_{\mathrm{c.m.}} = -\langle P_{\mathrm{c.m.}}^2\rangle\Big/\sum_{a=1}^{A}2M_a$ 和 $M_{\mathrm{pair}} = -\Delta\sum_a\nu_a\mu_a$ 分别对应于质心修正及对关联的能量贡献.

通过拟合原子核的质量和电荷半径等性质, 就可以确定拉氏密度 (4.48) 中的模型参数. 作为一个例子, 图 4.13 展示了相对论平均场模型预言的原子核每核子结合能及其对应的实验值, 其中采用了有效核子-核子相互作用 PK1[74], 对应的参数取值为 $M_{\mathrm{n}} = M_{\mathrm{p}} = 938$ MeV, $m_\sigma = 511.198$ MeV, $m_\sigma = 783$ MeV, $m_\rho = $

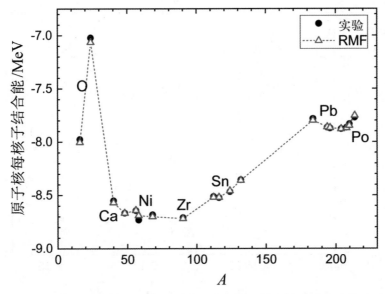

图 4.13 原子核每核子结合能随总核子数的变化关系, 其中黑色圆点代表实验值, 红色空心三角形为相对论平均场模型 (RMF) 的拟合结果, 对应于有效核子-核子相互作用 PK1[74].

770 MeV, $g_\sigma = 10.0289$, $g_\omega = 12.6139$, $g_\rho = 4.6322$, $g_2 = -7.2325$ fm^{-1}, $g_3 = 0.6183$ 和 $c_3 = 71.3075$. 通过对比相对论平均场模型的理论预言值和实验值, 可知该组模型参数较好地描述了原子核的结构和性质, 模型预言的核物质性质为 $\rho_0 = 0.148$ fm^{-3}, $\epsilon_0(\rho_0) = -16.27$ MeV, $K = 282.7$ MeV, $J = -27.8$ MeV, $S(\rho_0) = 37.6$ MeV, $L = 115.9$ MeV 和 $K_{\text{sym}} = 55$ MeV.

在此基础之上, 我们可以进一步探讨超核的结构和性质. 考虑最轻的 Λ 超子, 其与矢量介子的耦合常数可由朴素夸克模型给出, 即 $g_{\omega\Lambda} = 0.666 g_{\omega N}$, 而张量耦合项系数取为 $f_{\omega\Lambda} = -g_{\omega\Lambda}$[75]. 对于标量介子的耦合常数则通过重复超核 $^{40}_\Lambda$Ca 中处于 $1s_{1/2}$ 轨道的 Λ 超子分离能 ($B_\Lambda = 18.7$ MeV) 得到, 即 $g_{\sigma\Lambda} = 0.618 g_{\sigma N}$. 结合有效核子-核子相互作用 PK1[74], 我们就可以得到 Λ 超核的所有性质. 图 4.14 展示了相对论平均场模型预言的单 Λ 超核不同轨道的 Λ 超子分离能 B_Λ, 由自旋向上和向下 Λ 超子分离能取平均值得到. 由图可知, 相对论平均场模型也能够较好地描述 Λ 超核的性质, 而该模型还能够进一步推广到描述更重超子形成的超核的性质. 此外, 随着重子数 A 增加, Λ 超子分离能 B_Λ 也不断增加, 最终在 $A \to \infty$ 时 $B_\Lambda \to 30$ MeV, 即核物质在饱和密度 ρ_0 处超子的势阱深度 $V_\Lambda = -30$ MeV. 而事实上, 前面选取的 $g_{\omega\Lambda}$ 和 $g_{\sigma\Lambda}$ 并不唯一, 只需对称核物质在饱和密度 ρ_0 处超子的势阱深度 $V_\Lambda = g_{\sigma\Lambda}\sigma + g_{\omega\Lambda}\omega_0 \approx -30$ MeV, 就能够很好地描述单 Λ 超核的超子分离能. 类似地, 对于 Ξ 超子有 $V_\Xi \approx -16$ MeV.

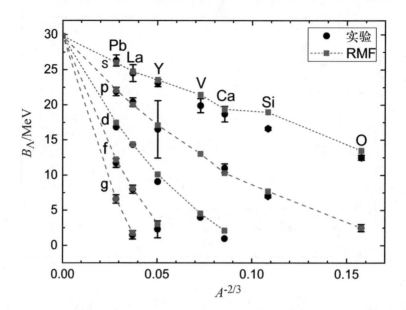

图 4.14　相对论平均场模型预言的单 Λ 超核不同轨道 Λ 超子分离能 B_Λ 关于 $A^{-2/3}$ 的函数关系, 其中采用了有效的核子-核子相互作用 PK1 (图中红色方块)[74], 而图中的黑色圆点为表 4.2 所列的实验值.

　　采用由原子核和超核的实验数据约束得到的模型参数, 可以进一步研究致密星内部可能存在的核物质及超子物质的性质, 并对致密星的结构及成分提供理论预言. 由于致密星的尺度比原子核大得多, 狄拉克方程 (4.50) 的解为平面波, 其对应的物质分布在 $\rho > \rho_0/2$ 的致密星内部可看成是均匀的, 此时玻色子场运动方程 (4.55)—(4.58) 中的空间导数项等于 0. 而粒子 i 的标量密度和矢量密度为

$$\rho_{is} = \langle \bar{\psi}_i \psi_i \rangle = \frac{g_i m_i^{*3}}{4\pi^2} \left[x_i \sqrt{x_i^2 + 1} - \mathrm{arcsh}(x_i) \right], \tag{4.64}$$

$$\rho_i = \langle \bar{\psi}_i \gamma^0 \psi_i \rangle = \frac{g_i \nu_i^3}{6\pi^2}. \tag{4.65}$$

这里我们定义了 $x_i \equiv \nu_i/m_i^*$, 其中 ν_i 为费米动量, $g_i = 2$ 是简并系数, 重子的有效质量为 $m_i^* \equiv m_i + g_{\sigma i}\sigma$. 在中子星内部, 除了重子之外, 还存在电子 e^- 和缪子 μ^- 等轻子, 以确保中子星物质满足电中性条件

$$\sum_i q_i \rho_i = 0. \tag{4.66}$$

轻子的拉氏密度为

$$\mathcal{L}_l = \sum_{i=\mathrm{e},\mu} \bar{\psi}_i \left[\mathrm{i}\gamma^\mu \partial_\mu + e\gamma^\mu A_\mu - M_i \right] \psi_i. \tag{4.67}$$

其对应的数密度也由公式 (4.65) 给出. 最终中子星物质的能量密度为

$$E = \sum_i \varepsilon_i(\nu_i, m_i^*) + \frac{1}{2}m_\sigma^2\sigma^2 + \frac{1}{3}g_2\sigma^3 + \frac{1}{4}g_3\sigma^4 + \frac{1}{2}m_\omega^2\omega_0^2 + \frac{3}{4}c_3\omega_0^4 + \frac{1}{2}m_\rho^2\rho_{0,3}^2, \quad (4.68)$$

其中采用了费米子 i 的动能密度

$$\varepsilon_i(\nu_i, m_i^*) = \frac{g_i m_i^{*4}}{16\pi^2}\left[x_i(2x_i^2+1)\sqrt{x_i^2+1} - \mathrm{arcsh}(x_i)\right]. \quad (4.69)$$

这里轻子的有效质量取 $m_{e,\mu}^* = m_{e,\mu}$. 而重子和轻子的化学势为

$$\mu_b = g_{\omega b}\omega_0 + g_{\rho b}\tau_{b,3}\rho_{0,3} + \sqrt{\nu_b^2 + m_b^{*2}}, \quad (4.70a)$$

$$\mu_l = \sqrt{\nu_l^2 + m_l^2}. \quad (4.70b)$$

基于基本的热力学关系, 最终我们可以得到均匀中子星物质的压强

$$P = \sum_i \mu_i\rho_i - E. \quad (4.71)$$

在弱相互作用的影响下, 中子星物质中的各类粒子相互转化, 最终达到 β 平衡,

$$\mu_\Lambda = \mu_n, \quad \mu_e = \mu_n - \mu_p, \quad \mu_\mu = \mu_e. \quad (4.72)$$

在满足局域电中性 (4.66) 及化学平衡 (4.72) 条件的前提下, 就能够得到中子星物质的状态方程 (Equation of State, EOS).

图 4.15 展示了由相对论平均场模型给出的中子星物质状态方程曲线. 其中黑色实线代表传统中子星的情形, 即只考虑 n, p, e, μ, 而虚线进一步包含了 Λ 超子. 可见当核物质的密度达到 $\sim 2\rho_0$ 时会出现 Λ 超子. 此时若采用朴素夸克模型给出的耦合常数 $g_{\omega\Lambda} = 0.666g_{\omega N}$, 则状态方程被大大软化了. 若我们取 $g_{\omega\Lambda} = g_{\omega N}$, 则饱和密度处的势阱深度 $V_\Lambda = -30$ MeV 要求 $g_{\sigma\Lambda} = 0.888g_{\sigma N}$, 由于 ω 介子提供的斥力, 状态方程相较传统中子星的情形并没有软化很多.

基于图 4.15 给出的状态方程, 通过求解 Tolman-Oppenheimer-Volkov (TOV) 方程

$$\frac{\mathrm{d}P}{\mathrm{d}r} = -\frac{GmE}{r^2}\frac{(1+P/E)(1+4\pi r^3 P/m)}{1-2Gm/r}, \quad (4.73)$$

$$m = \int_0^r 4\pi E r^2 \mathrm{d}r, \quad (4.74)$$

我们就能够得到对应的中子星和超子星的质量-半径关系, 如图 4.16 所示. 注意到当采用超子-核子耦合常数 $g_{\omega\Lambda} = 0.666g_{\omega N}$ 时, 超子星无法达到两倍太阳质量, 这

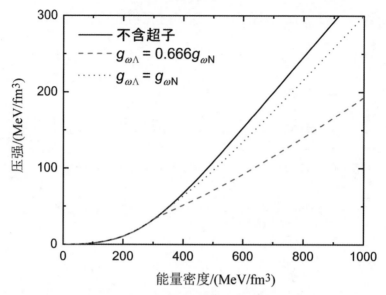

图 4.15 基于相对论平均场模型得到的中子星和超子星物质状态方程曲线, 其中采用了有效的核子-核子相互作用 PK1[74], 而超子-核子相互作用则采用了两组不同的耦合常数.

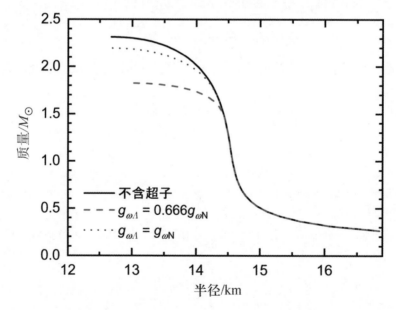

图 4.16 相对论平均场模型预言的中子星质量-半径关系, 其中采用了图 4.15 所给的状态方程.

与观测得到的脉冲星 PSR J1614–2230 和 PSR J0348+0432 的质量 (分别为 $(1.97 \pm 0.04)\ M_\odot$ 和 $(2.01 \pm 0.04)\ M_\odot$) 相左. 而只有当我们取 $g_{\omega\Lambda} = g_{\omega\mathrm{N}}$ 时, 状态方程才足

够硬, 能够支撑两倍太阳质量的中子星. 当然, 除了脉冲星的质量测量, 其半径、潮汐形变、转动惯量等一系列观测量都会对状态方程有所限制.

4.4 夸 克 物 质

如前所述, 在能量密度达到微扰能区时强相互作用变得足够弱, 夸克和胶子就不再被囚禁在强子中, 从而发生解禁闭相变. 而在零温条件下, 随着密度不断增加, 强子间距越来越小, 最终在数倍核物质饱和密度时夸克和胶子的波函数发生重叠, 强子的边界就变得不再明确, 生成解禁闭的夸克物质. 由于目前难以直接利用高能重离子碰撞实验生成低温高密的夸克物质, 而格点 QCD 又受到符号问题的困扰, 因此人们对夸克物质的性质了解得不是特别清楚, 而在理论上对其进行研究时还需要采用一些唯象模型, 如 4.1 节给出的 MIT 袋模型和 NJL 模型.

4.4.1 奇异夸克物质及 ud 夸克物质

由于 u, d, s 夸克的流质量远小于其他夸克, 夸克物质中可能只存在两种或三种夸克. 仅由 u, d 两味夸克构成的夸克物质称为轻夸克物质或 ud 夸克物质, 而奇异数不为零的夸克物质被称为奇异夸克物质.

应用各种唯象模型, 人们对夸克物质的性质进行了研究, 发现奇异夸克物质在很大的参数范围内比普通的核物质稳定, 即真正处于强相互作用物质基态. 关于奇异夸克物质的稳定性, 如图 4.17 所示, 忽略夸克之间相互作用, 若核物质发生解禁闭相变生成 ud 夸克物质时密度足够高, 导致 u, d 夸克的费米能大于 s 夸克的质量, 那么此时它们就可以通过弱反应过程 $u + e \rightarrow s + v_e$ 和 $u + d \rightarrow u + s$ 转变成 s 夸克并降低系统的总能量. 当 s 夸克的数目增加到费米能与 u, d 夸克相同后, 系统达到弱平衡, 对应于能量最低的状态. 在这种情况下, 相对于 ud 夸克物质, 奇异

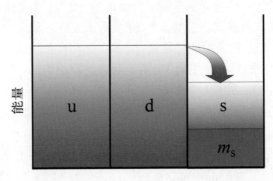

图 4.17 奇异夸克物质稳定性示意图: u 和 d 夸克通过不断地转变成 s 夸克来降低系统的能量, 并在达到弱平衡之后能量最低.

夸克物质的每重子能量要小很多. 事实上, 由于奇异夸克物质相较于核物质还包含了一个新的奇异自由度, 在总粒子数不变的情况下能量必然更低. 若奇异夸克质量不太大[①], 那么由数量大致相同的 u, d, s 夸克构成的奇异夸克物质就很容易变得比核物质更稳定.

Bodmer 最早在 1971 年探讨了 "坍缩原子核" 即夸克团块的性质, 认为普通原子核相对于奇异夸克物质处于强相互作用亚稳态[76]. 由于奇异夸克物质由数量大致相同的 u, d, s 夸克构成, 普通核物质衰变成为奇异夸克物质首先需要通过弱相互作用生成 s 夸克. 这是个吸热过程, 发生的概率极低. 而只有当大量的 u, d 夸克同时转变成 s 夸克时反应才能顺利进行, 原子核发生这类衰变的半衰期比宇宙年龄还要长, 这也解释了为什么现实世界中处于亚稳态的原子核没有迅速衰变为奇异夸克物质[②]. Bodmer 的研究在当时并未引起太多关注, 直到 1984 年 Witten 进一步论证了奇异夸克物质的绝对稳定性对宇宙演化的重要影响[77], 随即这些关于奇异夸克物质稳定性的研究引起了广泛的讨论, 而关于奇异夸克物质是强相互作用的真正基态的相关讨论也通常被人们称为 Witten-Bodmer 猜想 (Witten-Bodmer hypothesis). 若 Witten-Bodmer 猜想为真, 宇宙中必然存在大量由奇异夸克物质构成的团块 (nugget), 如奇异滴 (strangelet, $A \lesssim 10^7$)、奇异核素 (nuclearites)、超密陨石 (meteorlike compact ultradense objects), 甚至奇异星 (strange star, $A \approx 10^{57}$) 等, 其对应的重子数 A 从几个到 $\sim 10^{57}$ 个不等.

另一方面, 若考虑手征对称性自发破缺, 那么很可能奇异夸克物质是不稳定的, 如 NJL 模型、线性 σ 模型、Polyakov 夸克介子耦合模型、Dyson-Schwinger 方程等所预言的那样. 其主要原因是: 虽然夸克物质密度足够高时 u, d 夸克手征对称性部分恢复 ($\sigma_{u,d} \to 0$), 质量趋于流质量, 但是 s 夸克凝聚值 σ_s 还是很大, 导致其质量仍然过大, 如图 4.6 所示. 在这种情况下, 处于弱平衡的夸克物质在每重子能量最小处并没有 s 夸克, 只有当重子化学势 $\mu_b \gtrsim 1.3$ GeV 时才有 s 夸克出现, 此时奇异夸克物质的每重子能量要比原子核大得多. 此外, 在线性 σ 模型框架下, 通过拟合强子谱的实验数据确定模型参数, 张晨等人发现在很大的参数空间内仅由 2 味夸克构成的 ud 夸克物质可能更稳定, 同时由于存在比较大的表面张力, 原子核依然比 ud 夸克团块稳定[78]. 因此, 与奇异夸克物质类似, 宇宙中可能存在稳定的 ud 夸克团块 ($A \gtrsim 300$) 和 ud 夸克星.

若夸克物质的密度足够高, 从而夸克之间的相互作用可以忽略, 那么我们就可

[①] 假定核物质解禁闭相变后生成的夸克物质处于微扰能区, 夸克之间的强相互作用足够弱, 那么夸克质量将趋近于流质量, 如 $m_s = m_{s0} = 0.096$ GeV.

[②] 在相同情况下, 若 ud 夸克团块比相同重子数 A 的原子核更稳定, 那么衰变过程要容易得多. 然而, 到目前为止还没有发现任何原子核衰变成夸克团块的情形, 因此 $A \lesssim 300$ 的原子核很可能比 ud 夸克团块更稳定.

以采用费米气体近似来得到零温情形下夸克物质的热力学势密度, 即

$$\Omega_0 = \sum_{i=1}^{N_{\rm f}} \omega_i(\mu_i, m_i) = -\sum_{i=1}^{N_{\rm f}} \frac{g_i}{24\pi^2}\left[\mu_i\nu_i\left(\mu_i^2 - \frac{5}{2}m_i^2\right) + \frac{3}{2}m_i^4 \ln\left(\frac{\mu_i+\nu_i}{m_i}\right)\right]. \quad (4.75)$$

其中自由粒子 i 的热力学势密度 ω_i 由公式 (4.19) 给出, $N_{\rm f}$ 为系统包含的夸克味数, 而夸克质量即流质量, $m_i = m_{i0}$. 若进一步考虑夸克之间的相互作用, 可将热力学势密度关于强耦合常数 $\alpha_{\rm s}$ 微扰展开[①] (即微扰 QCD, pQCD). 这里我们给出热力学势密度关于 $\alpha_{\rm s}$ 的一阶的修正[80]:

$$\Omega_1 = \sum_{i=1}^{N_{\rm f}} \omega_i^1(\mu_i, m_i)\alpha_{\rm s} = \sum_{i=1}^{N_{\rm f}} \frac{g_i\alpha_{\rm s}}{12\pi^3}\left\{3\left[\mu_i\nu_i - m_i^2 \ln\left(\frac{\mu_i+\nu_i}{m_i}\right)\right]^2 - 2\nu_i^4\right.$$
$$\left. + m_i^2\left[6\ln\left(\frac{\bar{\Lambda}}{m_i}\right) + 4\right]\left[\mu_i\nu_i - m_i^2 \ln\left(\frac{\mu_i+\nu_i}{m_i}\right)\right]\right\}. \quad (4.76)$$

此时强耦合常数 $\alpha_{\rm s}$ 和夸克质量 m_i 都随重正化剪除点 $\bar{\Lambda}$ 跑动, 类似图 2.4 所示. 通过求解 β 方程和 γ 方程并忽略高阶项[81], 就有

$$\alpha_{\rm s}(\bar{\Lambda}) = \frac{1}{\beta_0 L}\left(1 - \frac{\beta_1 \ln L}{\beta_0^2 L}\right), \quad (4.77)$$

$$m_i(\bar{\Lambda}) = \hat{m}_i \alpha_{\rm s}^{\frac{\gamma_0}{\beta_0}}\left[1 + \left(\frac{\gamma_1}{\beta_0} - \frac{\beta_1\gamma_0}{\beta_0^2}\right)\alpha_{\rm s}\right]. \quad (4.78)$$

这里 $L = 2\ln\left(\frac{\bar{\Lambda}}{\Lambda_{\overline{\rm MS}}}\right)$. 其中 $\Lambda_{\overline{\rm MS}} = 376.9$ MeV 为 QCD 能标, 由 $\alpha_{\rm s}(\bar{\Lambda}) = 0.1185 \pm 0.0006$ ($\bar{\Lambda} = M_Z = 91.1876$ GeV) 确定, 而夸克的不变质量, $\hat{m}_{\rm u} = 3.8$ MeV, $\hat{m}_{\rm d} = 8$ MeV, $\hat{m}_{\rm s} = 158$ MeV 则由 $\bar{\Lambda} = 2$ GeV 处的流质量确定. 上式中 $\beta_0 = \frac{1}{4\pi}\left(11 - \frac{2}{3}N_{\rm f}\right)$, $\beta_1 = \frac{1}{16\pi^2}\left(102 - \frac{38}{3}N_{\rm f}\right)$, $\gamma_0 = 1/\pi$ 和 $\gamma_1 = \frac{1}{16\pi^2}\left(\frac{202}{3} - \frac{20}{9}N_{\rm f}\right)$ 分别为 β 方程和 γ 方程的系数. 而重正化剪除点 $\bar{\Lambda}$ 与化学势有关, 这里我们取

$$\bar{\Lambda} = C_0 + \frac{C_1}{N_{\rm f}}\sum_i \mu_i, \quad (4.79)$$

其中参数 $C_0 = 0 \sim 1$ GeV, $C_1 = 1 \sim 4$.

然而, 尽管我们总可以取更高阶的热力学势密度修正, 微扰展开在密度 $\rho \lesssim 40\rho_0$ 时却难以收敛. 为了能够得到关于夸克物质性质有意义的结果, 类似 MIT 袋模型, 可通过采用一个有效的袋常数 B 来给出微扰真空和非微扰真空的能量密度差, 最终得到微扰模型的热力学势密度

$$\Omega = \Omega_0 + \Omega_1 + B. \quad (4.80)$$

[①] 目前最高展开到 $\alpha_{\rm s}^2$ 阶[79].

这里若我们忽略 α_s 一阶项的贡献 Ω_1 并取 $m_i = m_{i0}$, 微扰模型就回归到最初袋模型的形式 (4.18). 由基本的热力学关系可进一步得到粒子数密度

$$n_i = -\left.\frac{\partial \Omega}{\partial \mu_i}\right|_{\mu_{j \neq i}} = \frac{g_i \nu_i^3}{6\pi^2} - \left.\frac{\partial \omega_i^1}{\partial \mu_i}\right|_{m_i, \bar{\Lambda}} \alpha_s + n_0, \tag{4.81}$$

其中

$$n_0 = -\sum_{k=1}^{N_f} \left(\left.\frac{\partial \omega_k}{\partial m_k}\right|_{\mu_k} \frac{\mathrm{d} m_k}{\mathrm{d}\bar{\Lambda}} + \left.\frac{\partial \omega_k^1}{\partial m_k}\right|_{\mu_k, \bar{\Lambda}} \frac{\mathrm{d} m_k}{\mathrm{d}\bar{\Lambda}}\alpha_s + \left.\frac{\partial \omega_k^1}{\partial \bar{\Lambda}}\right|_{\mu_k, m_k} \alpha_s + \omega_k^1 \frac{\mathrm{d}\alpha_s}{\mathrm{d}\bar{\Lambda}} \right) \frac{\partial \bar{\Lambda}}{\partial \mu_i}. \tag{4.82}$$

相应地, 电荷密度和重子数密度分别为 $n_{ch} = \sum_i q_i n_i$ 和 $n_b = \sum_i n_i/3$. 夸克物质的能量密度则由下式给出

$$E = \Omega + \sum_{i=1}^{N_f} \mu_i n_i = \Omega_0 + \Omega_1 + \sum_{i=1}^{N_f} \mu_i n_i + B. \tag{4.83}$$

而压强只需要将公式 (4.4) 中的热力学势密度取负值就可以得到, 即 $P = -\Omega$.

在弱相互作用的影响下, 夸克物质中的各类粒子之间相互转化, 发生各种弱反应过程, 如 $d, s \leftrightarrow u + e + \bar{\nu}_e$ 和 $s + u \leftrightarrow u + d$. 最终系统达到弱平衡时能量最低, 即

$$\mu_u + \mu_e = \mu_d = \mu_s = \frac{1}{3}(\mu_b + \mu_e). \tag{4.84}$$

由于中微子能够自由离开系统, 这里我们取中微子化学势 $\mu_{\nu_e} = \mu_{\bar{\nu}_e} = 0$. 此外, 在夸克星中还存在电子及缪子使夸克物质达到电中性, 它们的粒子数密度由 $n_{e,\mu} = \frac{\nu_{e,\mu}^3}{3\pi^2}$ 给出, 而相应的能量密度和压强则由 $E_{e,\mu} = \omega_{e,\mu} + \mu_{e,\mu} n_{e,\mu}$ 和 $P_{e,\mu} = -\omega_{e,\mu}$ 给出.

基于微扰模型我们就能够得到各种夸克物质的性质. 而对于模型参数的选择, 若要求奇异夸克物质能够稳定存在, 则必须满足 Witten-Bodmer 猜想, 即 3 味的奇异夸克物质最小每重子能量 ϵ_{min}^{3f} 小于 930 MeV[1], 同时 2 味 ud 夸克物质最小每重子能量 ϵ_{min}^{2f} 大于 930 MeV. 结果如图 4.18 所示, 满足 Witten-Bodmer 猜想的参数应位于网格和曲面之间, 而网格对应于 $\epsilon_{min}^{3f} = 930$ MeV, 曲面对应于 $\epsilon_{min}^{2f} = 930$ MeV. 若要求 ud 夸克物质稳定, 对应的参数范围则在曲面以下. 同时, 为了保证普通原子核不衰变成 ud 夸克团块, 袋常数 B 不能取到曲面以下太多, 其具体的范围还需要结合夸克物质表面张力的取值. 对于网格和曲面上的区域, 夸克物质是不稳定的, 只能存在于致密星的中心形成混杂星.

---

[1] 最稳定原子核 ^{56}Fe 的每核子能量.

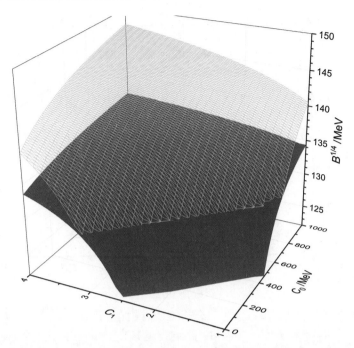

图 4.18 微扰模型参数范围, 其中符合 Witten-Bodmer 猜想的参数 C_0, C_1 和 B 位于网格和曲面之间, 而在曲面以下 ud 夸克物质比核物质更稳定.

接下来我们以这些模型为例讨论奇异夸克物质及 ud 夸克物质的各种性质. 根据图 4.18 给出的稳定窗口, 我们选取微扰模型的参数为 $C_0 = 0$ 和 1 GeV, $C_1 = 2$ 和 4 以及 $B^{1/4} = 138$ MeV. 若忽略微扰相互作用, 则微扰模型回归到 MIT 袋模型, 我们通过改变袋常数, 研究所有可能的 2 味和 3 味夸克物质的性质. 在同时满足 β 平衡 (4.84) 和局域电中性条件之后, 就可以得到夸克星物质的状态方程.

图 4.19 展示了计算得到的夸克物质每重子能量随重子数密度的变化关系, 其中曲线对应于微扰模型预言的奇异夸克物质性质, 而阴影部分为袋模型的计算结果, 包含了 ud 夸克物质 (蓝青色) 和奇异夸克物质 (灰色) 的每重子能量. 对于袋模型, 灰色区域涵盖了满足 Witten-Bodmer 猜想的整个参数范围 ($B^{1/4} = 145 \sim 159$ MeV) 所对应的奇异夸克物质, 其每重子能量随袋常数单调递增. 而蓝青色区域则对应于取更小袋常数 $B^{1/4} < 145$ MeV 时 ud 夸克物质的每重子能量. 然而此时袋常数 B 的下限还不清楚, 取决于 ud 夸克团块的稳定性, 原则上我们可以采用类似液滴模型所给的质量公式 (4.46) 来进行约束, 要求已知的原子核比 ud 夸克团块更稳定. 但是这样就会引入新的参数即夸克物质的表面张力, 其具体取值还存在很大的不确定性.

由图 4.19 可知, 袋模型和微扰模型预言的奇异夸克物质的饱和密度在 $2\rho_0$ 左

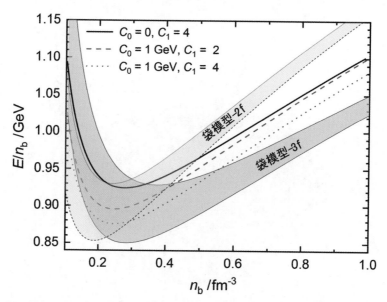

图 4.19　微扰模型和袋模型得到的夸克物质每重子能量随重子数密度的变化关系, 其中微扰模型 ($N_f = 3$) 采用袋常数 $B^{1/4} = 138$ MeV, 而阴影区域袋模型参数的稳定窗口分别为 $B^{1/4} = (145 \sim 159)$ MeV ($N_f = 3$) 和 $B^{1/4} < 145$ MeV ($N_f = 2$, 此时袋常数的下限取决于夸克物质的表面张力, 这里暂取 $B^{1/4} > 132$ MeV).

右, 而 ud 夸克物质的饱和密度在 $1.5\rho_0$ 左右, 并且随袋常数单调递增. 对比袋模型和微扰模型的计算结果可知, 微扰修正的主要作用是提供额外的排斥力, 使奇异夸克物质的状态方程变得更硬. 对于 2 味的 ud 夸克物质, 由于不包含奇异自由度, 其状态方程比奇异夸克物质硬得多. 尽管如此, 随着密度增加, 我们预期 ud 夸克物质中最终会出现 s 夸克从而转变成奇异夸克物质.

　　基于此前得到的夸克物质状态方程, 就可以通过求解 TOV 方程得到夸克星的质量-半径关系, 相关的计算结果在图 4.20 给出. 与中子星相比, 由于不存在壳层结构, 裸夸克星的质量和半径都可以趋于 0, 对应于夸克团块. 当然, 若夸克物质的表面张力足够小, 夸克星表面也可能存在由夸克团块和电子组成的壳层结构, 或者表面存在一层由库仑相互作用支撑的普通物质, 预期这类壳层较中子星要薄得多. 对于采用费米气体近似的袋模型, 如图中灰色区域所示, 模型预言奇异星无法达到两倍太阳质量, 显然与观测不符 (例如脉冲星 PSR J0348+0432 的质量为 2.01 ± 0.04 $M_\odot$). 进一步在微扰模型框架下考虑夸克之间的相互作用, 奇异夸克物质状态方程有可能变得更硬, 当我们取 $C_0 = 1$ GeV, $C_1 = 4$ 和 $B^{1/4} = 138$ MeV 时奇异星就能够达到两倍太阳质量. 另一方面, 对于不包含奇异自由度的 ud 夸克星, 其最大质量很容易超过两倍太阳质量, 并且当取更小袋常数时质量和半径都变得更大.

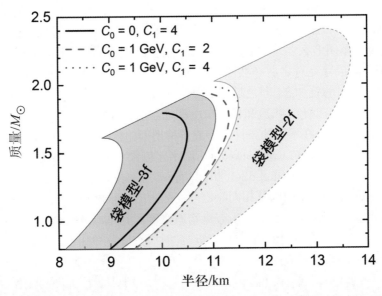

图 4.20　微扰模型和袋模型预言的夸克星质量-半径关系, 其中采用了图 4.19 所给的状态方程.

4.4.2　色超导

　　本章 4.2 节在袋模型框架下讨论了重子质量谱, 其中单胶子交换作用的色磁部分对准确描述 N-Δ 质量劈裂起着关键作用. 特别地, 相较于 Δ 共振态, 核子 N 中的两个夸克形成了总自旋为 0 的 ud 夸克对, 其对应的单胶子交换作用的能量修正为 $\Delta M_{\mathrm{G}}^{\mathrm{m}} \approx -220$ MeV, 大大降低了核子的质量. 同样地, 不难想象在夸克物质中由于夸克之间类似的吸引相互作用导致费米面附近的夸克配对, 从而形成色超导物质. 1977 年, Barrois 和 Frautschi 最早研究了夸克库珀对并提出 "色超导态" 是夸克物质的基态, 然而在传统的弱耦合框架下人们发现色超导能隙非常小 ($\Delta \lesssim$ 1 MeV), 因此在当时并没有引起重视. 直到 1998 年进一步研究发现磁胶子关联在高密区并不会像高温区那样被动力学屏蔽, 在夸克物质中长程磁胶子交换产生了较强的夸克吸引相互作用, 所对应的色超导能隙 Δ 甚至能够达到 100 MeV, 比之前预期的要大得多. 由此, 人们对色超导夸克物质开展了广泛研究.

　　从 QCD 拉氏量 (4.1) 出发, 忽略非阿贝尔项及胶子传播的推迟效应, 我们可以写出单胶子交换的能量修正为

$$\Delta M_{\mathrm{G}} = \sum_{i<j} \left\langle \frac{g_{\mathrm{s}}}{2} J_{\mu,i}^{c} \lambda_j^c G_j^{\mu c} \right\rangle = \sum_{i<j} \alpha_{\mathrm{s}} \int \int \frac{\mathrm{d}^3 r_i \mathrm{d}^3 r_j}{|\boldsymbol{r}_i - \boldsymbol{r}_j|} \langle J_i^{\mu c}(\boldsymbol{r}_i) J_{\mu,j}^c(\boldsymbol{r}_j) \rangle. \quad (4.85)$$

其中 $J_i^{\mu c}$ 为夸克 i 的 SU(3) 色对称性守恒流,

$$J_i^{\mu c} = \bar{\psi}_i \gamma^\mu \frac{\lambda_i^c}{2} \psi_i. \tag{4.86}$$

在夸克物质中, (4.85) 式夸克-夸克相互作用的某些部分是吸引的. 由 BCS 理论可知, 无论吸引作用多么弱, 只要形成夸克对的两个夸克所在费米面足够接近, 那么这两个夸克形成夸克对之后必然使系统的自由能降低. 最终系统的基态波函数为各种数目夸克对的叠加态, 即色超导态.

由于夸克具有颜色、味道和自旋自由度, 因此有可能存在许多不同的对关联形式, 从而使夸克物质在不同的条件下形成各种类型的色超导态, 如 u, d, s 夸克都配对的色-味锁定 (Color-Flavor Locked, CFL) 相、包含 u-d 对和 d-d 对的 d 夸克色超导 (d-Quark Superconducting, dSC) 相、只有 ud 夸克配对的两味色超导 (two-flavor Superconducting, 2SC) 相以及相同味道夸克配对的一味色超导 (CSL) 相等.

具体来说, 以图 4.21 为例, 当夸克物质密度高到可以忽略奇异夸克质量的破缺效应时, 三味夸克的费米动量非常接近. 此时所有颜色和味道的夸克将全部配对, 形成传统的零动量无自旋库珀对, 对应于三种共六对双夸克凝聚: (u_r, d_g), (u_g, d_r), (d_g, s_b), (d_b, s_g), (s_b, u_r) 和 (s_r, u_g), 其中 r, g, b 分别对应于夸克的颜色. 上述双夸克凝聚在单独的色或味变换下都无法保持不变. 然而, 若对色和味同时变换, 双夸克凝聚则不变, 这就相当于凝聚把夸克的颜色和味道自由度锁定到了一起. 如图 4.21 所示, 此时所有夸克的费米动量相同, 这就是色-味锁定 (CFL) 相. 在 CFL 相的低激发谱中, 所有的夸克准粒子都产生了能隙 (Δ). 在基态原来的九个夸克态 ($u_{r,g,b}$, $d_{r,g,b}$, $s_{r,g,b}$) 中产生了八重态准粒子和一个单态准粒子, 其中八重态的能隙为 Δ_1

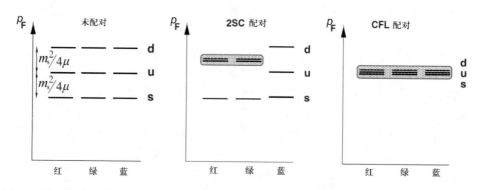

图 4.21 普通夸克物质和色超导态下不同颜色和味道的夸克费米动量图解, 摘自文献 [46]. 在普通夸克物质中, 电中性和 β 平衡条件导致各味夸克的费米动量发生劈裂. 劈裂的强度随夸克化学势 μ 增加而降低, 随奇异夸克质量 m_s 的增大而增大. 在 2SC 相中, 两种颜色的上夸克和下夸克配对, 将它们的费米动量锁定在一起. 在 CFL 相中, 所有的颜色和味道配对并具有共同的费米动量.

($\equiv \Delta_{\text{CFL}}$), 而单态的能隙为 Δ_2 ($\approx 2\Delta_{\text{CFL}}$). 在袋模型框架下, 处于 CFL 相的奇异夸克物质的热力学势密度为

$$\Omega_{\text{CFL}} = \Omega_0 + \Omega_\Delta + B. \tag{4.87}$$

这里 $\Omega_0 = \sum_i^{N_f} N_c \int_0^\nu (\sqrt{p^2 + m_i^2} - \mu_i) p^2 \mathrm{d}p / \pi^2$ 为零温下自由夸克的热力学势密度, 其中所有夸克都具有共同的费米动量 ν. 若夸克质量可以忽略, 那么可化简为 $\Omega_0 = -N_f N_c \mu^4 / 12\pi^2$, 其中 $N_f = N_c = 3$. 而 Ω_Δ 对应于色超导产生的热力学势密度修正, 每个带有能隙 Δ 的夸克准粒子贡献的热力学势密度为 $-(\mu\Delta/2\pi)^2$, 由此可得

$$\Omega_\Delta \approx -8\left(\frac{\mu\Delta_1}{2\pi}\right)^2 - \left(\frac{\mu\Delta_2}{2\pi}\right)^2 \approx -3\frac{\mu^2 \Delta_{\text{CFL}}^2}{\pi^2}. \tag{4.88}$$

其中夸克平均化学势 $\mu = (\mu_{\text{u}} + \mu_{\text{d}} + \mu_{\text{s}})/3$. 由基本的热力学关系可得 CFL 相的粒子数密度

$$n_i = -\left.\frac{\partial \Omega_{\text{CFL}}}{\partial \mu_i}\right|_{\mu_{j \neq i}} = \frac{\nu^3}{\pi^2} + 2\frac{\Delta_{\text{CFL}}^2 \mu}{\pi^2}. \tag{4.89}$$

可见 CFL 相中 u, d, s 夸克数目一样多, 因此其对应的奇异夸克物质本身就是电中性的, 不存在轻子 ($\mu_{\text{e}} = \mu_\mu = 0$). 在致密星中, 夸克物质还需要满足 β 平衡条件, 即

$$\mu_{\text{u}} = \mu_{\text{d}} = \mu_{\text{s}} = \mu. \tag{4.90}$$

而共同的费米动量可在给定 μ 的情况下最小化 Ω_{CFL} 得到, 若忽略 u, d 夸克的质量, 可得

$$\nu = 2\mu - \sqrt{\mu^2 + \frac{m_{\text{s}}^2}{3}}. \tag{4.91}$$

基于基本的热力学关系, 最终我们能够得到 CFL 相奇异夸克物质的压强 $P_{\text{CFL}} = -\Omega_{\text{CFL}}$ 和能量密度 $E_{\text{CFL}} = \sum_i^{N_f} \mu_i n_i + \Omega_{\text{CFL}}$.

当夸克物质的密度并没有高到能够忽略奇异夸克质量时, CFL 相中的 s 夸克与 u, d 夸克所形成的库珀对不再稳定, 此时夸克物质中只有两味 u, d 夸克参与配对. 不失一般性, 令 u, d 夸克配对对应于两对双夸克凝聚: (u_r, d_g) 和 (u_g, d_r), 而其他的夸克不参与配对, 这就是两味色超导 (2SC) 相. 由于 u_b 与 d_b 不参与配对, 在低激发谱中产生了两个无能隙的夸克准粒子. 而 $u_{r,g}$, $d_{r,g}$ 配对在低激发谱中产生了四个带有能隙 Δ_{2SC} 的夸克准粒子. 类似地, 在袋模型框架下我们可以得到 2SC 相夸克物质的热力学势密度

$$\Omega_{2SC} = \frac{1}{\pi^2} \sum_i^{N_f} \sum_j^{N_c} \int_0^{\nu_i^j} \left(\sqrt{p^2 + m_i^2} - \mu_i^j \right) p^2 \mathrm{d}p - \frac{\mu^2 \Delta_{2SC}^2}{\pi^2} + B. \tag{4.92}$$

其中不同味道和颜色的夸克费米动量 $\nu_f^c = \sqrt{\mu_f^{c\,2} - m_i^2}$, 而对于配对的 u, d 夸克费米动量相同, 即 $\nu_u^r = \nu_u^g = \nu_d^r = \nu_d^g = \nu$. 此时处于 β 平衡的夸克化学势为

$$\mu_f^c = \mu - \mu_e q_f + \mu_3 T_3^c + \mu_8 T_8^c. \tag{4.93}$$

这里夸克电荷 $(q_u, q_d, q_s) = (2, -1, -1)/3$, 色荷 $(T_3^r, T_3^g, T_3^b) = (1, -1, 0)/2$, $(T_8^r, T_8^g, T_8^b) = (1, 1, -2)/2\sqrt{3}$. 此外, 在致密星中的夸克物质还需满足电中性条件, 即

$$\left. \frac{\partial \Omega_{2SC}}{\partial \mu_e} \right|_{\mu, \mu_3, \mu_8} = n_e + n_\mu. \tag{4.94}$$

同时夸克物质为色单态, 因此总色荷必为 0, 即

$$\left. \frac{\partial \Omega_{2SC}}{\partial \mu_3} \right|_{\mu, \mu_e, \mu_8} = \left. \frac{\partial \Omega_{2SC}}{\partial \mu_8} \right|_{\mu, \mu_e, \mu_3} = 0. \tag{4.95}$$

而费米动量可在给定化学势 $(\mu, \mu_e, \mu_3, \mu_8)$ 的情况下最小化 Ω_{2SC} 得到.

图 4.22 展示了在 NJL 模型框架下计算得到的电中性夸克物质在不同的温度 T 和夸克化学势 μ 下的典型相结构, 其中取夸克-夸克耦合常数与夸克-反夸克之间的耦合常数相等, 即 $G_D = G_S$. 可见零温情况下随着夸克化学势 μ 增加, 不配对的

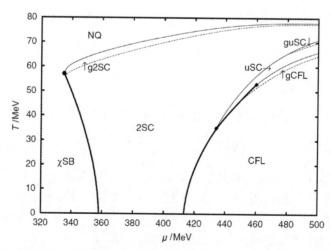

图 4.22　电中性夸克物质在不同的温度 T 和夸克化学势 μ 下的相结构, 摘自文献 [82]. 其中一级相变边界由粗实线表示, 细实线标记二级相变边界, 而虚线表示无隙 (gapless) 模式出现的边界, 不对应相变.

奇异夸克物质逐渐转变成 u, d 夸克配对的两味色超导相, 并最终在 μ 足够大的情况下转变成 CFL 相. 如前所述, 导致色超导相变的关键因素为奇异夸克的质量 m_s, 电中性条件和 β 平衡条件使不同夸克的费米动量发生劈裂, 在密度较小时不能忽略. 而随着温度升高, CFL 相的 u-s 对和 d-s 对被破坏, 只剩下 u-d 对, 即 2SC 相. 进一步增加温度, 则 u-d 夸克对也变得不再稳定, 最终转变成普通奇异夸克物质.

4.4.3 夸克团块

若奇异夸克物质或 ud 夸克物质绝对稳定, 那么可能存在稳定的夸克团块 (quark nugget), 如奇异滴或 ud 夸克团块, 其总重子数比致密星 ($A \approx 10^{57}$) 小得多, 此时引力的作用可以忽略. 与夸克星不同的是, 夸克团块的有限体积效应不可忽略. 由于夸克波函数在夸克-真空界面上趋于零, 导致夸克团块表面存在夸克损耗 (quark depletion), 将改变夸克团块的能量及电荷性质.

由于 Witten-Bodmer 猜想早在上世纪七八十年代就被提出, 人们从理论和实验上都对奇异滴进行了大量的研究. 例如, Farhi 和 Jaffe 发现稳定的奇异滴只带少量正电荷[85]. Greiner 等人探讨了在高能重离子碰撞过程中通过不断蒸发包含反奇异夸克的粒子生成奇异滴的可能性[86]. Berger、Jaffe 和 Madsen 讨论了奇异滴表面张力及曲率项的贡献[87]. 相较于普通原子核, 奇异滴通常具有更大的磁刚度、较强的穿透能力、更大的质量等. 利用奇异滴的这些特殊性质, 就有可能在地球上观测

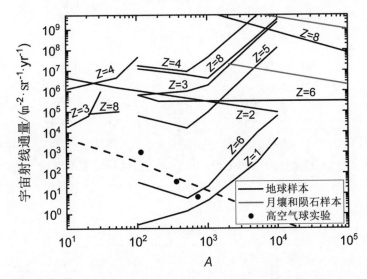

图 4.23 奇异滴的宇宙射线通量上限随重子数的变化关系, 用实线表示. 虚线为理论预言的由奇异星碰撞生成奇异滴的宇宙射线通量[83]. 实心点给出了符合奇异滴特征的可能事件. 摘自文献 [84].

到它们[84,88]. 图 4.23 给出了 Finch 整理的奇异滴宇宙射线通量上限[84], 虚线为理论预言的由奇异星碰撞生成奇异滴的宇宙射线通量[83]. 特别地, 在高空气球实验中人们发现了奇异滴的四个疑似事例, 用实心点表示. 尽管如此, 到目前为止人们还是没有找到奇异滴存在的确切证据. 另一方面, 对于 ud 夸克团块, 其性质介于普通原子核和奇异滴之间, 到目前为止还没有直接的观测.

对于夸克团块性质的研究, 原则上我们可以采用类似 4.2 节讨论重子及多重子态的方法, 即直接在袋模型框架下求夸克波函数, 得到夸克团块的结构和性质. 然而, 随着重子数的增加, 求解所有夸克的波函数显然不现实, 人们往往采用唯象的方法来考虑夸克团块的有限体积效应. 例如, 类似原子核的液滴模型, 有限体积效应带来的能量修正可通过引入表面张力来进行考虑, 而曲率项的贡献对于比较小的夸克团块不可忽略. 此外, 态密度多重展开 (Multiple Reflection Expansion, MRE) 方法能够更加自洽地描述夸克-真空界面处夸克损耗的影响, 给出夸克团块的表面项和曲率项的贡献. 具体来说, 通过考虑有限体积效应带来的态密度修正[87,89], MRE 方法就能够给出夸克损耗对夸克团块结构和性质的平均贡献, 其关于夸克动量 p_i 的解析表达式为

$$\frac{\mathrm{d}N_i^{\mathrm{surf}}}{\mathrm{d}p_i} = -\frac{g_i R^2 p_i}{\pi}\arctan\left(\frac{m_i}{p_i}\right) + \frac{2g_i R}{3\pi}\left[1 - \frac{3p_i}{2m_i}\arctan\left(\frac{m_i}{p_i}\right)\right]. \tag{4.96}$$

这里 N_i^{surf} 代表夸克数修正, 通过对上式积分得到, 即

$$
\begin{aligned}
N_i^{\mathrm{surf}} &= \int_0^{\nu_i(R)} \frac{\mathrm{d}N_i^{\mathrm{surf}}}{\mathrm{d}p_i}\mathrm{d}p_i \\
&= \frac{g_i m_i^2 R^2}{2\pi}\left[y_i^2\arctan(x_i) - x_i\left(\frac{\pi x_i}{2} + 1\right)\right] \\
&\quad + \frac{g_i m_i R}{2\pi}\left[y_i^2\arctan(x_i) - x_i\left(\frac{\pi x_i}{2} - \frac{1}{3}\right)\right].
\end{aligned}
\tag{4.97}
$$

这里我们定义 $x_i \equiv \nu_i(R)/m_i$ 和 $y_i \equiv \mu_i(R)/m_i$, 其中 $\nu_i(R)$ 为夸克-真空交界面上的费米动量, 而 R 为夸克团块的半径. 由于夸克损耗只对表面区域产生影响, 因此我们假定夸克的粒子数修正 N_i^{surf} 只作用在 $r = R$ 处. 夸克损耗对能量的表面项和曲率项的修正也可以通过积分得到,

$$
\begin{aligned}
E_i^{\mathrm{surf}} &= \int_0^{\nu_i(R)} \sqrt{p_i^2 + m_i^2}\frac{\mathrm{d}N_i^{\mathrm{surf}}}{\mathrm{d}p_i}\mathrm{d}p_i \\
&= \frac{g_i m_i^3 R^2}{6\pi}\left[\pi - x_i y_i - 2y_i^3\mathrm{arccot}(x_i) - \mathrm{arcsh}(x_i)\right] \\
&\quad + \frac{g_i m_i^2 R}{6\pi}\left[\pi + x_i y_i - 2y_i^3\mathrm{arccot}(x_i) + \mathrm{arcsh}(x_i)\right].
\end{aligned}
\tag{4.98}
$$

其对夸克物质压强的贡献为

$$P^{\mathrm{surf}} = -\sum_i \frac{\mathrm{d}E_i^{\mathrm{surf}}}{\mathrm{d}V}\bigg|_{N_i^{\mathrm{surf}}}$$

$$= \sum_i \frac{g_i}{48\pi^2} \left\{ \frac{2m_i^3}{R} \left[3\pi y_i - 4x_i y_i - 2\pi + 2\mathrm{arcsh}(x_i) - 2y_i^3 \mathrm{arccot}(x_i) \right] \right.$$

$$\left. + \frac{m_i^2}{R^2} \left[\pi(3y_i - 2) - 2\mathrm{arcsh}(x_i) - 2y_i^3 \mathrm{arccot}(x_i) \right] \right\}. \tag{4.99}$$

基于袋模型的基本假设, 在夸克-真空交界面 $(r = R)$ 上夸克的压强应该与真空压强处于平衡状态, 即它们的总压强为零:

$$P(R) - P_{\mathrm{e}}(R) + P^{\mathrm{surf}} = 0. \tag{4.100}$$

这里 $P - P_{\mathrm{e}}$ 对应于夸克部分的压强, 电子则由于不参与强相互作用而不被真空压强束缚, 在夸克部分外 $r > R$ 处仍然存在电子.

若夸克团块带电, 在库仑场作用下夸克的空间分布将会重新调整以降低系统的能量, 即电荷屏蔽效应. 基于托马斯-费米近似 (Thomas-Fermi approximation), 对于球形的夸克团块, 在半径 r 以内的质量 M_{t}、粒子数 N_i 以及带电量 Q 为

$$M_{\mathrm{t}}(r) = \int_0^r 4\pi\bar{r}^2 \left(E + \frac{\alpha Q^2}{8\pi\bar{r}^4} \right) \mathrm{d}\bar{r}, \tag{4.101}$$

$$N_i(r) = \int_0^r 4\pi\bar{r}^2 n_i \mathrm{d}\bar{r}, \tag{4.102}$$

$$Q(r) = \sum_i q_i N_i(r) = \int_0^r 4\pi\bar{r}^2 n_{\mathrm{ch}} \mathrm{d}\bar{r}. \tag{4.103}$$

这里 $\alpha = 1/137$ 为精细结构常数. 采用此前提到的微扰模型或袋模型, 即可得到上式中夸克团块的局域性质, 如能量密度 $E(r)$、粒子数密度 $n_i(r)$ 以及电荷密度 $n_{\mathrm{ch}}(r) = \sum_i q_i n_i(r)$ 等, 可由公式 (4.81)—(4.83) 加上电子的贡献给出. 在给定总粒子数 N_i 的情况下, 通过对质量 $M = M_{\mathrm{t}}(\infty)$ 变分即可得到最稳定夸克团块的局域粒子数密度分布, 其对应的局域化学势 $\mu_i(r)$ 需满足

$$\mu_i(r) = \bar{\mu}_i - q_i\varphi(r). \tag{4.104}$$

其中 $\bar{\mu}_i$ 取常数, 对应于系统真实的化学势. 而静电势 $\varphi(r)$ 可通过求解以下的泊松方程得到:

$$r^2\varphi'' + 2r\varphi' + 4\pi\alpha r^2 n_{\mathrm{ch}} = 0. \tag{4.105}$$

通过求解微分方程 (4.104) 我们就可以得到夸克团块的内部结构, 而夸克-真空交界面的位置由等式 (4.100) 给出. 由于电子不参与强相互作用, 我们要求电子的局域化学势在夸克-真空交界面 ($r \approx R$) 附近连续变化, 并且夸克团块满足整体电中性条件 $Q(\infty) = 0$. 可见, 随着静电势 $\varphi(r)$ 变化, 公式 (4.104) 对应的粒子分布 $n_i(r)$ 也进一步调整, 从而改变电荷密度 $n_{ch}(r)$ 并反过来通过泊松方程 (4.105) 改变了静电势 $\varphi(r)$, 最终电荷主要分布在夸克团块表面.

基于托马斯-费米近似并应用微扰模型和袋模型给出的夸克物质局域性质, 通过求解公式 (4.101)—(4.105) 并要求满足 β 平衡条件 (4.84) 就可以得到最稳定球形夸克团块的内部结构和性质, 其中我们固定夸克部分半径 R 并采用边界条件: $M_t(0) = 0$, $Q(0) = Q(\infty) = 0$ 和公式 (4.100). 图 4.24 为采用微扰模型和袋模型得到的夸克团块单位重子能量随重子数 A 的变化关系, 其中模型参数与图 4.19 相同. 类似于图 4.19, 图中的曲线对应于微扰模型预言的奇异滴性质, 而阴影部分为袋模型的计算结果, 包含 ud 夸克团块 (蓝青色) 和奇异滴 (灰色) 的每重子能量. 整体上来说, 模型预言的夸克团块单位重子能量随重子数 A 单调递减, 并在 $A \to \infty$ 时趋向于图 4.19 中的单位重子能量极小点, 此时单位重子能量全部小于 930 MeV, 即比

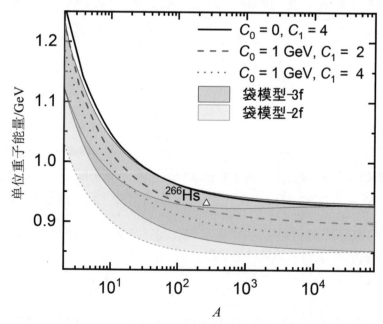

图 4.24　微扰模型和袋模型预言的 β 稳定夸克团块单位重子能量随重子数 A 的变化关系, 其中采用了与图 4.19 相同的模型参数. 图中三角形代表当前实验测得的最重 β 稳定原子核 ^{266}Hs, 若 ud 夸克团块的单位重子能小于 ^{266}Hs 则可以被排除.

原子核更稳定. 此外, 通过适当选取模型参数, 袋模型和微扰模型给出了类似的奇异滴单位重子能量. 由于 MRE 方法预言的 ud 夸克团块表面张力较小, 其单位重子能量整体上比奇异滴小. 而到目前为止实验上还没有发现有原子核衰变成为 ud 夸克团块, 因此可以采用最重的 β 稳定原子核 ^{266}Hs 的单位重子能作为 ud 夸克团块的下限. 由图 4.24 可知, 袋模型预言的 ud 夸克团块无法满足这一要求. 尽管如此, 夸克物质的色超导态以及夸克之间的相互作用都可能增加 ud 夸克团块的表面能, 从而使其单位重子能大于 ^{266}Hs. 此外, 许多唯象模型如线性 σ 模型和等效质量模型也都能够符合要求, 并且 ud 夸克物质比核物质更稳定.

若我们忽略夸克团块外的电子云并只考虑夸克核心的总电荷 $Q(R)$, 即可定义夸克团块的比电荷 $f_Z \equiv Q(R)/A$. 当半径 R 远大于德拜屏蔽长度 ($\sim$5 fm) 时, 电荷主要集中在夸克-真空界面附近, 此时可定义夸克部分的面电荷密度 $\sigma^{\text{surf}} \equiv Q(R)/R^2$. 图 4.25 给出了比电荷随重子数 A 以及面电荷密度随夸克核心半径 R 的变化关系. 对于 ud 夸克团块和奇异滴, 比电荷 f_Z 随重子数 A 单调下降并最终趋

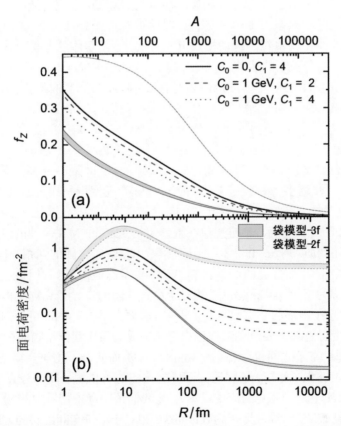

图 4.25　微扰模型和袋模型预言的夸克团块比电荷 f_Z 随重子数 A 以及面电荷密度 σ^{surf} 随夸克核心半径 R 的变化关系, 对应于图 4.24.

于 0, 而面电荷密度 σ^{surf} 在 $R \approx 10$ fm 附近达到最大值, 此后随着 R 增加缓慢减小. 当 $R \gtrsim 10^5$ fm 时, 电荷大多分布在夸克核心的表面区域, 此时我们就可以用面电荷密度 σ^{surf} 来描述夸克团块核心所带的电荷. 通过比较微扰模型和袋模型预言的奇异滴电荷性质, 我们发现考虑微扰相互作用后奇异滴带更多的电荷, 这主要是由于此时奇异夸克质量增大, 从而增加了 β 稳定奇异滴的带电量. 此外, ud 夸克团块的带电量与原子核类似并大于奇异滴, 这主要是因为 ud 夸克团块由两味夸克构成, 若不考虑库仑相互作用则在 $f_Z = 0.5$ 时能量最低. 变化袋常数对 ud 夸克团块的比电荷基本没有影响, 而面电荷密度则由于 R 的变化随着 B 增加而增加.

4.5　奇子物质

在讨论夸克物质色超导时, 我们提到了一种特殊的色超导态, 即 u, d, s 夸克都配对的色-味锁定 (CFL) 相. 此时三种味道的夸克数相等, 并且由于较大的对能隙 ($\Delta_{\text{CFL}} \approx 100$ MeV), 奇异夸克物质的能量大大降低. 夸克物质的色超导态本质上是动量空间的配对态, 即 BCS 态. 此时库珀对实际上是一个动态的概念, 粒子时时刻刻都在改变其单粒子运动模式及配对伙伴, 其整体的运动模式等价于一个束缚态中某个组分粒子的运动, 而真实库珀对中的组分粒子却在不断变化着. 随着夸克之间吸引力的增强, 非真实的库珀对有可能转化为真实的两粒子束缚态, 此时发生 BCS-BEC 平滑相变. 另一方面, 在 4.2 节我们讨论了多重子态. 特别地, 当 $N_u = N_d = N_s = 2$ 时出现了一个质量为 2.2 GeV 的 H 双重子态, 其同位旋和自旋都为 0. 袋模型预言的 H 粒子质量比相同组分构成的两个 Λ 超子低 0.03 GeV, 因此其相对于衰变成两个 Λ 超子是稳定的. 而当 $A > 2$ 时最稳定多重子态包含 s 夸克并随着 A 逐步增多, 最终在 $A = 6$ 时 u, d, s 夸克变得一样多, 占满了 $1S_{1/2}$ 轨道.

因此, 如图 4.26 所示, 不难想象在解禁闭相变之前, 存在一种由多重子态构成的强相互作用物质. 若 u, d, s 夸克质量相等, 由于夸克之间的强相互作用, 可以预期包含一样多 u, d, s 夸克的 SU(3) 味单态多重子态最稳定, 我们将这类三味对称的多重子态称为奇子 (strangeon). 相对于由解禁闭的奇异夸克物质构成的奇异滴 (strangelet), 奇子内部的夸克数目要少得多 (通常少于 18), 因此奇子内部夸克之间的关联效应变得更加重要, 不能忽略. 由奇子构成的强相互作用物质称为奇子物质. 与核物质类似, 奇子之间也存在剩余相互作用, 从而使奇子物质变得更稳定. 若剩余相互作用足够强, 大块奇子物质甚至可能比核物质和解禁闭的夸克物质更稳定. 当然, 由于事实上奇异夸克的流质量不为 0, 我们预期奇子物质中的 u, d, s 夸克存在轻味对称性破缺, 导致奇异夸克数目略少. 相对于动量空间配对的 CFL 相, 当奇子的质量足够大、剩余相互作用足够强时, 奇子物质就能够形成各种晶体结构, 即坐标空间的凝聚状态.

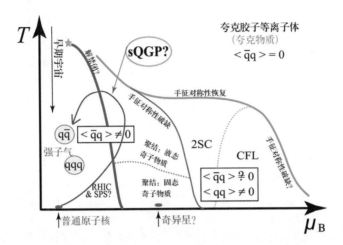

图 4.26　推测的 QCD 相图, 其中纵坐标 T 为温度, 横坐标 μ_B 为重子化学势. 在低温低密时, 夸克囚禁在重子和介子中. 随着密度增加, 夸克之间的耦合很强, 从而形成奇子物质, 其在低温时为固态, 而在高温环境下转变成液态. 进一步增加温度或密度时, 发生解禁闭相变形成夸克胶子等离子体 (即夸克物质). 摘自文献 [90].

4.5.1　H 双重子物质

图 4.27 展示了非相对论夸克模型得到的双 H 粒子束缚态结合能关于参数 V_{0HH} 的函数关系, 其在单胶子交换势和禁闭势之外还采用了有效介子交换势

$$V^{\mathrm{EMEP}}(r) = V_{0HH} \exp(-r^2/\alpha_{HH}). \tag{4.106}$$

这里相互作用力程 $\alpha_{HH} = 1$ fm 由 $^1S_0$ 轨道的核子-核子散射数据得到. 参数 V_{0HH} 的选取需保证 H 粒子的质量与双 Λ 超核 $^{13}_{\Lambda\Lambda}$B 的结合能一致, 即双 Λ 超核中的两个 Λ 超子不会衰变成 H 粒子, 由此可得 -1227 MeV ($^{13}_{\Lambda\Lambda}$B) $< V_{0HH} < -1096$ MeV ($\Lambda\Lambda$ 阈值). 从图中可知, 该范围内的双 H 粒子束缚态的结合能在 $100 \sim 170$ MeV, 此时两个 H 粒子被紧密束缚在一起, 间距为 $0.8 \sim 0.9$ fm. 而 H 粒子之间的相互作用主要由泡利阻塞和色磁相互作用引起的短程排斥 $V_+(r)$ 和味单重态标量介子交换引起的中程吸引 $V_-(r)$ 构成, 可表示为如下的形式

$$V(r) = V_+(r) - V_-(r). \tag{4.107}$$

在此基础之上, 人们进一步得到了 H 双重子物质玻色-爱因斯坦凝聚态的状态方程, 发现在高密情况下比核物质更稳定[92]. 若采用本文中更强的吸引相互作用势 (4.106), H 双重子物质的能量将进一步降低.

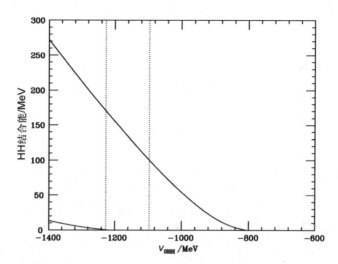

图 4.27　双 H 粒子束缚态的结合能关于有效介子交换势强度 $V_{0\mathrm{HH}}$ 的函数关系. 垂直虚线分别对应于双 Λ 超核实验数据对 $V_{0\mathrm{HH}}$ 参数范围的约束, 即 -1227 MeV $< V_{0\mathrm{HH}} < -1096$ MeV. 摘自文献 [91].

　　非相对论夸克模型得到的 H 粒子之间的短程排斥芯和中程吸引势可简单表示为 ω 和 σ 介子的单介子交换势, 即

$$V_+(r) = \frac{g_{\omega\mathrm{H}}^2}{4\pi}\frac{\mathrm{e}^{-m_\omega r}}{r}, \ V_-(r) = \frac{g_{\sigma\mathrm{H}}^2}{4\pi}\frac{\mathrm{e}^{-m_\sigma r}}{r}. \tag{4.108}$$

其中 $g_{\omega\mathrm{H}}$ 和 $g_{\sigma\mathrm{H}}$ 为对应的 H 粒子-介子耦合常数, 从而使 H 粒子间距在 $r_0 \approx 0.7$ 时势能最低, 达到 $V_0 \approx -400$ MeV. 在该相互作用下, H 粒子可以被定域化, 表现得像经典粒子, 此时量子效应可以忽略不计. 一个 H 粒子在其周围粒子的作用下形成势阱, 而量子扰动使 H 粒子在其平衡位置附近振动, 空间范围为 Δx, 由此可得振动能量为 $E_{\mathrm{v}} \approx \hbar^2/(m_{\mathrm{H}}(\Delta x)^2) \approx k(\Delta x)^2$, 其中 $k \approx \partial^2 V(r)/\partial r^2$, r 为两个相邻 H 粒子的距离. 我们使用方程 (4.108) 中的 H-H 相互作用, 并估计不同密度下的 E_{v} 和 Δx, 结果如图 4.28 所示, 其中为了考虑介质效应, H 粒子和介子的质量应替换为其对应的有效质量 m_{H}^*, m_σ^* 和 m_ω^*, 假定有效质量满足 Brown-Rho 标度, 则

$$\frac{m_{\mathrm{N}}^*}{m_{\mathrm{N}}} = \frac{m_\sigma^*}{m_\sigma} = \frac{m_\omega^*}{m_\omega} = \frac{m_{\mathrm{H}}^*}{m_{\mathrm{H}}} = 1 - \alpha_{\mathrm{BR}}\frac{n}{n_0}, \tag{4.109}$$

其中 n 为 H 粒子数密度, n_0 (或写为 ρ_0) 为对应的核物质饱和密度, α_{BR} 为相关的系数. 事实上, H 双重子物质形成晶体结构主要是由于存在排斥芯, 其在周围的每个方向上都感受到极强的排斥力, 从而使 H 粒子局域化.

　　假定 H 双重子物质形成的晶体结构为简单立方, 则对应的相互作用能量密度

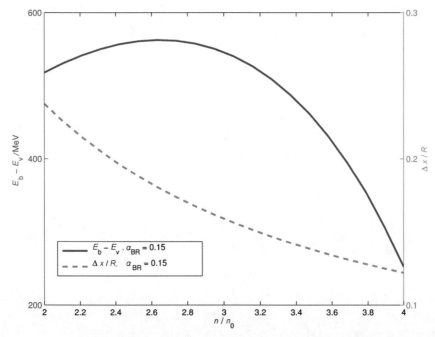

图 4.28 在 $\alpha_{\mathrm{BR}} = 0.15$ 的情况下, 结合能 E_{b} 和振动能 E_{v} 的差值 (实线) 以及平衡位置偏差 Δx 与两个 H 粒子之间距离 R 的比值 (虚线) 作为数密度 n 的函数. 如果 $E_{\mathrm{b}} - E_{\mathrm{v}} > 0$, 则晶体结构中的 H 粒子对晶格振动是稳定的; 如果 $\Delta x/R < 1$, 量子效应将不显著, 玻色-爱因斯坦凝聚也不会发生. 摘自文献 [93].

为

$$E_{\mathrm{I}} = \frac{1}{2} n \left[A_+ V_+(R) - A_- V_-(R) \right]. \tag{4.110}$$

其中 $A_+ = 6.2$, $A_- = 8.4$, 而 H 粒子数密度 $n = R^{-3}$ 由粒子之间的平均间距得到. 忽略 H 粒子振动的能量并加上质量的贡献, 最终得到 H 双重子物质的能量密度

$$E = E_{\mathrm{I}} + n m_{\mathrm{H}}^*, \tag{4.111}$$

由此可进一步得到压强为 $P = n^2 \dfrac{\mathrm{d}}{\mathrm{d}n} \left(\dfrac{E}{n} \right)$.

选取参数 $\alpha_{\mathrm{BR}} = 0.1$, 0.15 和 0.2, 耦合常数 $g_{\omega\mathrm{H}}/g_{\omega\mathrm{N}} = 2$, 并要求压强 $P(2n_0) = 0$, 即可得到 H 双重子物质的状态方程曲线, 如图 4.29 所示. 由于存在较强的排斥芯, H 双重子物质的状态方程比核物质硬得多. 而压强为 0 处的 H 粒子数密度为 $n_{\mathrm{s}} = 2n_0$, 对应于奇子星表面的密度. 可见奇子星与夸克星类似, 表面存在锐边界, 密度发生突变.

基于图 4.29 的 H 双重子物质状态方程, 就可以通过求解 TOV 方程得到奇子星的质量-半径关系, 相关的计算结果在图 4.30 中给出. 随着中心密度的增加, 奇子

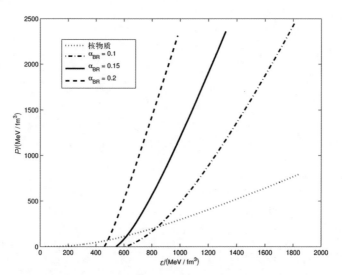

图 4.29　核物质 (虚线) 和 H 双重子物质的状态方程曲线, 其中取参数 $\alpha_{BR} = 0.1$ (点划线), $\alpha_{BR} = 0.15$ (实线) 和 $\alpha_{BR} = 0.2$ (虚线). 摘自文献 [93].

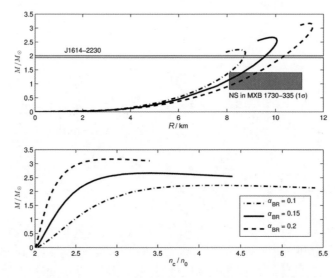

图 4.30　采用图 4.29 所给的 H 双重子物质状态方程得到的奇子星质量-半径关系以及质量-中心密度关系. 摘自文献 [93].

星的质量不断变大, 最终都能够达到两倍太阳质量. 此外, 由于 H 双重子物质状态方程较硬, 奇子星的最大质量甚至能够达到三倍太阳质量, 而其核心处的密度却小于 $4n_0$.

4.5.2 奇异多重子物质

对于更重 $(A > 2)$ 的奇子, 由于涉及的夸克数目增多, 计算较为复杂, 因而基于非相对论夸克模型或格点 QCD 对奇子之间相互作用的研究还较少. 而基于对重子相互作用及 H 粒子相互作用的研究, 可以预期奇子之间的相互作用势也存在类似公式 (4.107) 的形式, 通常可以用 Lennard-Jones 势来描述, 即

$$V_+(r) = 4V_0 \left(\frac{r_0}{r}\right)^{12}, \quad V_-(r) = 4V_0 \left(\frac{r_0}{r}\right)^6. \tag{4.112}$$

其中参数 r_0 描述相互作用力程, V_0 对应于势阱深度. 若奇子物质仍然为简单立方结构, 其相互作用能量密度由公式 (4.110) 给出. 在给定重子数密度 n_b 的前提下, 进一步考虑奇子的质量及由奇异夸克质量带来的微小破缺, 可得奇子物质的能量密度为

$$E = 2V_0 \left[A_+ r_0^{12} \left(\frac{n_b}{A}\right)^5 - A_- r_0^6 \left(\frac{n_b}{A}\right)^3\right] + M\frac{n_b}{A} + \varepsilon_Q n_b \left(f_Z - f_{Z0}\right)^2. \tag{4.113}$$

这里每个奇子的重子数为 A, 而上式第三项为奇异夸克质量带来的破缺项, 导致奇子物质的比电荷 $f_Z \equiv n_{ch}/n_b$ 在偏离 f_{Z0} (> 0) 时能量升高. 将能量密度关于粒子数密度做变分, 可得到重子和电荷化学势

$$\mu_b = \frac{\partial E}{\partial n_b} = 2\epsilon \left[5A_+ r_0^{12}\left(\frac{n_b}{A}\right) - 3r_0^6\left(\frac{n_b}{A}\right)\right] + \frac{M}{A} + \varepsilon_Q \left(f_Z - f_{Z0}\right)^2, \tag{4.114}$$

$$\mu_Q = \frac{1}{n_b}\frac{\partial E}{\partial f_Z} = 2\varepsilon_Q \left(f_Z - f_{Z0}\right). \tag{4.115}$$

最终奇子物质的压强为

$$P = \mu_b n_b + \mu_Q f_Z n_b - E. \tag{4.116}$$

与夸克物质类似, 奇子物质内部也会发生各种弱反应过程并最终达到 β 平衡, 即

$$\mu_e = -\mu_Q. \tag{4.117}$$

而奇子物质中还存在少量的电子使其达到电中性 $n_e = f_Z n_b$, 其对应的粒子数密度、能量密度和压强等都已在前面的讨论中给出, 这里不再赘述.

采用一组典型参数 $V_0 = 50$ MeV, $r_0 = 2.63$ fm, $f_{Z0} = 6.3 \times 10^{-3}$ 和 $\varepsilon_Q = 1$ GeV, 而取奇子的重子数 $A = 6$, 质量 $M = 975A$ MeV, 在同时满足 β 平衡条件 $\mu_e = -\mu_Q$ 和电中性条件 $n_e = f_Z n_b$ 的情况下, 即可得到奇子星物质的压强 $P + P_e$ 和能量密度 $E + E_e$, 结果如图 4.31 所示. 可见奇子星物质的带电量非常小, 尽管 $f_{Z0} = 6.3 \times 10^{-3}$, 得到的比电荷 f_Z 却在 10^{-5} 量级, 因此此时的电子化学势 μ_e 也非常小. 此外, 虽然真空中奇子的单位重子质量 $M/A = 975$ MeV 大于核子, 但是在形成奇子物质后其零压点的每重子能量却小于 930 MeV, 即比核物质更稳定. 而由此得到的奇子物质状态方程也比核物质要硬得多.

基于图 4.31 中绘制的奇子星物质状态方程曲线, 我们就可以通过求解 TOV 方程得到对应的质量-半径关系, 结果如图 4.32 所示. 随着中心密度的增加, 奇子星的质量不断变大, 最终甚至能够达到 3.5 倍太阳质量, 此时的中心密度却小于 $4\rho_0$.

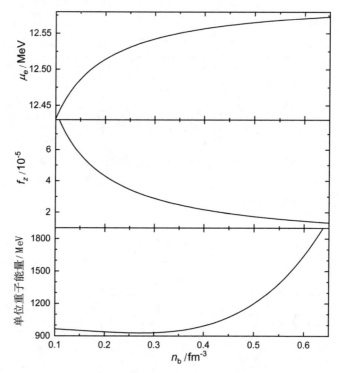

图 4.31   奇子星物质的电子化学势 μ_e、比电荷 f_Z 和单位重子能量 $(E + E_e)/n_b$ 关于重子数密度 n_b 的函数关系.

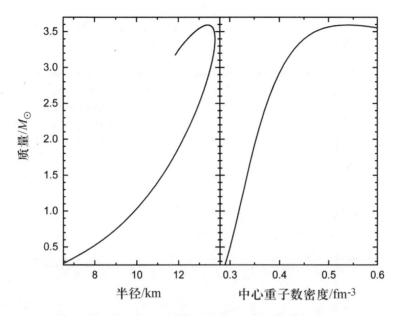

图 4.32 采用图 4.31 所给的状态方程得到的奇子星质量-半径关系以及质量-中心密度关系

4.5.3 奇子团块

与夸克团块类似, 我们也可以在托马斯-费米近似的基础之上采用奇子物质的局域性质, 通过求解公式 (4.101)—(4.105) 就可以得到最稳定球形奇子团块 (strangeon nugget) 的结构和性质. 其中的公式 (4.101) 中的能量密度替换为 $E + E_e$, 即奇子物质的能量密度 (4.113) 加上电子的能量密度. 而奇子物质的界面效应可采用一个有效的表面张力 σ 来描述, 相应的能量和压强修正为

$$E^{\text{surf}} = 4\pi R^2 \sigma, \quad P^{\text{surf}} = -\frac{2\sigma}{R}. \tag{4.118}$$

将公式 (4.100) 中的压强替换为 $P + P_e$, 奇子物质表面的动力学稳定性条件为

$$P(R) + P^{\text{surf}} = 0. \tag{4.119}$$

基于前文得到的奇子物质性质, 我们就可以基于公式 (4.101)—(4.105) 得到奇子团块的结构. 对于奇子物质的表面张力 σ, 原则上应该由奇子之间的相互作用或观测确定, 但是其具体取值目前还存在较大的不确定性. 我们采用了表面张力 $\sigma = 5, 50, 100, 500 \text{ MeV/fm}^2$.

在图 4.33 中, 我们给出了奇子团块的每重子能量, 发现它随重子数 A 增加而减少, 并最终趋于图 4.31 中的每重子能量极小值. 因此, 奇子团块越大越稳定, 并最终每重子能量小于 930 MeV, 即比原子核更稳定. 尽管如此, 稳定的奇子团块重子数 A ($\gtrsim 10^4$) 非常大, 因此无法通过重离子碰撞实验直接合成.

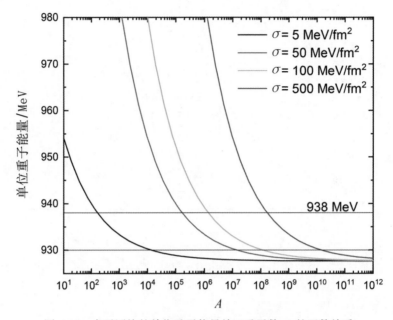

图 4.33　奇子团块的单位重子能量关于重子数 A 的函数关系

第五章　作为相对论天体的奇异星

恒星或行星中引力场非常微弱, 所以通常可以不顾及广义相对论效应, 但对于极端致密的天体如中子星和黑洞, 广义相对论效应不可忽略甚至起到决定性的作用. 一般采用致密度

$$\mathcal{C} = \frac{GM}{Rc^2} \tag{5.1}$$

来表征广义相对论对天体的影响, 其中 M 为星体的质量, R 为星体的半径. 表 5.1 展示了各类天体的质量、半径、平均密度以及致密度.

表 5.1　不同类型天体的质量、半径、平均密度和致密度. 太阳质量 $M_\odot = 1.9884 \times 10^{33}$ g.

天体类型	质量/$M_\odot$	半径/km	平均密度/$(\mathrm{g \cdot cm^{-3}})$	致密度 GM/Rc^2
地球	3×10^{-6}	6.4×10^3	5.5	7×10^{-10}
太阳	1	7×10^5	1.4	2×10^{-6}
白矮星	$\sim (0.1 \sim 1.4)$	$\sim 10^3 \sim 10^4$	$\lesssim 10^7$	$\sim 10^{-4}$
奇异星	$\sim (1 \sim 3)$	~ 10	$10^{14} \sim 10^{15}$	$\sim (0.2 \sim 0.3)$
Schwarzschild 黑洞	任意	$2GM/c^2$	–	0.5

中子星的致密度 $\mathcal{C} \sim (0.2 \sim 0.3)$, 仅次于黑洞, 属于引力强场系统. 这主要有以下几层含义:

(1) 需采用相对论流体力学来描述奇异星内部结构;

(2) 强大的引力场会对内部和邻域的粒子或星体运动造成影响, 如从内到外的中微子输运过程、表面和邻域的电磁辐射、吸积物质的运动、双星系统的轨道动力学等;

(3) 奇异星是非常重要的引力波源, 例如变形或振荡的奇异星、超新星爆发, 以及包含奇异星的双星系统的旋近、并合等过程中的引力波辐射.

各种强场引力效应携带着星体整体结构 (如质量和半径) 和内部微观物质的组分和状态的信息. 通过对这些效应的观测有望破解中子星物态之谜.

围绕以上几点, 我们将在本章中介绍奇异星作为广义相对论天体的以下几个方面: (1) 球对称奇异星的结构, 质量-半径关系, 稳定性和引力场中的红移等; (2) 转动奇异星的结构, 包括质量、半径、转动惯量、形变椭率、多极矩、转动的开普勒极

限和星体不稳定性分析等; (3) 双奇异星的并合与引力波辐射, 包括旋近阶段的潮汐形变效应、并合后的动力学以及相应的引力波辐射.

5.1 相对论与流体动力学

5.1.1 爱因斯坦场方程

爱因斯坦方程描述的是物质的存在如何影响其附近的时空曲率, 以及时空曲率如何反过来影响物质的运动, 写为

$$G_{\alpha\beta} = R_{\alpha\beta} - \frac{1}{2} g_{\alpha\beta} R = \frac{8\pi G}{c^4} T_{\alpha\beta}, \tag{5.2}$$

其中 $g_{\alpha\beta}$ 是时空度规, $G_{\alpha\beta}$ 是爱因斯坦张量, $R_{\alpha\beta}$ 和 R 分别为 Ricci 张量和 Ricci 标量, $T_{\alpha\beta}$ 是物质的能量动量张量. 度规 $g_{\alpha\beta}$ 由两个相邻点之间的不变时空间隔 (距离) 来确定:

$$ds^2 = g_{\alpha\beta} dx^\alpha dx^\beta, \tag{5.3}$$

其中 dx^μ 是坐标 x^μ 的无穷小微分.

协变导数 ∇_α 可定义为一个算符, 它将类型为 (k, l) 的张量场映射为类型为 $(k, l+1)$ 的张量场 $\nabla_\alpha T^{\beta_1\beta_2\cdots\beta_k}_{\gamma_1\gamma_2\cdots\gamma_l}$, 并且满足 $\nabla_\alpha g_{\beta\gamma} = 0$. 张量的协变导数通过引入 Christoffel 符号 $\Gamma^\alpha_{\beta\gamma}$ 与普通导数相关联. 在坐标基下, Christoffel 符号表示为

$$\Gamma^\alpha_{\beta\gamma} = \frac{1}{2} g^{\alpha\mu} \left(\partial_\beta g_{\mu\gamma} + \partial_\gamma g_{\mu\beta} - \partial_\mu g_{\beta\gamma} \right). \tag{5.4}$$

具有四维速度向量 u^a 的测试粒子在某个度规为 g_{ab} 的时空中, 其测地线方程写为

$$u^b \nabla_b u^a = 0 \quad 或 \quad u^\nu \partial_\nu u^\mu + \Gamma^\mu_{\nu\sigma} u^\nu u^\sigma = 0. \tag{5.5}$$

在局部洛伦兹坐标系中, 该方程退化为 $u^\nu \partial_\nu u^\mu = 0$, 即局部的观测者无法测量引力场.

Ricci 标量可通过缩并 Riemann 张量 $R_{\alpha\beta\gamma\delta}$ 得到, 即 $R_{\alpha\gamma} = R_{\alpha\beta\gamma\delta} g^{\beta\delta}$. Riemann 张量可以定义为

$$R_{\alpha\beta\gamma}{}^\delta A_\delta = (\nabla_\alpha \nabla_\beta - \nabla_\beta \nabla_\alpha) A_\gamma, \tag{5.6}$$

其中 A^α 是任意的矢量场. 使用 Christoffel 符号, Riemann 张量在坐标基底中写为

$$R^\mu_{\nu\sigma\lambda} = \partial_\nu \Gamma^\lambda_{\mu\sigma} - \partial_\mu \Gamma^\lambda_{\nu\sigma} + \Gamma^\alpha_{\mu\sigma} \Gamma^\lambda_{\nu\alpha} - \Gamma^\alpha_{\nu\sigma} \Gamma^\lambda_{\mu\alpha}. \tag{5.7}$$

Riemann 张量满足对称关系:

$$R_{\alpha\beta\gamma\delta} = -R_{\beta\alpha\gamma\delta} = -R_{\alpha\beta\delta\gamma} = R_{\gamma\delta\alpha\beta}, \quad R_{[\alpha\beta\gamma]\delta} = 0. \tag{5.8}$$

与 Christoffel 符号不同, Riemann 张量不能通过任何坐标变换来消除, 它通过以下测地线偏离方程来测量引力场的强度:

$$a^{\alpha} = u^{\gamma}\nabla_{\gamma}(u^{\beta}\nabla_{\beta}X^{\alpha}) = R^{\alpha}_{\beta\gamma\delta}X^{\beta}u^{\gamma}u^{\delta}, \tag{5.9}$$

其中 u^{α} 是满足测地线方程 (5.5) 的类时向量场, X^{α} 是正交于 u^{α} 的空间向量场. 加速度 a^{α} 测量两个邻近观测者之间的相对加速度 (即潮汐力). 若 $R_{\alpha\beta\gamma\delta} \neq 0$, 那么 $a^{\alpha} \neq 0$, 观测者感受到潮汐力. 由于 Riemann 张量在测量引力场强度中具有核心作用, 通常使用曲率不变量 $R_{\alpha\beta\gamma\delta}R^{\alpha\beta\gamma\delta}$ 来确定场强.

我们采用理想流体来描述能量动量张量 $T^{\alpha\beta}$. 一个沿着流体以四维速度 u^{α} 运动的观察者将看到粒子分布在局部看起来是各向同性的, 所以在他的参考系里流体能量动量张量的分量必然没有特殊的方向. 这意味着 $T^{\alpha\beta}u_{\beta}$ 在确定 u^{α} 的情况下具有转动不变性. 引入垂直于 u^{α} 的投影算符

$$q^{\alpha\beta} = g^{\alpha\beta} + u^{\alpha}u^{\beta}, \tag{5.10}$$

则动量流 $q^{\alpha}_{\gamma}T^{\gamma\beta}u_{\beta}$ 垂直于 u^{α}, 是一个三维子空间的矢量. 如果该子空间下的张量在旋转下不变, 那么它只有等于零. 类似地, 对称无迹张量 ${}^{3}T^{\alpha\beta} - \frac{1}{3}q^{\alpha\beta}\,{}^{3}T \equiv q^{\alpha}_{\gamma}q^{\beta}_{\delta}T^{\gamma\delta} - \frac{1}{3}q^{\alpha\beta}q_{\gamma\delta}T^{\gamma\delta}$ 只能是零, 所以 $T^{\alpha\beta}$ 的非零部分只有标量

$$\epsilon \equiv T^{\alpha\beta}u_{\alpha}u_{\beta}\,, \quad p \equiv \frac{1}{3}q_{\gamma\delta}T^{\gamma\delta}\,. \tag{5.11}$$

这里的 ϵ 和 p 是共动 Lorentz 坐标系中的观测者测量的能量密度和压强. 综上, 理想流体的能量动量张量为

$$T^{\alpha\beta} = \epsilon u^{\alpha}u^{\beta} + pq^{\alpha\beta} = (\epsilon + p)u^{\alpha}u^{\beta} + pg^{\alpha\beta}\,. \tag{5.12}$$

需要指出的是, 本书中我们仅考虑理想流体, 而实际的奇异星内部存在热流、黏滞性和固体成分等.

5.1.2 爱因斯坦方程的基本性质

在继续介绍流体动力学方程前, 有必要强调爱因斯坦方程的几个重要性质.

(1) 通过缩并 Bianchi 恒等式, 可得爱因斯坦张量满足

$$\nabla^{\alpha}G_{\alpha\beta} = 0\,. \tag{5.13}$$

结合公式 (5.2) 可知能量动量张量满足守恒方程

$$\nabla^{\alpha} T_{\alpha\beta} = 0 \,. \tag{5.14}$$

这是物质场的基本运动方程. 广义相对论的一个独特性质是我们必须同时求解爱因斯坦方程和物质方程; 在求解爱因斯坦方程时, 必须已知 $T_{\alpha\beta}$, 而在求解物质方程时, 必须已知时空度规 $g_{\alpha\beta}$.

(2) 广义相对论是一种协变理论, 因此在求解此方程时可以使用任何坐标系. 这一特性意味着在选择四维时空坐标时有 4 个自由度, 叫做规范自由度. 由于 $g_{\alpha\beta}$ 是一个张量, 当做坐标变换 $x^{\mu} \to x'^{\mu}$ 时, 它遵循以下坐标变换关系

$$g_{\alpha'\beta'} = \frac{\partial x^{\alpha}}{\partial x'^{\alpha'}} \frac{\partial x^{\beta}}{\partial x'^{\beta'}} g_{\alpha\beta} \,. \tag{5.15}$$

这表明通过适当选择坐标, 我们至少可以将 $g_{\alpha\beta}$ 的 4 个分量设置为所需的形式, 例如 $g_{tt} = -1$ 和 $g_{tk} = 0$. 求解爱因斯坦方程前, 我们必须指定一个规范条件.

(3) 爱因斯坦方程是一种双曲型方程, Riemann 张量由度规 $g_{\mu\nu}$ 的二阶偏导数以及 $g_{\mu\nu}$ 和 $\partial_{\sigma} g_{\mu\nu}$ 的非线性项组成. 因此, 爱因斯坦方程是度规分量 $g_{\mu\nu}$ 的非线性二阶偏微分方程. 由于度规具有洛伦兹符号, 这些方程具有类似于自由标量波动方程的双曲性质, 即

$$\Box \phi = (-\partial_t^2 + \Delta_f)\phi = 0 \,, \tag{5.16}$$

其中 Δ_f 是平坦空间的拉普拉斯算子.

为更清晰地看到爱因斯坦场方程的双曲性质, 首先我们定义:

$$\mathcal{G}^{\mu\nu} \equiv \sqrt{-g} g^{\mu\nu} \,. \tag{5.17}$$

使用该量, 爱因斯坦方程可以写成如下形式:

$$\partial_{\alpha}\partial_{\beta}(\mathcal{G}^{\mu\nu}\mathcal{G}^{\alpha\beta} - \mathcal{G}^{\mu\alpha}\mathcal{G}^{\nu\beta}) = -16\pi(-g)(T^{\mu\nu} + t_{\mathrm{LL}}^{\mu\nu}) \,. \tag{5.18}$$

其中 $t_{\mathrm{LL}}^{\mu\nu}$ 是朗道–Lifshitz 赝张量. 如我们之前所说, 广义相对论中存在规范自由度. 为了展现出爱因斯坦场方程的双曲性质, 通常选取如下的谐合规范 (harmonic gauge) 条件

$$\Box_g x^{\mu} = 0 \quad \Leftrightarrow \quad \partial_{\nu}\mathcal{G}^{\mu\nu} = 0 \,, \tag{5.19}$$

其中

$$\Box_g = \frac{1}{\sqrt{-g}}\partial_{\alpha}\left(\sqrt{-g}g^{\alpha\beta}\partial_{\beta}\right) \,. \tag{5.20}$$

这样, 方程 (5.18) 可写为

$$\sqrt{-g}\,\Box_g \mathcal{G}^{\mu\nu} = -16\pi(-g)\left(T^{\mu\nu} + t_{\mathrm{LL}}^{\mu\nu}\right) + \left(\partial_\alpha \mathcal{G}^{\nu\beta}\right)\partial_\beta \mathcal{G}^{\mu\alpha}, \tag{5.21}$$

上式表明爱因斯坦方程可以看作是 $\mathcal{G}^{\mu\nu}$ 的 $4 \times (4+1)/2 = 10$ 个耦合的非线性二阶偏微分双曲方程.

5.1.3 热力学与物态方程

在给定的流体元中, 物质的状态由热力学确定. 并不是所有热力学量都是独立的. 在局域的、与流体元共动的洛伦兹参考系中, 我们可以定义粒子的静质量密度为 ρ、能量密度为 ϵ 和压强为 p 等. 处于组分平衡的理想流体, 能量密度和压强依赖于两个热力学量, 可以取其为静质量密度 ρ 和比熵 s (单位质量的熵),

$$\epsilon = \epsilon(\rho, s), \quad p = p(\rho, s). \tag{5.22}$$

上式即物态方程 (EOS), 是联系微观物理和宏观星体结构的桥梁. 结合热力学第一和第二定律可得

$$\mathrm{d}\left(\frac{\varepsilon}{\rho}\right) = -p\mathrm{d}\left(\frac{1}{\rho}\right) + T\mathrm{d}s. \tag{5.23}$$

由上式可得

$$p = \frac{-\partial(\varepsilon/\rho)}{\partial(1/\rho)} = \rho^2 \frac{\partial(\varepsilon/\rho)}{\partial \rho}, \quad T = \frac{\partial(\varepsilon/\rho)}{\partial s}. \tag{5.24}$$

方程 (5.23) 也可以写为

$$\mathrm{d}\epsilon = \rho T \mathrm{d}s + h \mathrm{d}\rho, \tag{5.25}$$

其中比焓 (单位质量的焓) 定义为

$$h \equiv \frac{\epsilon + p}{\rho}, \tag{5.26}$$

单位质量的内能 e 可由 $\epsilon = \rho(1 + e)$ 得到. 所以牛顿经典物理下的比焓满足

$$h_{\mathrm{Newton}} = h - 1 = e + p/\rho. \tag{5.27}$$

由于相对论能量密度包括静止质量密度 ρ 和动能, 因此相对论与经典物理的比焓相差 1.

在描述静态和转动的奇异星结构时, 我们一般采用零温物态. 在密度大于饱和核物质密度 $(0.16\,\mathrm{fm}^{-3})$ 的情况下, 费米能量大于 $E_{\mathrm{F}}(0.16\,\mathrm{fm}^{-3}) \approx 60\,\mathrm{MeV}$. 奇异星

在形成后的短时间内, 中微子辐射将星体冷却到约 $10^{10}\,\mathrm{K} \approx 1\,\mathrm{MeV}$, 远小于其内部的费米能量, 在这个意义上说, 中子星是冷的, 即物态可以被描述为

$$\epsilon = \epsilon(\rho), \quad p = p(\rho) \,. \tag{5.28}$$

或者等价地,

$$p = p(\epsilon) \,. \tag{5.29}$$

5.1.4　奇异星物态

目前人们对奇异星物态尚不清楚, 一般采用参数化的模型来研究. 在随后的讨论中我们采用两种物态[94,95].

一类是袋模型下的奇异夸克物质 (Strange Quark Matter, SQM), 由此类夸克物质组成的致密星即奇异夸克星或称为夸克星 (Quark Star, QS). 若忽略 u, d 夸克及电子的质量, 4.4 节关于夸克物质的热力学势密度可以写为如下形式[94]:

$$\Omega = -p = -\frac{\xi_4}{4\pi^2}\mu^4 + \frac{\xi_4(1-a_4)}{4\pi^2}\mu^4 - \frac{\xi_{2a}\Delta^2 - \xi_{2b}m_s^2}{\pi^2}\mu^2 - \frac{\mu_e^4}{12\pi^2} + B, \tag{5.30}$$

其中 μ 和 μ_e 分别是夸克和电子的平均化学势[①]. 上式最右边第一项表示自由夸克的贡献, 第二项为单胶子交换作用的贡献, 带有 m_s 的项对应于奇异夸克质量的修正[②], 而带有能隙 Δ 的项对应于色超导的贡献. 对应于不同类型的色超导, 上式中的系数可取

$$(\xi_4, \xi_{2a}, \xi_{2b}) = \begin{cases} \left(\left(\left(\frac{1}{3}\right)^{\frac{4}{3}} + \left(\frac{2}{3}\right)^{\frac{4}{3}} \right)^{-3}, 1, 0 \right), & \text{2SC 相,} \\ (3, 1, 3/4), & \text{2SC+s 相,} \\ (3, 3, 3/4), & \text{CFL 相.} \end{cases}$$

由此可得夸克物质的能量密度

$$\epsilon = \Omega - \frac{\partial \Omega}{\partial \mu}\mu - \frac{\partial \Omega}{\partial \mu_e}\mu_e. \tag{5.31}$$

引入参数

$$\lambda = \frac{\xi_{2a}\Delta^2 - \xi_{2b}m_s^2}{\sqrt{\xi_4 a_4}}, \tag{5.32}$$

[①] 对于 2SC 相, $\mu = (\mu_u + 2\mu_d)/3$. 对于 2SC+s 相和 CFL 相, $\mu = (\mu_u + \mu_d + \mu_s)/3$.
[②] 此处忽略了 m_s^4 及更高阶的贡献.

物态方程可以表示为

$$p = \frac{1}{3}\left(\rho - 4B\right) + \frac{4\lambda^2}{9\pi^2}\left(-1 + \mathrm{sgn}(\lambda)\sqrt{1 + 3\pi^2\frac{(\rho - B)}{\lambda^2}}\right). \tag{5.33}$$

通过这种方法, 物态仅依赖于 B 和 λ 两个参数. 进一步, 取

$$\bar{\lambda} = \frac{\lambda^2}{4B} = \frac{(\xi_{2a}\Delta^2 - \xi_{2b}m_s^2)^2}{4B\xi_4 a_4}, \tag{5.34}$$

并取 $\bar{\epsilon} = \epsilon/4B$ 及 $\bar{p} = p/4B$, 可直接得到约化的夸克物质状态方程:

$$\bar{p} = \frac{1}{3}(\bar{\epsilon} - 1) + \frac{4}{9\pi^2}\bar{\lambda}\left(-1 + \mathrm{sgn}(\lambda)\sqrt{1 + \frac{3\pi^2}{\bar{\lambda}}\left(\bar{\epsilon} - \frac{1}{4}\right)}\right). \tag{5.35}$$

这种约化的物态方程在讨论整体结构, 如质量-半径关系时非常有用 (见 5.2 节).

另一类物态是奇子物态, 我们认为奇异化的过程虽然发生了, 但夸克很可能形成带有奇异数的夸克集团 (quark cluster)[96], 即奇子 (strangeon), 而由奇子作为基本单元构成的致密星称为奇子星 (Strangeon Star, SS)[96,97]. 奇子星区别于夸克星的是它内部的夸克是局域的而非游离的; 两者相似之处是都是强力自束缚的星体, 表面密度在核物质密度的量级. 来小禹和徐仁新[98]借用如下 Lennard-Jones 分子势来描述奇子之间的相互作用,

$$u(r) = 4\epsilon_{\mathrm{v}}\left[\left(\frac{\sigma}{r}\right)^{12} - \left(\frac{\sigma}{r}\right)^6\right], \tag{5.36}$$

其中 ϵ_{v} 是势阱深度, r 表示奇子之间的距离, σ 表示当 $u(r) = 0$ 时两个奇子之间的距离. 虽然简单, 但这个模型体现了长程吸引和短程排斥的特性. 值得注意的是, 核物理中描述核子之间相互作用的唯象 σ-ω 介子模型也具有类似的特性. 格点 QCD 模拟表明强相互作用存在短距离排斥. 此外, 排斥性硬核对于由奇子构成的致密物质产生硬的物态是至关重要的, 并且在确定奇子星结构中起着重要作用. 采用简单立方晶格, 势能密度为[98]

$$\epsilon_{\mathrm{p}} = 2\epsilon_{\mathrm{v}}\left(A_{12}\sigma^{12}n^5 - A_6\sigma^6n^3\right), \tag{5.37}$$

奇子点阵在现实中可能会形成其他结构, 但差异应该很小, 不会显著地影响奇异星的整体结构. 能量密度还应包括静能密度、晶格振动的动能, 以及来自电子的动能. 奇子的静能是 $N_{\mathrm{q}}m_{\mathrm{q}}c^2$, 其中 m_{q} 是夸克的质量, N_{q} 是奇子中的夸克数目. 夸克的质量取为 $m_{\mathrm{q}} = 300\,\mathrm{MeV}$, 大约是核子质量的三分之一. 参数 N_{q} 未知. 一个有 18 个夸克的奇子被称为 α 夸克 (quark alpha)[99], 它在自旋、味和色空间上是完全对

称的. 晶格振动能量和电子动能相对于静能和势能可以忽略不计, 所以由奇子组成的零温致密物质的总能量密度为

$$\epsilon = 2\epsilon_{\mathrm{v}} \left(A_{12}\sigma^{12}n^5 - A_6\sigma^6 n^3 \right) + nN_{\mathrm{q}}m_{\mathrm{q}}c^2 . \tag{5.38}$$

从方程 (5.24) 推导出压强为

$$p = n^2 \frac{\mathrm{d}(\epsilon/n)}{\mathrm{d}n} = 4\epsilon_{\mathrm{v}} \left(2A_{12}\sigma^{12}n^5 - A_6\sigma^6 n^3 \right) . \tag{5.39}$$

令压强为零, 可得到表面奇子密度为 $\left(A_6/(2A_{12}\sigma^6) \right)^{1/2}$. 方便起见, 我们将其转化为重子的数密度

$$n_{\mathrm{s}} = \left(\frac{A_6}{2A_{12}} \right)^{1/2} \frac{N_{\mathrm{q}}}{3\sigma^3} . \tag{5.40}$$

对于给定的夸克数量 N_{q}, 奇子星的物态完全由势阱深度 ϵ_{v} 和星体表面的重子数密度 n_{s} 决定. 势阱深度 ϵ_{v} 的范围为 $20 \sim 100\,\mathrm{MeV}$, 这与核子间的势能相似, 足以将奇子困在势阱里. 表面重子密度 n_{s} 应该与核饱和数密度 $n_0 = 0.16\,\mathrm{fm}^{-3}$ 在同一量级, 我们取 $n_{\mathrm{s}} \sim (0.24 \sim 0.36)\,\mathrm{fm}^{-3}$, 对应于 $(1.5 \sim 2.25)\,n_0$.

　　进一步, 可将物态方程做约化:

$$\bar{\rho} = \frac{\rho}{m_{\mathrm{q}}n_{\mathrm{s}}}, \; \bar{p} = \frac{p}{m_{\mathrm{q}}n_{\mathrm{s}}}, \; \bar{n} = \frac{N_{\mathrm{q}}n}{n_{\mathrm{s}}}, \; \bar{\epsilon}_{\mathrm{v}} = \frac{\epsilon_{\mathrm{v}}}{N_{\mathrm{q}}m_{\mathrm{q}}}, \tag{5.41}$$

得到无量纲的能量密度和压强为

$$\bar{\epsilon} = \frac{a}{9}\bar{\epsilon}_{\mathrm{v}} \left(\frac{1}{18}\bar{n}^5 - \bar{n}^3 \right) + \bar{n}, \tag{5.42}$$

$$\bar{p} = \frac{2}{9}\frac{a}{9}\bar{\epsilon}_{\mathrm{v}} \left(\frac{1}{9}\bar{n}^5 - \bar{n}^3 \right), \tag{5.43}$$

其中 $a = A_6^2/A_{12} = 8.4^2/6.2 \approx 11.38$. 通过这种操作, 三参数 $(n_{\mathrm{s}}, \epsilon_{\mathrm{v}}, N_{\mathrm{q}})$ 的物态约化为仅依赖于一个参数 $(\bar{\epsilon}_{\mathrm{v}})$.

　　区别于引力束缚的中子星, 奇异星是强力自束缚的星体, 一方面表面密度不为零 (和核物质密度相当); 另一方面由公式给出的表面熵也存在跳变. 例如, 对于袋模型, 若取公式 (5.33) 中的 $\lambda = 0$, 则星体表面 (压强 $p = 0$) 的能量密度为 $\epsilon = 4B$, 表面单位熵为 $h = 4B/\rho$. 在随后的小节中, 我们可以看到表面密度和熵的不连续对奇异星结构具有至关重要的影响.

5.1.5　流体动力学方程

　　对于一个具有两个参数的状态方程, 五个变量决定了一个理想流体的状态; 它们可以选 ρ, p 以及四维速度 u^{α} 的三个空间分量. 这样我们需要五个方程来决定

物质的演化, 它们分别是能量动量张量守恒方程

$$\nabla_\beta T^{\alpha\beta} = 0 \,, \tag{5.44}$$

和静质量守恒方程

$$\nabla_\alpha \left(\rho u^\alpha\right) = 0 \,. \tag{5.45}$$

方程 (5.44) 沿着 u^α 的投影满足

$$\begin{aligned}
0 = u_\alpha \nabla_\beta T^{\alpha\beta} &= u_\alpha \nabla_\beta \left[\epsilon u^\alpha u^\beta + p q^{\alpha\beta}\right] \\
&= -\nabla_\beta \left(\epsilon u^\beta\right) + p u_\alpha \nabla_\beta \left(g^{\alpha\beta} + u^\alpha u^\beta\right) \\
&= -\nabla_\beta \left(\epsilon u^\beta\right) - p \nabla_\beta u^\beta,
\end{aligned} \tag{5.46}$$

即

$$\nabla_\beta \left(\epsilon u^\beta\right) = -p \nabla_\beta u^\beta \,. \tag{5.47}$$

这是能量守恒方程. 垂直于 u^α 的投影给出

$$\begin{aligned}
0 = q_\gamma^\alpha \nabla_\beta \left[\epsilon u^\beta u^\gamma + p q^{\beta\gamma}\right] &= q_\gamma^\alpha \epsilon u^\beta \nabla_\beta u^\gamma + q^{\alpha\beta} \nabla_\beta p + q_\gamma^\alpha p \nabla_\beta \left(u^\beta u^\gamma\right) \\
&= \epsilon u^\beta \nabla_\beta u^\alpha + q^{\alpha\beta} \nabla_\beta p + p u^\beta \nabla_\beta u^\alpha,
\end{aligned} \tag{5.48}$$

即

$$(\epsilon + p) u^\beta \nabla_\beta u^\alpha = -q^{\alpha\beta} \nabla_\beta p \,. \tag{5.49}$$

这是相对论性的欧拉方程. 取低速弱场近似可得到牛顿引力下的欧拉方程

$$\rho \left(\partial_t + v^j \nabla_j\right) v_i + \rho \nabla_i \Phi = -\nabla_i p \,, \tag{5.50}$$

其中 Φ 为引力势, 满足

$$\nabla^2 \Phi = 4\pi\rho \,. \tag{5.51}$$

5.2 静态球对称奇异星结构

静态球对称奇异星的时空度规可写为

$$\mathrm{d}s^2 = g_{\alpha\beta} \mathrm{d}x^\alpha \mathrm{d}x^\beta = -\mathrm{e}^\nu \mathrm{d}t^2 + \mathrm{e}^\lambda \mathrm{d}r^2 + r^2 \left(\mathrm{d}\theta^2 + \sin^2\theta \mathrm{d}\phi^2\right) \,, \tag{5.52}$$

其中 ν 和 λ 仅是 r 的函数. 函数 λ 可写为

$$\lambda = -\frac{1}{2}\ln[1 - 2m(r)/r]\,, \tag{5.53}$$

其中 $m(r)$ 是质量函数, 流体元的四维速度 u^α 是

$$u^\mu = \{-\mathrm{e}^{-\nu/2}, 0, 0, 0\}\,. \tag{5.54}$$

流体的能量动量张量由方程 (5.12) 给出. 求解爱因斯坦方程可以得到如下 Tolman-Oppenheimer-Volkoff(TOV) 方程:

$$\frac{\mathrm{d}m}{\mathrm{d}r} = 4\pi r^2 \epsilon\,, \tag{5.55}$$

$$\frac{\mathrm{d}\nu}{\mathrm{d}r} = \frac{2(m + 4\pi r^3 p)}{r(r - 2m)}\,, \tag{5.56}$$

$$\frac{\mathrm{d}p}{\mathrm{d}r} = -\frac{(\epsilon + p)\left(m + 4\pi r^3 p\right)}{r(r - 2m)}\,, \tag{5.57}$$

压强为零的坐标定义为星体的半径 R. 星体的引力质量为

$$M = m(R) = \int_0^R 4\pi r^2 \varepsilon \mathrm{d}r\,. \tag{5.58}$$

(5.55)—(5.57) 式在星体中心满足

$$m(r)\,|_{r=0} = 0\,, \quad \nu(r)\,|_{r=0} = \nu_\mathrm{c}\,, \quad p(r)\,|_{r=0} = p_\mathrm{c}\,. \tag{5.59}$$

这里 p_c 是星体中心处的压力. 常数 ν_c 可以通过在星体边界处匹配内部和外部的解来确定, 即需满足

$$\mathrm{e}^{\nu(R)} = 1 - 2M/R\,. \tag{5.60}$$

给定奇异星物态和中心能量密度, 求解 TOV 方程 (5.55)—(5.57) 便可得到静态球对称奇异星的结构, 如质量和半径等.

星体的重子质量 M_b 定义为星体物质弥散到无穷远时具有的质量. 由静质量守恒方程 (5.45) 可得

$$M_\mathrm{b} = \int \sqrt{g} N^0 \, \mathrm{d}r \, \mathrm{d}\theta \, \mathrm{d}\varphi = \int_0^R 4\pi r^2 \mathrm{e}^{(\nu+\lambda)/2} N^0(r) \mathrm{d}r, \tag{5.61}$$

其中 N^μ 是守恒的质量流. 在局部惯性系中, N^0 可用固有静质量密度 ρ 来表示, 即

$$\rho = -u_\mu N^\mu = \mathrm{e}^{\nu/2} N^0\,. \tag{5.62}$$

于是, 式 (5.61) 中的静质量可写为

$$M_b = 4\pi \int_0^R \frac{\rho r^2}{\sqrt{1 - 2m/r}} \, dr \, . \tag{5.63}$$

确定 M 和 M_b 后, 我们可得星体的结合能 E_b 为

$$E_b = M - M_b \, . \tag{5.64}$$

结合能包含热能和引力结合能, 通过星体的内能密度

$$u = \epsilon - \rho = \rho e \, , \tag{5.65}$$

可以定义热能为

$$U \equiv \int_0^R 4\pi r^2 \left[1 - \frac{2m}{r}\right]^{-1/2} u(r) dr \, . \tag{5.66}$$

星体的引力结合能为

$$W \equiv M - M_b - U = \int_0^R 4\pi r^2 \left\{1 - \left[1 - \frac{2m}{r}\right]^{-1/2}\right\} \epsilon(r) dr \, . \tag{5.67}$$

5.2.1 质量-半径关系

若给定一系列中心密度, 就可得到奇异星的质量-半径关系. 每个物态模型给出唯一的质量-半径关系和极限质量 M_{TOV}. 在图 5.1 中展示了给定参数下的奇异星模型 (包括奇子星和夸克星) 以及普通的中子星模型的质量-半径关系.

中子星是引力束缚的. 一般来说, 半径随着质量增大逐渐变小. 表面自束缚的模型 (包括夸克星和奇子星) 半径随着质量增大而增大, 在小质量端满足 $M \propto R^3$, 在大质量端因为引力效应明显而出现 "打弯" 的现象. 夸克星内部的夸克是游离、极端相对论的, 物态偏软, 极限质量勉强达到 $2 M_\odot$. 不过在引入了较大的非微扰的相互作用后, 物态变硬, 极限质量较大. 奇子星内部的夸克是局域、非相对论性的, 且短程存在排斥芯, 导致奇子星的物态非常 "硬", 极限质量一般大于 $2.5 M_\odot$.

通过 5.1.4 小节中无量纲的物态方程, 可进一步对 TOV 方程 (5.57) 中的质量和半径作约化. 对于夸克星, 取 $\bar{m} = m\sqrt{4B}$ 和 $\bar{r} = r\sqrt{4B}$, 即可得到约化的质量-半径关系 $(\bar{M}, \bar{R}) = (M\sqrt{4B}, R\sqrt{4B})$. 类似地, 对于奇子星取 $\bar{m} = m\sqrt{M n_s}$ 和 $\bar{r} = r\sqrt{M n_s}$, 即可得到约化后的奇子星质量-半径关系.

通过测量中子星的质量和半径, 便能给出物态方程的限制. 部分双星系统中的中子星的质量已通过双星运动非常精确地测量. 不同的物态预言了不同的极限质量. 如果某种物态对应的极限质量低于观测到的脉冲星质量, 那么这种物态就

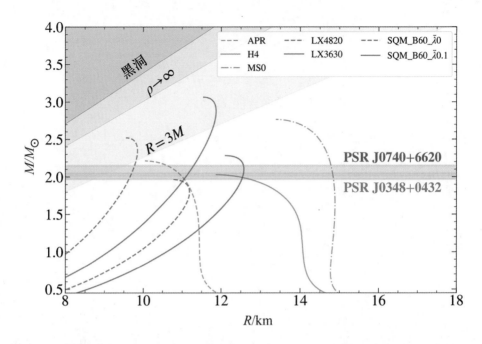

图 5.1　中子星质量-半径关系, 包括奇子星 (红), 夸克星 (紫) 和普通中子星 (蓝). LX 和 SQM 分别表示奇子星和夸克星. 我们也展示了黑洞极限 ($R = 2M$)、中心密度为无穷大的 Buchdahl 极限 ($R = 9M/4$)、$R = 3M$ 以及 PSR J0348+0432[100] 和 PSR J0740+6620[30] 质量测量的 1σ 区间. 这里奇异星物态模型的命名规则是: 例如, SQM_B60_$\bar{\lambda}$0.1 表示袋模型下取 $B = 60\,\mathrm{MeV/fm^3}$, $\bar{\lambda} = 0.1$, LX3630 表示奇子星模型中取表面重子数密度 $n_\mathrm{s} = 0.36\,\mathrm{fm}^{-3}$, 势阱深度 $\epsilon_\mathrm{v} = 30\,\mathrm{MeV}$; 随后的图中命名法与此相同.

被排除了, 因此寻找更大质量的中子星是人们检验物态的绝佳探针. 目前探测到质量最大的中子星为 PSR J0740+6620 ($M = 2.17^{+0.11}_{-0.10}M_\odot$) 和 PSR J0348+0432 ($M = 2.01 \pm 0.04M_\odot$).

　　相比于中子星的质量, 测量其半径更具挑战性. 目前, 直接测量中子星半径的方法主要是通过对表面 X 射线辐射的建模. 然而, 由于中子星表面辐射的复杂性、磁层中非热辐射的干扰以及距离测量中的不确定性等因素, 这种方法可能存在较大的系统误差. 双星系统中的引力动力学效应也可以用于对中子星半径的间接测量. 例如, 在双脉冲星系统中, Lense-Thirring 进动效应可用于测量中子星的转动惯量 (其数值大致与半径的平方成正比), 将在 5.3.3 小节介绍. 另一种方法是利用双中子星旋近时的潮汐形变效应 (该效应与半径的五次方成正比), 这种效应会引起引力波相位的变化, 将在 5.4.1 小节介绍.

　　星体的结合能大致相当于在大质量恒星核心引力坍缩及随后原初中子星诞生

的过程中, 通过中微子辐射的总能量. 图 5.2 的上部展示了各类模型的相对结合能的绝对值. 可以看到, 相比于一般中子星, 奇异星一般具有较大的结合能. 星体的表面红移是一个重要的物理量, 定义为

$$z = \left(1 - \frac{2M}{R}\right)^{-1/2} - 1 \,. \tag{5.68}$$

图 5.2 的下部展示了各类星体的表面红移. 一般来说, 满足 $dp/d\epsilon \leqslant 1$ 的物态方程, 其表面红移 $z \lesssim 0.9$. 利用 Lennard-Jones 相互作用势的奇子星存在 $dp/d\epsilon \geqslant 1$ 的区域, 所以在极限质量附近的表面红移可能大于 1. 若能观测到来自星体表面的谱线, 就能测量出表面红移, 从而给出物态方程的限制. 但是目前未明确观测到来自星体表面的谱线.

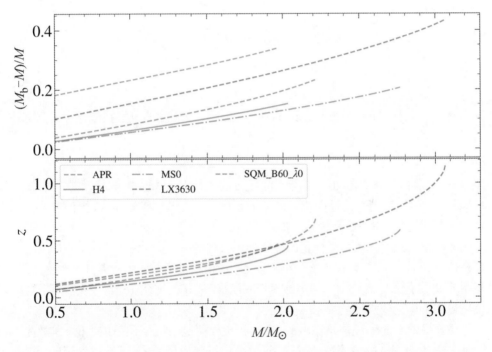

图 5.2 奇异星与中子星的相对结合能的绝对值 $(M_b - M)/M$ 和表面红移 z 随星体质量的变化

5.2.2 稳定性

处于流体力学平衡的球对称中子星不一定是稳定平衡态. 为判断特定位形的稳定性, 一般需要计算所有振荡的简正频率 ω_n; 若 ω_n 带有正的虚部, 则因子 $e^{-i\omega_n t}$ 会指数增长, 系统不稳定. 不过一般从平衡解就可判断出该位形是否是稳定的.

接下来简要介绍球对称星体不稳定的 "转折点定理" (turning point theorem), 给定单参数的物态 $p = p(\epsilon)$, 可以利用 TOV 方程计算出一系列中子星 (不同的中心密度) 模型. 只有当星体中心密度对应的平衡质量为极值点时, 才可能从稳定状态转变为对任意径向振荡模式的不稳定状态, 即

$$\frac{\partial M\left(\epsilon_{\mathrm{c}}\right)}{\partial \epsilon_{\mathrm{c}}} = 0 \,, \tag{5.69}$$

并且该点也是重子质量的极值点, 即

$$\frac{\partial M_{\mathrm{b}}\left(\epsilon_{c}\right)}{\partial \epsilon_{c}} = 0 \,. \tag{5.70}$$

接下来我们做进一步的说明. 对于单参数物态决定的球对称星体, 相对论性的 Euler 方程可写为

$$\frac{\nabla_{\alpha} p}{(\epsilon + p)} = \nabla_{\alpha} \ln u^{t} \,. \tag{5.71}$$

所以

$$\frac{h}{u^{t}} = \mathcal{E} \,, \tag{5.72}$$

其中常数 $\mathcal{E}$ 是注入能量 (injection energy), 表征单位质量的重子在星体中的某点注入时星体质量的增加, 即

$$\delta M = \mathcal{E} \delta M_{\mathrm{b}} \,. \tag{5.73}$$

能量 $\mathcal{E}$ 为常数的含义是处于平衡态的星体的质量对于重子数的扰动是一个极值. 在球对称平衡序列中, 当径向扰动模式的频率 ω_{n} 从实数变为虚数时, 该模式从稳定变为不稳定, 其中在临界稳定点时 $\omega_{\mathrm{n}} = 0$.

零频率模式实际上是线性化的爱因斯坦方程的一个时间不变解 —— 即从一个平衡位形到另一个具有相同重子数的邻近平衡位形的微扰. 从公式 (5.73) 可知, 对于不涉及重子数变化 ($\delta M_{\mathrm{b}} = 0$) 的零频率微扰, 质量的变化 ($\delta M$) 必须为零. 这正是质量在平衡达到极值的要求.

质量极值点的哪一侧是稳定的, 取决于该极值是最大值还是最小值, 以及注入能量 $\mathcal{E}$ 是中心密度的增函数还是减函数. 考虑极限质量处的位形, 注入能量可以在星体的表面计算, 即 $\mathcal{E} = h_{\mathrm{s}}(1 - 2M/R)^{1/2}$, 其中 h_{s} 是星体表面的单位焓. 在转折点处, R 是中心密度 ϵ_{c} 的递减函数, 因此 $\mathcal{E}$ 也是 ϵ_{c} 的递减函数. 因为转折点对应的星体具有最大重子质量和最大质量, 所以在转折点两侧存在具有相同重子质量的位形. 由于 $\mathcal{E}$ 随中心密度的增加而减少, 对应高中心密度一侧的位形相比于低中心密度一侧的位形, 具有更大的质量. 因此, 最大质量不稳定点高密度一侧的位形是不稳定的. 图 5.3 展示了奇异星模型下质量和重子质量随着中心密度的变化, 高于极限质量的平衡解为不稳定.

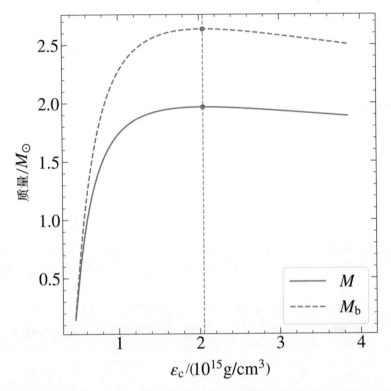

图 5.3 奇异星模型 SQM_B60_$\bar{\lambda}_0$ 的重子质量 M_b 和引力质量 M 随中心密度的变化. 红色圆点代表极限质量, 竖线代表极限质量处的中心密度, 中心密度低于该密度的位形为稳定, 反之不稳定.

5.3 转动奇异星结构

5.3.1 度规与时空对称性

对于轴对称、稳态的转动星体, 其度规在膺各向同性坐标系中可写为

$$\mathrm{d}s^2 = -\mathrm{e}^{2\nu}\mathrm{d}t^2 + \mathrm{e}^{2\psi}(\mathrm{d}\phi - \omega\mathrm{d}t)^2 + \mathrm{e}^{2\mu}\left(\mathrm{d}r^2 + r^2\mathrm{d}\theta^2\right). \tag{5.74}$$

其中 ν, ψ, ω 和 μ 是仅依赖于 r 和 θ 的函数. 四维速度场仅有 t 分量和 ϕ 分量, 可表示为

$$u^t = \frac{\mathrm{e}^{-\nu}}{\sqrt{1-v^2}}, \quad u^\phi = \Omega u^t,$$
$$u_t = -\frac{\mathrm{e}^\nu}{\sqrt{1-v^2}}\left(1 + \mathrm{e}^{\psi-\nu}\omega v\right), \quad u_\phi = \frac{\mathrm{e}^\psi v}{\sqrt{1-v^2}}. \tag{5.75}$$

其中 $v = (\Omega - \omega)\mathrm{e}^{(\psi - \nu)}$ 是零角动量观测者 (zero-angular-momentum observer) 观测到的流体元三维速度. 对于物质场, 相对论性的 Euler 方程可写为

$$\frac{\nabla_\alpha p}{(\epsilon + p)} = \nabla_\alpha \ln u^t - u^t u_\phi \nabla_\alpha \Omega . \tag{5.76}$$

对于单参数的物态 $p = p(\epsilon)$, 该方程可写为

$$\nabla \left(\ln \frac{h}{u^t} \right) = -F \nabla \Omega . \tag{5.77}$$

以刚性角速度 Ω 旋转的稳态、轴对称流体满足

$$\frac{h}{u^t} = \mathcal{E} , \tag{5.78}$$

这与球对称星体类似 (见方程 (5.72)), 不过此时能量 $\mathcal{E}$ 为常数的物理含义是: 在固定角动量和熵的情况下, 处于平衡态的星体的质量相对于重子数的扰动是一个极值[101].

    时空的对称性可以为我们提供一些守恒量并帮助简化处理一些问题. Killing 矢量构成等度规群的无穷小生成元, 对应着时空的某种对称性, 满足 Killing 方程

$$\mathcal{L}_{\boldsymbol{\xi}} g_{\alpha\beta} = \nabla_\alpha \xi_\beta + \nabla_\beta \xi_\alpha = 0 , \tag{5.79}$$

其中 $\mathcal{L}$ 表示 Lie 导数. 满足下列条件时, 一个 Killing 矢量 ξ^α 是理想流体的对称矢量:

$$\mathcal{L}_{\boldsymbol{\xi}} u^\alpha = 0 , \quad \mathcal{L}_{\boldsymbol{\xi}} \epsilon = 0 , \quad \mathcal{L}_{\boldsymbol{\xi}} p = 0 . \tag{5.80}$$

与 ξ^α 相关联的量是 $h u_\beta \xi^\beta$, 它沿着流体的时空轨迹守恒, 即

$$\mathcal{L}_{\boldsymbol{u}} \left(h u_\beta \xi^\beta \right) = 0 . \tag{5.81}$$

稳态流 (stationary flow) 的时空存在一个渐近类时的 Killing 矢量 t^α, 对应的守恒定律为

$$\mathcal{L}_{\boldsymbol{u}} \left(h u_\beta t^\beta \right) = \mathcal{L}_{\boldsymbol{u}} \left(\frac{\epsilon + p}{\rho} u_\beta t^\beta \right) = 0 , \tag{5.82}$$

这是相对论形式的伯努利定律, $-h u_t$ 表示单位质量的熵, 是一个守恒量. 轴对称流 (axisymmetric flow) 的时空存在一个 Killing 矢量 ϕ^α, 对应的守恒定律为

$$\mathcal{L}_{\boldsymbol{u}} \left(h u_\beta \phi^\beta \right) = 0 , \tag{5.83}$$

$j \equiv h u_\phi$ 表示单位质量流体元的角动量, 是守恒量.

转动星体的度规与球对称星体的度规最大的不同是含有 $g_{t\phi}$ 项, 这将导致从无限远处释放的粒子, 如果初始角动量为零, 仍会在星体旋转的方向上获得非零的角速度. 由于惯性系观察者是自由下落的观察者, 粒子的这种被向前拖曳的现象被称为惯性系拖曳效应. 对于一个四维动量为 $p^\alpha = mu^\alpha$ 的自由粒子, 其与转动 Killing 矢量 ϕ^α 相联系的守恒量是粒子的角动量 $L = p_\alpha \phi^\alpha$. 一个角动量为零的粒子满足 $u_\phi = u_\alpha \phi^\alpha = 0$, 即

$$\mathrm{e}^{2\psi} \left(u^\phi - \omega u^t \right) = 0 \,. \tag{5.84}$$

这意味着无穷远处的观测者看到的粒子角速度为

$$\frac{u^\phi}{u^t} = \omega \,. \tag{5.85}$$

因此, 最初 (在无穷远处) 径向下落的粒子 (具有零角动量) 将获得一个相对于无穷远处的惯性系观察者的角速度 $\Omega = \omega$.

5.3.2 平衡位形的性质

稳态、轴对称的转动星体存在类时 Killing 矢量 t^α 和旋转类空 Killing 矢量 ϕ^α. 对应地, 质量和角动量可定义为[1]

$$M = -2 \int \left(T_\alpha^{\ \beta} - \frac{1}{2} \delta_\alpha^\beta T \right) t^\alpha \mathrm{d}S_\beta \,, \tag{5.86}$$

$$J = \int T_\alpha^{\ \beta} \phi^\alpha \mathrm{d}S_\beta \,. \tag{5.87}$$

这里的积分包含所有物质部分 (下同). 和球对称星体一致, 总的静质量为

$$M_0 = \int \rho u^\alpha \mathrm{d}S_\alpha \,. \tag{5.88}$$

星体的总转动能可定义为

$$T \equiv \frac{1}{2} \int \Omega \mathrm{d}J \,, \quad \mathrm{d}J = T_\alpha^\beta \phi^\alpha \mathrm{d}S_\beta, \tag{5.89}$$

这里对于刚性转动 $T = \frac{1}{2} J\Omega$. 同时, 星体的转动惯量定义为

$$I = J/\Omega \,. \tag{5.90}$$

通常, 定义星体的无量纲自旋为

$$\chi = \frac{J}{M^2} \,. \tag{5.91}$$

---

[1]在坐标 (u, x^1, x^2, x^3) 中, 微元面积 $\mathrm{d}S_\alpha = \sqrt{-g}\nabla_\alpha u \mathrm{d}^3 x$.

对于 Kerr 黑洞, χ 的数值为从 0 (Schwarzschild 黑洞) 到 1 (极端 Kerr 黑洞). 与前面球对称星体的讨论类似, 利用内能密度 $u = \epsilon - \rho = \rho e$ 可定义星体的热能为

$$U = \int u u^\alpha \mathrm{d}S_\alpha, \tag{5.92}$$

引力结合能为

$$W = M - M_\mathrm{b} - T - U. \tag{5.93}$$

星体的赤道是星体表面上压强为零的闭合曲线, 具有一个常数的坐标 r 值, 标记为 r_eq. 我们可以定义坐标无关的圆半径 (circumferential radius) 为

$$R = \frac{1}{2\pi} \oint_{\substack{r=r_\mathrm{eq} \\ \theta=\pi/2}} \mathrm{d}s = \frac{1}{2\pi} \oint_{\substack{r=r_\mathrm{eq} \\ \theta=\pi/2}} \sqrt{\mathrm{e}^{2\psi} \mathrm{d}\varphi^2} = \frac{\mathrm{e}^\psi \left(r_\mathrm{eq}, \pi/2\right)}{2\pi} \int_0^{2\pi} \mathrm{d}\varphi = \mathrm{e}^\psi \left(r_\mathrm{eq}, \pi/2\right). \tag{5.94}$$

取角速度为零的极限, R 与球对称星体表面的 Schwarzschild 径向坐标一致.

当星体转动角速度达到赤道处自由粒子在圆轨道上运行的角速度时, 星体便达到了开普勒角速度 Ω_K. 它可以写为

$$\Omega_\mathrm{K} = \omega + \frac{\omega'}{2\psi'} + \left[\mathrm{e}^{2\nu - 2\psi} \frac{\nu'}{\psi'} + \left(\frac{\omega'}{2\psi'} \right)^2 \right]^{1/2}, \tag{5.95}$$

其中 "'" 表示对 r 的偏导数. 对于一个球对称的星体, 上式与牛顿引力中的形式一致:

$$\Omega_\mathrm{K} = \left(\frac{M}{R^3} \right)^{1/2}, \tag{5.96}$$

其中 R 是 Schwarzschild 坐标半径. 转动星体的开普勒极限 Ω_K 约为相同重子数时球形位形的 60%, 这主要由星体转动时变成扁球体和惯性系拖曳造成的. 前者易于理解, 因为位于较大赤道半径处的粒子的开普勒频率相应地变小, 但后者与直觉相反[①].

接下来我们具体研究转动星体的结构. 我们首先介绍慢转近似, 这种近似方法在研究一般转动脉冲星 (周期大于约 $1\,\mathrm{ms}$) 的结构时非常有效. 我们接着再介绍完整相对论的快转星体结构, 其对研究并合生成的大质量奇异星、超新星爆发产生的新生奇异星以及可能存在的亚毫秒脉冲星是必要的.

[①] 读者可参考: Glendenning 等, PRD, 50, 3836, 1994.

5.3.3 慢转近似

Hartle 和 Thorne 在 20 世纪 60 年代发展出了一种微扰方法, 用于描述缓慢旋转的相对论星体[104,105]. 这种方法以星体自转的角频率 Ω 作为微扰展开的小量, 可以在 Ω 的不同的阶得到相对论星体的各种整体性质. 已经证明这种微扰方法可以非常准确地应用于大多数观测到的脉冲星, 若自转频率小于 $\sim 600\,\mathrm{Hz}$, 慢转近似解与数值相对论得到的精确解的相对误差小于 2%[106−108]. 下面我们使用 Hartle-Thorne 近似, 将微扰展开到角频率 Ω 的二阶, 主要给出星体的转动惯量和四极矩等物理量.

假设旋转星体的几何特性是轴对称的, 则一个慢转星体的线元展开到 Ω^2 阶可表示为[104,105]

$$
\begin{aligned}
\mathrm{d}s^2 =& -\mathrm{e}^{\nu(r)}[1 + 2h(r,\theta)]\mathrm{d}t^2 + \mathrm{e}^{\lambda(r)}\left[1 + \frac{2m^*(r,\theta)}{r - 2m(r)}\right]\mathrm{d}r^2 \\
& + r^2[1 + 2k_2(r,\theta)]\left\{\mathrm{d}\theta^2 + \sin^2\theta[\mathrm{d}\phi - \omega(r,\theta)\mathrm{d}t]^2\right\} + O(\Omega^4)\,.
\end{aligned}
\tag{5.97}
$$

该度规对 $t \to -t$ 和 $\phi \to -\phi$ 的联合变换不变. 因此, 函数 $\omega(r,\theta)$ 仅包含 Ω 的奇数次幂, 且在 Ω 的一阶可以表示为仅依赖于 r 的函数:

$$
\omega(r,\theta) = \omega(r) + O\left(\Omega^3\right)\,.
\tag{5.98}
$$

函数 $h(r,\theta)$, $m^*(r,\theta)$ 和 $k_2(r,\theta)$ 仅包含 Ω 的偶数次幂. 我们可以使用自旋加权球谐函数 (spin-weighted spherical harmonics) 将这些微扰项展开. 函数 $h(r,\theta)$, $m^*(r,\theta)$ 和 $k_2(r,\theta)$ 的阶数为 Ω^2, 只包含 $l = 0$ 和 $l = 2$ 项,

$$
h(r,\theta) = h_0(r) + h_2(r)\mathrm{P}_2(\cos\theta) + O\left(\Omega^4\right)\,,
\tag{5.99}
$$

$$
m^*(r,\theta) = m_0(r) + m_2(r)\mathrm{P}_2(\cos\theta) + O\left(\Omega^4\right)\,,
\tag{5.100}
$$

$$
k_2(r,\theta) = [v_2(r) - h_2(r)]\,\mathrm{P}_2(\cos\theta) + O\left(\Omega^4\right)\,,
\tag{5.101}
$$

其中 $\mathrm{P}_2(\cos\theta)$ 是 $l = 2$ 的 Legendre 多项式, 为简单起见引入了 $v_2(r)$ 函数. 流体元的四维速度可以表示为

$$
\begin{aligned}
u^t =& \left[-\left(g_{tt} + 2\Omega g_{t\varphi} + \Omega^2 g_{\varphi\varphi}\right)\right]^{-1/2} \\
=& \mathrm{e}^{-\nu/2}\left[1 + \frac{1}{2}r^2\sin^2\theta\,\bar{\omega}^2\mathrm{e}^{-\nu} - h_0 - h_2\mathrm{P}_2\right]\,, \\
u^r =& u^\theta = 0\,, \quad u^\varphi = \Omega u^t\,,
\end{aligned}
\tag{5.102}
$$

其中物理量

$$
\bar{\omega}(r) = \Omega - \omega(r)\,,
\tag{5.103}
$$

表示流体元相对于局部惯性系的角速度, 在决定星体结构时扮演着重要的作用.

一阶扰动: 转动惯量和参考系拖曳

在 Ω 的一阶项中, 星体仍然是球形的, 只有时空会因星体的旋转而发生拖曳. 由公式 (5.87) 可得角动量为

$$J = \int \sqrt{-g} T^t{}_\phi \mathrm{d}^3 x = \frac{1}{8\pi} \int \sqrt{-g} R^t{}_\phi \mathrm{d}^3 x \,. \tag{5.104}$$

由公式 (5.97) 中的 Hartle-Thorne 度规可得

$$J = \frac{1}{6} \left[r^4 j(r) \frac{\mathrm{d}\bar{\omega}}{\mathrm{d}r} \right]\bigg|_{r=R} \,, \tag{5.105}$$

其中, 我们引入了 $j(r) = \mathrm{e}^{-(\nu+\lambda)/2}$. 星体的转动惯量 $I = J/\Omega$ 是一个零阶量, 只取决于球对称静态背景解的结构. 可以看到, 流体运动不是由相对于无穷远处观测者的角速度 Ω 决定的, 而是由相对于局部惯性系的角速度 $\bar{\omega}$ 决定的, 它满足

$$\frac{1}{r^4} \frac{\mathrm{d}}{\mathrm{d}r} \left(r^4 j \frac{\mathrm{d}\bar{\omega}}{\mathrm{d}r} \right) + \frac{4}{r} \frac{\mathrm{d}j}{\mathrm{d}r} \bar{\omega} = 0 \,. \tag{5.106}$$

星体外部, 能量动量张量 $T_{\alpha\beta}$ 为零, $\bar{\omega}$ 的解为

$$\bar{\omega} = \frac{2J}{r^3} \,. \tag{5.107}$$

给定中心密度和刚性转动的角速度 Ω, 将方程 (5.106) 数值积分到星体表面, 然后将其值与星体外部解 (5.107) 在星体表面做匹配, 可得到角动量和转动惯量.

在双星系统中, 旋转的脉冲星会拖曳周围的时空并引入相对论性自旋-轨道耦合效应[109]. 这种轨道角动量和自旋角动量之间的耦合导致双星轨道发生进动, 也被称为 Lense-Thirring 进动. 它产生了两个在脉冲星计时中可观测的效应[110,111]:

(1) 如果自旋和轨道角动量不共线, 则轨道角动量绕着总角动量进动, 轨道倾角相应产生周期性变化.

(2) 轨道近心点进动[112]. 通常来说, 脉冲双星中 A 星的自旋速度通常比伴星 B 星快得多, 可以忽略星体 B 的自旋对轨道动力学的影响, 此时 Lense-Thirring 效应导致的近心点进动正比于 $I_A \Omega_A$.

双脉冲星系统 PSR J0737−3039A/B 是最有可能探测到 Lense-Thirring 效应的候选天体之一. 由于脉冲星 A 的自旋角动量与轨道角动量之间的夹角非常小, 所以由轨道平面进动引起的周期性调制很难测量. 但是, 双脉冲星系统的近心点进动是可测的[113]. 在图 5.4 中, 我们展示了奇子星、一般中子星和夸克星的重标度转动惯量 $I/M^{3/2}$ 与质量 M 之间的关系. 对于奇子星取了 $N_q = 18$. 对于一般的中子星,

重标度转动惯量随着质量的增加几乎单调递减. 然而, 夸克星和奇子星的情况则相反. 我们在图中标出了一个假想的 10% 的测量值, 这表明转动惯量的测量可以成为限制物态方程的有力工具[111].

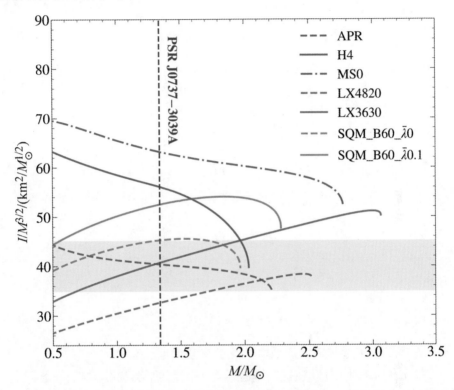

图 5.4 用质量约化后的转动惯量和星体质量的关系. 竖直虚线代表 PSR J0737–3039A 的质量 $M = 1.338\,M_\odot$. 粉色阴影区域代表假想的对转动惯量 10% 精度的测量, 中心值为 $40\,\mathrm{km}^2/M_\odot^{1/2}$.

二阶扰动: 形变与四极矩

离心力正比于 Ω^2, 所以当展开到 Ω 的二阶时星体产生形变. 径向坐标为 r 的等密度面将被位移至 $r + \xi_0(r) + \xi_2(r)P_2(\cos\theta)$, 其中位移 ξ_0 和 ξ_2 可以表示为

$$\xi_0(r) = - p_0(\epsilon + p)/(\mathrm{d}p/\mathrm{d}r) = p_0\, r(r - 2m)/(m + 4\pi r^3 p)\,, \tag{5.108}$$

$$\xi_2(r) = - p_2(\epsilon + p)/(\mathrm{d}p/\mathrm{d}r) = p_2\, r(r - 2m)/(m + 4\pi r^3 p)\,, \tag{5.109}$$

分别与球形和四极形变相关. 相应地, Ω^2 阶的微扰度规函数可以分为两类: (i) $l = 0$ 类, 包括 m_0, h_0 和 p_0, 描述星体的球形拉伸; (ii) $l = 2$ 类, 包括 h_2, v_2, m_2 和 p_2, 描述星体的四极形变.

我们可以直接使用 $\xi_0(r)$ 和 $\xi_2(r)$ 来定义 Hartle-Thorne 坐标中的等密度面的平均半径和偏心率[104,105], 其中:

$$\bar{r}_{HT} = r + \xi_0(r), \tag{5.110}$$

$$e(r)_{HT} = \left(r_e^2/r_p^2 - 1\right)^{1/2} = \left[-3\xi_2(r)/r\right]^{1/2}, \tag{5.111}$$

r_e 和 r_p 分别为等密度面椭球的赤道半径和极半径. 为了给出一个不变的等密度面参数化, 需要将几何形状嵌入三维平直空间 (用极坐标 r, θ 和 ϕ^* 表示), 并寻找与星体的等密度面有相同内在几何形状的表面[105,114]. 在 Ω^2 阶, 所期望的表面是三维欧氏空间中的一个椭球面, 其参数方程为[105]

$$r^*\left(\theta^*\right) = r + \xi_0(r) + \left\{\xi_2(r) + r\left[v_2(r) - h_2(r)\right]\right\}P_2\left(\cos\theta^*\right). \tag{5.112}$$

等密度面的平均半径为

$$\bar{r}^* = r + \xi_0(r), \tag{5.113}$$

偏心率为

$$e(r) = \left[-3\left(v_2 - h_2 + \xi_2/r\right)\right]^{1/2}. \tag{5.114}$$

令 $r = R$, 可以得到星体表面的平均半径 $\bar{R}$ 和表面偏心率 e_s.

由于流体元发生位移, 使得星体达到了一个新的平衡状态, 重子质量、引力质量和四极矩等物理量也会发生变化. 在这里我们仅讨论星体的椭率和四极矩.

四极形变: 偏心率和四极矩

四极形变可以用径向坐标 r 处等密度面的偏心率 $e(r)$ 来描述. 在图 5.5 的上面板中, 我们展示了星体内部不同径向坐标处的相对偏心率 $e(r)/e_s$. 图 5.5 的下面板显示了表面偏心率 e_s 和致密度 $\mathcal{C}$ 之间的关系. 可以注意到 LX3630 和 SQM-B60-$\bar{\lambda}0$ 的表面偏心率大于 APR 的表面偏心率, 差异可达约 20%.

四极矩依赖于 $l = 2$ 的微扰函数: h_2, v_2, p_2 和 m_2. 通过积分可获得 h_2 和 v_2 的内部解. 函数 h_2 和 v_2 的外部解为

$$h_2 = J^2\left(\frac{1}{Mr^3} + \frac{1}{r^4}\right) + KQ_2^2\left(\frac{r}{M} - 1\right), \tag{5.115}$$

$$v_2 = -\frac{J^2}{r^4} + K\frac{2M}{[r(r-2M)]^{1/2}}Q_2^1\left(\frac{r}{M} - 1\right), \tag{5.116}$$

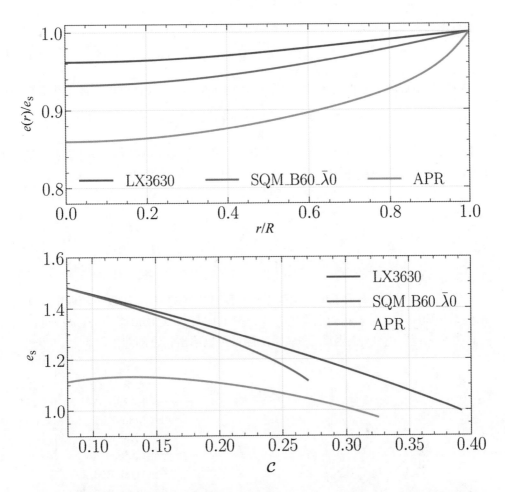

图 5.5 上面板展示了径向坐标 r 处等密度面的偏心率 $e(r)$ (以 e_s 做归一化) 和 r/R 之间的关系, 其中静态背景的质量取为 $M = 1.4\,M_\odot$. 下面板展示了表面偏心率 e_s 和致密度 $\mathcal{C}$ 之间的关系, 选择的角频率为 $\Omega_* = \sqrt{GM/R^3}$. 较小的旋转频率 Ω 的表面偏心率 e_s 可以乘以因子 Ω/Ω_* 获得.

其中 Q_2^1 和 Q_2^2 是第二类 Legendre 函数. 常数 K 可通过匹配内外解得到. 函数 p_2 和 m_2 可以通过以下的代数关系得到:

$$m_2 = (r - 2m) \left[-h_2 - \frac{1}{3} r^3 \left(\mathrm{d}j^2/\mathrm{d}r \right) \bar{\omega}^2 + \frac{1}{6} r^4 j^2 (\mathrm{d}\bar{\omega}/\mathrm{d}r)^2 \right], \tag{5.117}$$

$$p_2 = -h_2 - \frac{1}{3} r^2 \mathrm{e}^{-\nu} \bar{\omega}^2. \tag{5.118}$$

四极矩可以从牛顿力学势能中 $\mathrm{P}_2(\cos\theta)/r^3$ 的系数中读取[105,115]. 当径向坐标

r 渐近地趋向于无穷大, 牛顿力学势能的四极部分为

$$-\frac{1+g_{tt}}{2}\bigg|_{\text{quadrupole}} = -\frac{Q_{\text{r}}}{r^3}\text{P}_2(\cos\theta)\,, \quad r\to\infty\,, \tag{5.119}$$

其中 Q_{r} 是由旋转引起的四极矩. 联合方程 (5.115) 和 (5.119) 可得星体的四极矩为

$$Q_{\text{r}} = -\frac{J^2}{M} - \frac{8}{5}KM^3\,. \tag{5.120}$$

四极矩 $Q_{\text{r}} < 0$ 意味着星体呈扁平的形状. 需要注意的是, 四极矩不仅取决于星体的自旋角动量, 还取决于积分常数 K, 它与物态有关. 对于黑洞, 四极矩为 $Q_{\text{r}} = -J^2/M$, 仅依赖于黑洞的角动量和质量, 这个性质是由 "无毛定理" 保证. 通常定义无量纲的四极矩

$$\bar{Q}_{\text{r}} \equiv -\frac{Q_{\text{r}}}{M^3\chi^2}\,. \tag{5.121}$$

黑洞满足 $\bar{Q}_{\text{r}} = 1$.

在图 5.6 中我们展示了星体的四极矩和质量之间的关系. 四极矩随着中子星质量的增加而减小. 对于我们选择的物态, 在 $1.4\,M_\odot$ 处, 无量纲四极矩 $\bar{Q}_{\text{r}}$ 可以在 ~ 2 到 ~ 8 范围内变化. 因此, 四极矩的测量可以给出物态的约束.

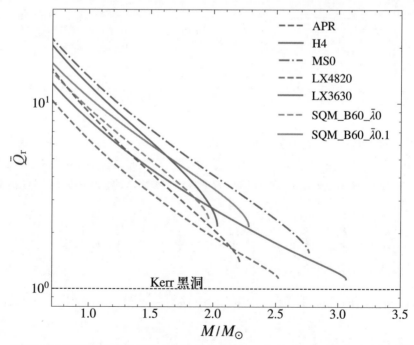

图 5.6　旋转的奇异星和中子星的无量纲四极矩与质量 M 的关系. 水平线表示 Kerr 黑洞的无量纲四极矩 $\bar{Q}_{\text{r}} = 1$.

对于涉及中子星的双星系统, 四极矩通过四极-单极相互作用也会贡献双中子星旋近后期的引力波辐射[116-119], 主导阶效应出现在后牛顿近似二阶 (2PN) (物理上为牛顿阶效应), 并且引力波相位的修正大致与 $\sim \bar{Q}_r \chi^2$ 成比例[116,119]. Yagi[117]等人评估了使用下一代地基引力波探测器和空间探测器 DECIGO/BBO 等约束四极矩的可能性. 他们发现, 尽管由于与中子星自旋的强相关性而难以测量四极矩, 但至少可以对四极矩设定上限. 如果双星系统中的中子星旋转速度很快, 则有望利用引力波测量四极矩[117,118,120]并对物态给出严格的限制.

5.3.4 快转奇异星结构

对于快转奇异星, 我们必须采用完整的相对论来研究星体结构和时空几何. 星体的结构由爱因斯坦场方程和流体静力学平衡方程确定. 对所需方程的一种推导方法是选择爱因斯坦场方程的四个分量, 并在零角动量观测者的坐标架中表示. 在这个坐标架中, 能量动量张量为

$$T^{\hat{0}\hat{0}} = \frac{\epsilon + pv^2}{1 - v^2}, \quad T^{\hat{0}\hat{1}} = (\epsilon + p)\frac{v}{1 - v^2}, \tag{5.122}$$

$$T^{\hat{1}\hat{1}} = \frac{\epsilon v^2 + p}{1 - v^2}, \quad T^{\hat{2}\hat{2}} = T^{\hat{3}\hat{3}} = p. \tag{5.123}$$

对于方程 (5.74) 的度规, 通常选取以下爱因斯坦引力场方程:

$$\nabla \cdot (B\nabla\nu) = \frac{1}{2}r^2 \sin^2\theta B^3 \mathrm{e}^{-4\nu} \nabla\omega \cdot \nabla\omega$$
$$+ 4\pi B\mathrm{e}^{2\zeta - 2\nu} \left[\frac{(\epsilon + p)(1 + v^2)}{1 - v^2} + 2p \right], \tag{5.124}$$

$$\nabla \cdot (r^2 \sin^2\theta B^3 \mathrm{e}^{-4\nu}\nabla\omega) = -16\pi r \sin\theta B^2 \mathrm{e}^{2\zeta - 4\nu} \frac{(\epsilon + p)v}{1 - v^2}, \tag{5.125}$$

$$\nabla \cdot (r\sin\theta\nabla B) = 16\pi r \sin\theta B\mathrm{e}^{2\zeta - 2\nu}p, \tag{5.126}$$

以及常微分方程

$$\frac{1}{\varpi}\zeta_{,\varpi} + \frac{1}{B}(B_{,\varpi}\zeta_{,\varpi} - B_{,z}\zeta_{,z}) = \frac{1}{2\varpi^2 B}(\varpi^2 B_{,\varpi})_{,\varpi} - \frac{1}{2B}B_{,zz} + (\nu_{,\varpi})^2$$
$$- (\nu_{,z})^2 - \frac{1}{4}\varpi^2 B^2 \mathrm{e}^{-4\nu} [(\omega_{,\varpi})^2 - (\omega_{,z})^2]. \tag{5.127}$$

这里我们取 $\zeta = \mu + \nu$, 并且定义 $\mathrm{e}^{\psi} = r\sin\theta B(r, \theta)$. 上述方程前三个中的 ∇ 是普通的平坦三维空间的导数算符.

因此, 场方程的四个分量中的三个是椭圆型的, 而第四个是只涉及度规函数的一阶偏微分方程. 引力场方程的其余非零分量对应另外两个椭圆型方程和一个一

阶偏微分方程, 这些方程与上述四个方程一致. 结合流体静力学平衡方程 (5.78) 可求得刚性转动奇异星的结构. 具体的求解方法见参考文献 [101,102]. 图 5.7 展示了快速转动奇异星的质量-中心密度的关系, 这里取 $B = 60\,\mathrm{MeV} \cdot \mathrm{fm}^{-3}$ 的袋模型.

质量、半径与开普勒极限

对于刚性转动的奇异星, 给定两个参数, 如中心密度和转动角频率, 或者中心密度与重子质量等, 即可求得平衡位形的解. 一颗奇异星在通过电磁辐射或引力辐射缓慢地损失能量和角动量的过程中, 其总重子数保持不变. 因此, 我们可以将奇异星的演化序列视为在固定重子质量 M_B 下的序列. 与中子星类似, 转动奇异星可以分为两类: 一般转动星, 其重子质量低于静态位形的最大重子质量; 以及超大质量星, 其重子质量高于静态位形的最大重子质量. 任何一般转动星在自转减慢后, 最终都会演化为静态位形. 相反, 超大质量星的存在完全依赖于旋转, 可形成于超新星爆发或者双奇异星并合过程中. 图 5.7 展示了这两类旋转星体的位形. 超大质量序列与静态极限 $\Omega = 0$ 无连接, 且在两端它们都以开普勒位形终止. 开普勒序列的极限质量记为 $M_{\max}^{\mathrm{rot}}$, 其位置在图 5.7 用红色圆点表示.

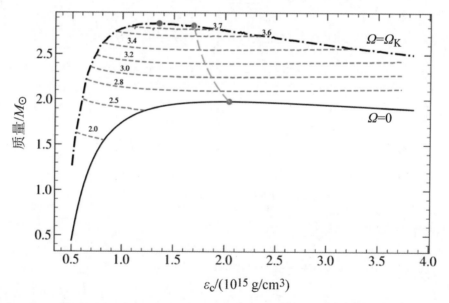

图 5.7 快速转动奇异星 $\mathrm{SQM\_B60\_\bar{\lambda}_0}$ 的质量-中心密度关系. 球对称和开普勒极限下的星体结构分别用黑色实线和黑色点划线表示, 蓝色虚线代表等重子质量的序列, 用重子质量 (以 $M_\odot$ 为单位) 标记. 绿色虚线标记了相对于轴对称扰动的稳定性极限; 虚线右侧的位形不稳定, 它与开普勒极限曲线的交点 (用绿色圆点标记) 表示最快旋转的稳定星体的位置. 以开普勒角速度旋转的序列对应的最大质量的位置用红色圆点表示, 而球对称位形最大质量的位置用绿色圆点表示.

开普勒角速度 Ω_K 对 Ω 设定了一个自然的上限: 当刚性旋转的奇异星的角速度 Ω 超过 Ω_K 时, 稳定解将不再存在. 同时, 我们也要求星体在轴对称扰动下是稳定的. 满足上面两个条件的解我们称为 "最大旋转位形", 对应的角速度记为 Ω_max. 对轴对称扰动的稳定性可以通过 Friedman 等人提出的转折点定理来研究[1]. 由于严格的计算方法耗时, 可使用其近似方法, 即在演化序列中, 当引力质量达到最小值时, 系统的稳定性发生变化. 使用这一判据可以确定区分稳定和不稳定位形的边界. 这条边界是通过连接图 5.7 中恒定重子质量序列上的最小质量点得到的: 位于图 5.7 绿色虚线左侧的位形在轴对称扰动下是稳定的, 而右侧的位形则是不稳定的. 此外, 这条虚线与图中 $\Omega = \Omega_\mathrm{K}$ 线的交点标记了稳定旋转奇异星所允许的最大角速度, 即 Ω_max 位形, 在图 5.7 中用绿色圆点表示. Ω_max 位形的角速度与球对称星体的极限质量 M_TOV 和对应的半径 R_TOV 之间存在关联, 表示为

$$\Omega_\mathrm{max} \approx C \left(\frac{M_\mathrm{TOV}}{M_\odot} \right)^{\frac{1}{2}} \left(\frac{R_\mathrm{TOV}}{10\ \mathrm{km}} \right)^{-\frac{3}{2}}, \tag{5.128}$$

其中常数 $C \sim (7000 \sim 8000)\,\mathrm{rad/s}$, 对于奇异星和中子星都成立.

转动星体的 Ω_max 位形和具有最大引力质量 $M_\mathrm{max}^\mathrm{rot}$ 时的位形并不重合, 尽管对于典型的中子星模型来说, 它们彼此非常接近. 旋转奇异星也类似, 不过两者的差异比中子星更为显著. 旋转增加了奇异星的最大质量, 并导致最大质量位形的赤道半径变大. 对于奇异星来说, 最大质量 $M_\mathrm{max}^\mathrm{rot}$ 增加约 40%, 对应的半径增加约 40% $\sim$ 50%, 都显著高于中子星 (增幅约为20%). 这似乎暗示着双星并合形成的大质量奇异星在坍缩成黑洞之前, 需要更长的时间来消耗角动量. 具体的情况我们将在 5.4.3 小节详细讨论.

5.4　双奇异星并合与数值相对论

在 2015 年 9 月 14 日, LIGO/Virgo 合作组成功探测到了第一例双黑洞并合的引力波事件 GW150914. 这一发现验证了爱因斯坦在 100 年前的预言, 打开了一个观测宇宙的全新窗口. 随后在 2017 年 8 月 17 日, LIGO/Virgo 合作组又成功探测到了第一例双中子星旋近的引力波信号 GW170817. 该双中子星并合 1.7 s 后, 在同一天区观测到了一个持续时间仅为 2 s 的 γ 射线暴. 多个望远镜看到了这两颗中子星并合的喷射物在紫外、光学、红外等各个波段的电磁辐射. 这一发现标志着多信使天文学的开始, 而关于中子星内部结构的研究也进入了一个全新的时代.

引力波是研究奇异星内部结构的重要探针. 奇异星可以通过许多不同的机制辐射引力波, 包括双星旋近和并合, 非轴对称下星体的旋转, 各种振荡模式以及一

---

[1]参见: ApJ, 325, 722, 1998.

系列相关不稳定性. 对这些引力辐射过程建模充满挑战. 一方面我们必须将超核物理与磁流体动力学、壳层弹性、超流/超导体的描述以及可能出现的各种奇异物质物理相结合, 给出一个较为真实的物质描述. 另一方面, 奇异星内部和邻域的引力场非常强, 我们必须采用广义相对论来描述系统的动力学.

由于双奇异星旋近后期为高速强场, 必须使用相对论性的引力波波形. 最直接的方法是采用后牛顿 (PN) 展开. 对于无自转的两个点粒子, 频域的波形可写为

$$\tilde{h}(f) = \mathcal{A} f^{-7/6} \mathrm{e}^{\mathrm{i}\psi(f)} . \tag{5.129}$$

在引力波相位 $\psi(f)$ 中, 第 n 阶后 PN 对应的展开元是 $(v/c)^{2n}$ [122]. 不同于黑洞, 奇异星是有延展的物质, 并不能简化为点粒子. 在双奇异星旋近的后期, 星体在伴星的潮汐场下发生形变, 由相应的潮汐形变参数来描述星体形变的难易程度[40]. 一方面, 奇异星形变吸收轨道能量, 另一方面, 潮汐形变造成的形变部分贡献引力波辐射, 两者共同导致双奇异星系统引力波相位演化较之于同等质量的点粒子在速度上加快[124,125]. 观测到的 GW170817 第一次给出了中子星潮汐形变能力的限制, 排除了一部分过硬的物态[126,127]. 我们将在 5.4.1 小节具体讨论奇异星的潮汐形变参数.

微扰方法对双奇异星并合及其之后的过程已不再有效. 数值相对论, 即用数值模拟的方法研究双星并合的过程是必要的, 数值相对论模拟的结果不仅能用来建立并合过程中的引力波辐射模板, 也是我们理解千新星观测现象的重要工具. 我们将在 5.4.3 小节讨论数值相对论对双奇异星并合模拟的新进展.

5.4.1　潮汐形变的奇异星

参见图 5.8, 对于潮汐形变的相对论星体, 其局部渐近静止参考系 (local asymptotical rest frame) 下的度规 g_{tt} 为[123,124]

$$-\frac{(1+g_{tt})}{2} = -\frac{M}{r} - \frac{3Q_{ij}}{2r^3}\left(n^i n^j - \frac{1}{3}\delta^{ij}\right) + O\left(\frac{1}{r^4}\right) + \frac{1}{2}\mathcal{E}_{ij}x^i x^j + O\left(r^3\right) , \tag{5.130}$$

其中, $\mathcal{E}_{ij}$ 是伴星的潮汐场, Q_{ij} 是潮汐场引起的四极矩. 为了表征星体的变形, 通常定义潮汐形变参数 λ:

$$\lambda \equiv -Q_{ij}/\mathcal{E}_{ij} , \tag{5.131}$$

它衡量了星体在潮汐场中变形的难易, 取决于物态. 它与 $l = 2$ 的 Love 数 k_2 的关系为 $k_2 = 3\lambda R^{-5}/2$.

为了计算公式 (5.130) 中的度规并给出潮汐形变参数 λ, 我们在球形背景上引入 $l = 2$ 的静态扰动. 在 Regge-Wheeler 规范下, 度规扰动可以表示为[128]

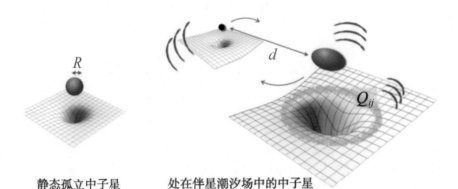

图 5.8 孤立的静态中子星 (左) 和处于伴星潮汐场中而形变的中子星 (右), 其中 R 表示中子星半径, d 表示中子星和伴星的距离. 伴星的潮汐场会导致中子星发生形变, Q_{ij} 表示形变产生的质量四极矩. 若系统是双中子星系统, 则两个中子星各自处在对方的潮汐场中并发生形变. 图片取自参考文献 [224].

$$h_{\mu\nu}^{(2m)} = Y_{2m}(\theta, \phi) \begin{bmatrix} -e^{\nu} H_0 & H_1 & 0 & 0 \\ H_1 & e^{\lambda} H_2 & 0 & 0 \\ 0 & 0 & r^2 K & 0 \\ 0 & 0 & 0 & r^2 \sin^2\theta K \end{bmatrix}, \tag{5.132}$$

其中 $Y_{lm}(\theta, \phi)$ 为球谐函数, H_0, H_1, H_2 和 K 为仅依赖于 r 的函数. 相应地, 物质的扰动为

$$\delta T_0^0 = -\delta\epsilon(r) Y_{2m}(\theta, \phi), \quad \delta T_i^i = \delta p(r) Y_{2m}(\theta, \varphi). \tag{5.133}$$

将 δp 替换为 $\delta\epsilon \, dp/d\epsilon$ 并求解线性化的爱因斯坦方程 $\delta G_\alpha^\beta = 8\pi T_\alpha^\beta$ 可得

$$H_0 = -H_2 = H, \quad H_1 = 0, \quad K' = -H' - H\nu', \tag{5.134}$$

其中, "$'$" 表示对 r 求导. 函数 $H(r)$ 和 $\alpha(r) \equiv H'(r)$ 的一般微分方程为

$$\frac{dH}{dr} = \alpha(r), \tag{5.135}$$

$$\begin{aligned} \frac{d\alpha}{dr} = &- \alpha(r) \left\{ \frac{2}{r} + e^{\lambda} \left[\frac{2m(r)}{r^2} + 4\pi r(p - \epsilon) \right] \right\} \\ &- H \left[-\frac{6e^{\lambda}}{r^2} + 4\pi e^{\lambda} \left(5\epsilon + 9p + \frac{\epsilon + p}{dp/d\epsilon} \right) - \nu'^2 \right]. \end{aligned} \tag{5.136}$$

将 $H(r)$ 和 $\alpha(r)$ 的微分方程积分至星体表面 $r = R$, 边界条件为 $r \to 0$ 时 $H(r) = ar^2$ 和 $\alpha(r) = 2ar$, 其中 a 是一个任意常数. 和慢转的情况类似, 对于夸克星和奇子

星, α 的微分方程中的 $\mathrm{d}p/\mathrm{d}\epsilon$ 在星体表面不连续. 因此, $H(r)$ 和 $\alpha(r)$ 在半径 R 处的连接条件为

$$[H] = 0, \quad [\alpha] = [H'] = -4\pi r^2 H(R_-)\rho(R_-)/M. \tag{5.137}$$

外部度规微扰 H 可以解析求解[123,128]:

$$H = c_1 \mathrm{Q}_2^2\left(\frac{r}{M} - 1\right) + c_2 \mathrm{P}_2^2\left(\frac{r}{M} - 1\right), \tag{5.138}$$

其中 c_1 和 c_2 是常数. 函数 P_2^2 是第一类 Legendre 函数, $\mathrm{P}_2^2(r/M - 1) \sim r^2$ 在 r 很大时成立, 而函数 Q_2^2 是第二类 Legendre 函数, $\mathrm{Q}_2^2(r/M - 1) \sim r^{-3}$ 在 r 很大时成立. 将 $H(r)$ 在 r 很大时的展开式与方程 (5.130) 中定义的多极矩比较可得

$$\lambda = \frac{8M^5}{45}\frac{c_1}{c_2}, \quad k_2 = \frac{3}{2}\lambda R^{-5} = \frac{4\mathcal{C}^5}{15}\frac{c_1}{c_2}. \tag{5.139}$$

将 $H(r)$ 和 $\alpha(r)$ 的解在星体表面处匹配, 并用内部解 $r = R$ 处的解来表示 c_1/c_2 的解, 就可以得到潮汐 Love 数 k_2[123]:

$$\begin{aligned}
k_2 =& \frac{8\mathcal{C}^5}{5}(1 - 2\mathcal{C})^2[2 + 2\mathcal{C}(y - 1) - y] \\
&\times \Big\{2\mathcal{C}[6 - 3y + 3\mathcal{C}(5y - 8)] \\
&+ 4\mathcal{C}^3\left[13 - 11y + \mathcal{C}(3y - 2) + 2\mathcal{C}^2(1 + y)\right] \\
&+ 3(1 - 2\mathcal{C})^2[2 - y + 2\mathcal{C}(y - 1)]\ln(1 - 2\mathcal{C})\Big\}^{-1},
\end{aligned} \tag{5.140}$$

夸克星或奇子星需要考虑方程 (5.137) 中的匹配条件, $y(R)$ 可以表示为

$$y(R) = \frac{R\alpha(R_-)}{H(R_-)} - \frac{4\pi R^3 \rho(R_-)}{M}. \tag{5.141}$$

为了计算潮汐形变参数, 可以使用 $2k_2 R^5/3$ 的关系式计算. 对于后续的引力波的波限制分析, 我们将集中讨论无量纲潮汐形变参数

$$\Lambda = \frac{2k_2}{3\mathcal{C}^5}. \tag{5.142}$$

在图 5.9 中, 我们展示了奇子星、夸克星和一般中子星的无量纲潮汐形变参数和质量之间的关系. 对于我们选定的质量范围, 一个普遍的特征是随着质量的增加, 潮汐形变参数 Λ 降低. 这是因为星体变得更加致密, 更难被形变. 对于奇子星, 随着势阱深度 ϵ_{v} 的增加和表面重子数密度 n_{s} 的降低, 物态变得更加硬, 导致最大质量和潮汐形变参数增大. 与正常中子星和夸克星相比, 奇子星在最大质量附近非常致密, 无量纲潮汐形变参数可以延伸到小于 1 的值. 对于 Schwarzschild 黑洞, 潮汐形变参数为零.

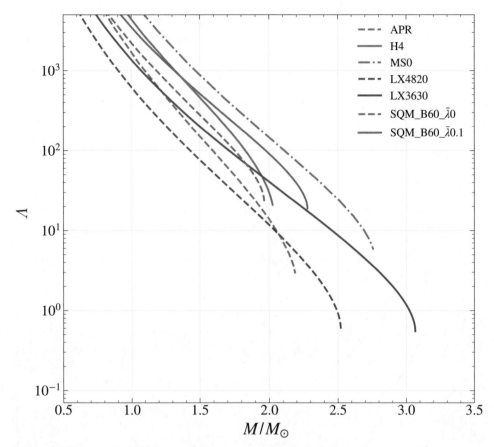

图 5.9 质量 M 和无量纲潮汐形变参数 Λ 之间的关系. 图中展示了奇子星、夸克星以及一般中子星的结果.

5.4.2 利用 GW170817 限制物态

潮汐形变与半径 R 的五次方成正比, 因此测量中子星的潮汐形变参数可以为中子星的物态提供很强的限制. 中子星的潮汐形变会对来自双中子星旋近的引力波相位产生调制. 双中子星在旋近的早期可被视为点粒子. 但是, 当双中子星系统演化到旋近的后期, 潮汐效应将影响双星系统的运动并贡献引力波辐射[124]. 该效应对引力波相位的修正取决于一个参数 $\tilde{\Lambda}$, 它是两个星体的无量纲潮汐形变参数加权的线性组合[124]

$$\tilde{\Lambda} = \frac{16}{13} \frac{(m_1 + 12m_2)\, m_1^4 \Lambda_1 + (m_2 + 12m_1)\, m_2^4 \Lambda_2}{(m_1 + m_2)^5}, \tag{5.143}$$

其中, m_i, Λ_i $(i = 1, 2)$ 分别表示双星的质量和无量纲潮汐形变参数.

GW170817 首次提供了对潮汐形变参数的限制. 文献 [130] 对低自旋假设下的潮汐形变参数的限制为 $\tilde{\Lambda} \leqslant 800$ (90% 置信度). 在典型质量为 $1.4\,M_\odot$ 时线性展开 $\Lambda(m)$, 得到 $\Lambda(1.4\,M_\odot) \leqslant 800$. 在随后的论文中[129], LIGO-Virgo 合作组将引力波频率范围从初始分析的 30 Hz 降低到 23 Hz. 此外, 他们还使用了多种复杂且更精确的波形模型, 并加入了其他物理效应 (如自旋) 用于数据分析. 文献 [129] 将潮汐形变参数 $\tilde{\Lambda}$ 限制在区间 $\tilde{\Lambda} \in (0, 630)$(高自旋假设) 和 $\tilde{\Lambda} \in (70, 720)$ (低自旋假设) 内. 文献 [131] 以天体的质量和自旋符合银河系中的双星为前提, 进一步完善了文献 [129] 的研究. 他们得出的结论是, 在 90% 的置信度下, $1.4\,M_\odot$ 的无量纲潮汐形变参数满足 $\Lambda \in (70, 580)$.

在图 5.10 中, 我们采用文献 [129] 中的后验数据, 画出了低自旋情况下 90% 置信区间. 该后验分布对致密天体的性质做出了最少的假设. 图中给出了奇子星、夸

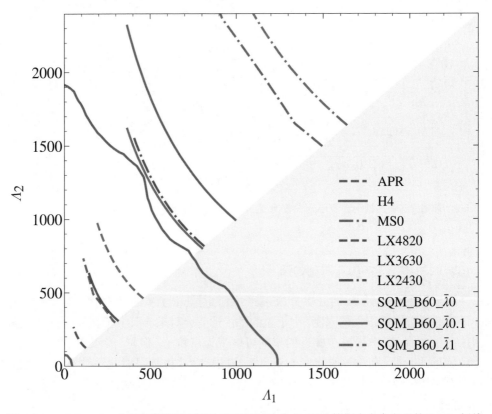

图 5.10　GW170817 中低自旋假设下潮汐形变的后验分布. 后验数据来自参考文献 [129]. 绿线表示 $\tilde{\Lambda}$ 的 90% 的置信区间, 为 300^{+420}_{-230}. 其中, 一颗星质量 $m_1 \in (1.36, 1.60)\,M_\odot$, 另一颗质量 $m_2 \in (1.16, 1.36)\,M_\odot$. 图中还展示了奇子星、中子星以及夸克星的潮汐形变. 阴影区域表示 $\Lambda_1 > \Lambda_2$.

克星和普通中子星的潮汐形变参数. 在 90% 置信水平下, 该约束排除了物态较硬的状态方程.

5.4.3 利用数值相对论模拟双奇异星并合

时空的 3+1 分解

爱因斯坦方程定义在四维时空上, 由于方程是具有协变性的张量方程, 时间坐标和三个空间坐标可以自由选取. 为了数值求解爱因斯坦场方程, 首先要选择合适的时间坐标方向, 把四维的时空切分成一系列具有相同时间坐标的类空超曲面, 这一步骤称为 3+1 分解. 对应地, 原本是张量形式的爱因斯坦方程也可通过投影的方式分解为若干含时的偏微分方程. 这样系统的演化就变为了一个 Cauchy 问题: 首先确定初始时刻的类空超曲面上的度规和物质场, 即相对论初值问题, 接着数值求解显含相应物理量的对时间的偏微分方程, 从而获得物理量的演化, 即相对论演化问题.

如图 5.11 所示, 在时空的 3+1 分解中, 时空被分解为一族类空超曲面 Σ_t. 每个超曲面由全局时间函数 t 参数化, 并且在每一点上都具有一个唯一的类时单位法向量 n^μ,

$$n^\mu = \left(\frac{1}{\alpha}, \frac{-\beta^i}{\alpha} \right), \quad n_\mu = (-\alpha, \mathbf{0}), \tag{5.144}$$

其中时移 (lapse function) α 是四维速度为 n^μ 的观测者测量的时间, 即刻画了类空超曲面上某一点沿着法线方向到下一个超曲面的固有时, 空移 (shift vector) β 描述超曲面上的点沿着时间坐标方向移动到下一个超曲面之后, 与沿着法线方向的偏离, 即

$$t^a = (\partial/\partial t)^a = \alpha n^a + \beta^a. \tag{5.145}$$

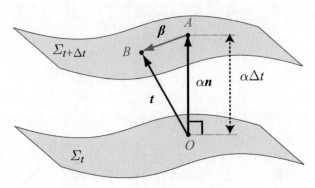

图 5.11 时空 3+1 分解的示意图. 取自参考文献 [132].

然后, 时空度规 g_{ab} 在每个超曲面上引入了一个空间度规, 其表达式为

$$\gamma_{ab} = g_{ab} + n_a n_b,\tag{5.146}$$

满足 $n^a \gamma_{ab} = 0$. 通过 3+1 分解, 时空线元可写为

$$g_{\mu\nu}\mathrm{d}x^\mu \mathrm{d}x^\nu = -\alpha^2 \mathrm{d}t^2 + \gamma_{ij}\left(\mathrm{d}x^i + \beta^i \mathrm{d}t\right)\left(\mathrm{d}x^j + \beta^j \mathrm{d}t\right),\tag{5.147}$$

其中 γ_{ij} 代表分解到三维类空超曲面上的度规, 具有 6 个自由度.

约束方程和演化方程

在具体介绍数值相对论的基本方程前, 考虑经典牛顿力学中一个粒子的演化. 给定粒子的初始位置 x_{p}^i 和初始速度 v_{p}^i, 粒子 p 的演化由以下的运动方程决定

$$\frac{\mathrm{d}x_{\mathrm{p}}^i}{\mathrm{d}t} = v_{\mathrm{p}}^i, \qquad \frac{\mathrm{d}v_{\mathrm{p}}^i}{\mathrm{d}t} = f_{\mathrm{p}}^i,\tag{5.148}$$

其中 f_{p}^i 表示粒子受到的力. 作一类比, γ_{ab} 是对应于上述方程中的 x_{p}^i. 类似地, 我们希望定义一个对应于速度 v_{p}^i 的变量, 即与空间超曲面 Σ_t 上空间度规的时间导数相关的量. 空间度规的一个定义良好的协变 "时间导数" 是外曲率 (图 5.12)

$$K_{ab} \overset{\mathrm{d}}{=} -\gamma_a{}^c \nabla_c n_b = -\frac{1}{2}\mathcal{L}_n \gamma_{ab},\tag{5.149}$$

这里 K_{ab} 是对称的空间张量, $\mathcal{L}_n$ 表示沿着矢量 n^a 的 Lie 导数.

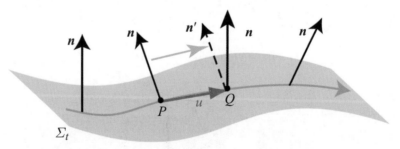

图 5.12　外曲率的几何解释. n 表示空间超曲面 Σ_t 的类时单位法向矢量场 n^a, 而 n' 表示通过沿空间测地线从 P 到 Q 平行移动 n' 得到的类时向量, 其切向矢量为 u. 外曲率表示 n' 与 n 之间的差异程度. 对于给定的时空, 如果空间超曲面以 "弯曲" 的方式嵌入, 则外曲率不为零. 取自参考文献 [132].

在 3+1 分解的框架下, 爱因斯坦方程可被分解为两类, 一类是约束方程, 其中不含 γ_{ab} 的时间二阶导数 (或 K_{ab} 的一阶时间导数). 另一类是演化方程, 包含 γ_{ab}

的时间二阶导数, 描述系统的动力学演化. 在给出这些方程前, 我们首先介绍 3+1 分解下的能量动量张量

$$T_{ab} = \rho_{\mathrm{h}} n_a n_b + J_a n_b + J_b n_a + S_{ab} \,, \tag{5.150}$$

其中

$$\rho_{\mathrm{h}} \equiv T_{ab} n^a n^b \,, \quad J_a \equiv -T_{bc} n^b \gamma^c{}_a \,, \quad S_{ab} \equiv T_{cd} \gamma^c{}_a \gamma^d{}_b \,. \tag{5.151}$$

通过将爱因斯坦方程投影到 $n^a n^b$ 和 $n^a \gamma^b_c$, 可得到如下的 Hamilton 约束方程和动量约束方程

$$R - K_{ab} K^{ab} + K^2 = 16\pi \rho_{\mathrm{h}} \,, \tag{5.152}$$

$$D_a K_b{}^a - D_b K = 8\pi J_b \,. \tag{5.153}$$

空间度规 γ_{ab} 和外曲率 K_{ab} 的演化方程为

$$\left(\partial_t - \beta^k \partial_k \right) \gamma_{ij} = -2\alpha K_{ij} + \gamma_{ik} \partial_j \beta^k + \gamma_{jk} \partial_i \beta^k \,, \tag{5.154}$$

$$\begin{aligned}
\left(\partial_t - \beta^k \partial_k \right) K_{ij} &= \alpha R_{ij} - 8\pi\alpha \left[S_{ij} - \frac{1}{2} \gamma_{ij} \left(S_k^k - \rho_{\mathrm{h}} \right) \right] \\
&\quad + \alpha \left(-2 K_{ik} K_j^k + K K_{ij} \right) \\
&\quad - D_i D_j \alpha + K_{ik} \partial_j \beta^k + K_{jk} \partial_i \beta^k \,.
\end{aligned} \tag{5.155}$$

最后, 我们计算几何变量 (γ_{ab}, K_{ab}) 中实际的动力学自由度. 方程 (5.154) 和 (5.155) 总共有 12 个分量, 约束方程施加了 4 个约束, 所以 Σ_t 上的自由度减少到 $12 - 4 = 8$. 此外, 我们在选择 α 和 β 时有 4 个规范自由度, 所以最终得到动力学自由度的数量为 $8 - 4 = 4$. 这是 (γ_{ab}, K_{ab}) 的自由度. 除以 2 可知 γ_{ab} 在每个空间点有 2 个动力学自由度. 它们对应于引力波的 "+" 和 "×" 两种模式.

流体动力学

广义相对论的一个独特性质是我们必须同时求解爱因斯坦方程和物质方程; 在求解爱因斯坦方程时, 必须已知 T_{ab}, 而在求解物质方程时, 必须已知时空度规 g_{ab}, 其演化方程已在前面给出. 物质的演化方程由能量动量张量守恒方程 (5.44) 和静质量守恒方程决定. 方便起见, 我们定义

$$S_i \equiv \sqrt{\gamma} J_i \,, \quad S_0 \equiv \sqrt{\gamma} \rho_{\mathrm{h}} \,. \tag{5.156}$$

对于由公式 (5.12) 给定的理想流体可得

$$S_i = \sqrt{\gamma} \rho w h u_i \,, \quad S_0 = \sqrt{\gamma} \left(\rho h w^2 - P \right) \,, \quad S_{ij} = \rho h u_i u_j + P \gamma_{ij} \,, \tag{5.157}$$

其中

$$w = -u^a n_a = \alpha u^t,\tag{5.158}$$

是流体元相对于 Euler 观测者 (四维速度为 n^μ) 的洛伦兹因子. 将能量动量张量守恒方程投影到沿着 n^a 的方向 ($n^a \nabla_b T_a^b = 0$) 可得流体元的能量守恒方程

$$\partial_t S_0 + \partial_i \left[S_0 v^i + P \left(v^i + \beta^i \right) \sqrt{\gamma} \right] = \alpha \sqrt{\gamma} S_{ij} K^{ij} - S_i D^i \alpha,\tag{5.159}$$

而投影到三维空间的超曲面上 ($\gamma_i{}^a \nabla_b T_a^b = 0$) 可得 Euler 方程

$$\partial_t S_i + \partial_k \left(S_i v^k + P\alpha\sqrt{\gamma}\delta^k{}_i \right) = -S_0 \partial_i \alpha + S_k \partial_i \beta^k - \frac{1}{2}\alpha\sqrt{\gamma}S_{jk}\partial_i\gamma^{jk}.\tag{5.160}$$

这里 $v^i \equiv u^i/u^t$ 是坐标三个方向的速度, 可写为

$$v^i = -\beta^i + \gamma^{ij}\frac{u_j}{u^t}.\tag{5.161}$$

静质量守恒方程为

$$\begin{aligned}
\nabla_\mu \left(\rho u^\mu\right) &= \partial_t \left(\rho\sqrt{-g}u^t\right) + \partial_i \left(\rho\sqrt{-g}u^i\right)\\
&= \partial_t(\sqrt{\gamma}\rho w) + \partial_i \left(\sqrt{\gamma}\rho w v^i\right)\\
&= \partial_t \rho_* + \partial_i \left(\rho_* v^i\right) = 0,
\end{aligned}\tag{5.162}$$

其中 $\rho_* \equiv \rho\sqrt{-g}u^t = \rho w\sqrt{\gamma}$. 可见, 方程被写成为和平直时空一样的形式. 系统的静质量定义为

$$M_{\rm b} \equiv \int {\rm d}^3 x \rho_* = \int {\rm d}^3 x \rho\sqrt{-g}u^t = \int {\rm d}V\rho\alpha u^t,\tag{5.163}$$

是一个守恒量.

双参数的理想流体由 7 个参数描述 (ρ, e, p, u^μ), 除去以上的 5 个方程还需 2 个方程. 这 2 个方程是物态方程和四维速度归一化方程, 后者可以用洛伦兹因子 w 写为

$$w^2 = 1 + \gamma^{ij}u_i u_j = 1 + \gamma^{ij}\frac{S_i S_j}{\rho_*^2 h^2}.\tag{5.164}$$

另一个方便使用的关系为

$$e_0 = \frac{S_0}{\rho_*} = hw - \frac{P(h,w)\sqrt{\gamma}}{\rho_*}.\tag{5.165}$$

数值计算中演化守恒的变量是 ρ_*, S_i 和 S_0, 利用给定的物态方程 $p = p(\rho, e)$, 接着使用上述两个方程可解出洛伦兹因子 w 和比焓 h. 当获得 w 和 h 的解后, 我们可

以进一步确定所谓的原始变量, 即 ρ, ϵ 和 u_i(或者 v_i), 所以利用上面两个方程获得原始变量的过程也称为原始恢复 (primitive recovery).

行文至此, 似乎只要我们先使用 4 个约束方程在初始超曲面上求解出符合约束的初值, 然后利用时空和物质的演化方程即可成功刻画时空和物质在每一时刻的状态. 但上述的时空演化方程仅有弱双曲性, 在模拟过程中数值误差产生后持续积累并且违背约束条件, 数值计算不稳定. 为了成功地演化双中子星和双黑洞系统并且保证较高的数值精确度, 人们花费了约半个世纪来寻找合适的规范条件和演化方程形式. 在本书中我们不做深入讨论, 感兴趣的读者可以阅读参考文献 [132].

双奇异星并合的演化

通过天文上观测质量、半径、潮汐形变参数等物理量很难彻底区分中子星和奇异星. 因此厘清涉及奇异星和中子星的并合事件之间的差异, 并通过多信使观测验证这些差异, 可以极大地丰富我们对强相互作用本质的理解. 尽管在构建夸克星初始数据方面有这些尝试, 但在其动力学演化方面的进展仍然非常有限. 其中主要的原因是, 不同于引力束缚的中子星, 奇异星是强力自束缚的体系, 具有非零的表面密度. 处理奇异星表面的这种不连续性是数值模拟中的一个挑战. 此外, 以传统方式计算的奇异星的比焓 h 在压力趋于零时不等于 1, 这会导致上文提到的原始恢复 (即从直接演化的守恒变量恢复为基本热力学变量) 的过程中出现问题.

周恩平等人[134] 给出了完整广义相对论下总质量为 $3.0 M_\odot$, $3.05 M_\odot$, $3.1 M_\odot$ 等的双奇异星并合过程. 该工作采用如下的袋模型

$$
\begin{aligned}
p_{\text{cold}} &= K\rho^{4/3} - B, \\
\epsilon_{\text{cold}} &= 3K\rho^{4/3} + B,
\end{aligned}
\tag{5.166}
$$

其中p_{cold}, ρ和ϵ_{cold}是零温下的压强、静质量密度和能量密度. 参数K可以取为

$$
K = \left(\frac{c^8}{256B}\right)^{1/3},
\tag{5.167}
$$

这种选取的方法保证了表面比焓的连续性, 即在星体表面 $h = 1$. 值得注意的是, 星体的静质量会随着 K 的选取而改变, 但是这一操作并不影响其他流体量的演化. 后面展示的数值演化模型采用表 5.2 中的参数. 为了描述双星并合中的激波加热 (shock heating) 过程, 文献 [134] 采用混合的物态, 即压强由零温部分加上一个由理想气体描述的热成分,

$$
p = p_{\text{cold}} + (\Gamma_{\text{th}} - 1)\rho e_{\text{th}},
\tag{5.168}
$$

其中 e_{th} 表示单位质量内能的热成分, 即

$$
e_{\text{th}} = e - e_{\text{cold}}(\rho).
\tag{5.169}
$$

文献 [134] 中取 $\Gamma_{th} = 4/3$, 这对自由夸克构成的夸克星是一个非常好的近似.

表 5.2 文中数值模拟所采用的 MIT 袋模型参数, 采用厘米-克-秒 (CGS) 制单位. 表中还列出了最大质量球对称解的质量和半径, 以及 $1.4\,M_\odot$ 奇异星的半径 ($R_{1.4}$) 和潮汐形变率 ($\Lambda_{1.4}$). 该模型满足大质量脉冲星[133] 以及潮汐形变率的上限[126] 限制. 取自文献 [134].

$B/(\mathrm{erg} \cdot \mathrm{cm}^{-3})$	8.3989×10^{34}
$K/(\mathrm{g}^{-1/3} \cdot \mathrm{cm}^3 \cdot \mathrm{s}^2)$	3.1191×10^{15}
$\rho_s/(\mathrm{g} \cdot \mathrm{cm}^{-3})$	3.737×10^{14}
$M_{\mathrm{TOV}}/M_\odot$	2.100
$R_{\mathrm{TOV}}/\mathrm{km}$	11.5
$R_{1.4}/\mathrm{km}$	11.3
$\Lambda_{1.4}$	598

并合后发生无延迟坍缩或形成超大质量残余星体, 会在引力波、短 γ 射线暴和千新星对应体中表现出非常显著的观测特征. 为探究某个模型是否会发生无延迟坍缩, 可跟踪最小的时移 $\alpha_{\min}$ 的演化. 对于等质量双星, $\alpha_{\min}$ 的反弹与并合后的残余物反弹有关, 会在并合过程中驱动动力学抛射物 (dynamical ejecta). 相比之下, 在无延迟坍缩的情况下, 反弹不存在, 残余物直接坍缩成黑洞, 抛射物可以忽略不计. 基于此, 文献 [134] 尝试通过搜索 $\alpha_{\min}$ 没有反弹时质量最小的模型来识别无延时坍缩.

图 5.13 上图展示了三个具有不同总质量的 MIT3.00, MIT3.05, MIT3.10 袋模型在两种不同分辨率下的 $\alpha_{\min}$ 演化过程. 对于总质量为 $3.0M_\odot$ 和 $3.05M_\odot$ 的 MIT3.00, MIT3.05 模型, 在坍缩成黑洞之前, $\alpha_{\min}$ 发生了一次反弹. 而对于质量为 $3.1M_\odot$ 的 MIT3.10 模型, 并合后的残余物在没有发生任何反弹的情况下直接坍缩成黑洞, 这将该状态方程模型的临界质量 M_{thres} 限定在 $3.05M_\odot$ 和 $3.1M_\odot$ 之间. 该结论在两种不同分辨率下一致. 在黑洞形成之前, 并合残余物的寿命可以通过 $\alpha_{\min}$ 第一次达到局部最小值与其趋近于零之间的时间间隔来衡量. 如图 5.13 上图, MIT3.00 和 MIT3.05 模型的残余物寿命相似, 约为 1 ms, 而 MIT3.10 模型的残余物寿命几乎为零, 这与无延迟坍缩的情景类似.

图 5.13 下图展示了每个模型的抛射物质量的时间演化情况. 结果显示, 抛射物质量与并合产物密切相关. 对于 MIT3.10 模型, 由于并合发生得更早, 抛射物数量的增加也更早出现, 但由于并合残余物没有反弹, 其最终抛射物总量较低. 与残余物寿命的观察结果相似, MIT3.00 和 MIT3.05 模型的抛射物质量几乎相同, 而 MIT3.10 与其他两个模型之间的差异较大.

根据上述讨论, 表 5.2 中的 MIT 袋模型的无延迟坍缩临界质量应位于 $3.05M_\odot$

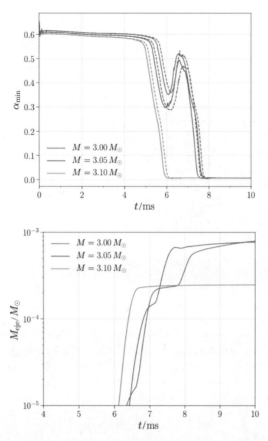

图 5.13 上图展示了三个模型 MIT3.00 (蓝色曲线)、MIT3.05 (红色曲线) 和 MIT3.10 (绿色曲线) 的 $\alpha_{\min}$ 演化. 下图展示了三个模型的动力学抛射物的质量 M_{eje}. 低分辨率和高分辨率的结果分别用虚线和实线表示. 取自参考文献 [134].

到 $3.1 M_\odot$ 之间. 因为该模型对应的刚性转动的极限质量 $M_{\mathrm{max,urot}} = 3.03$, 所以一颗总质量非常接近刚性旋转最大质量的奇异星在并合后会经历无延迟坍缩 (如图 5.14 所示). 这与双中子星情况存在显著差异: 对双中子星, 其临界质量 M_{thres} 远高于刚性旋转的最大质量 $M_{\mathrm{max,urot}}$, 因此, 总质量接近 $M_{\mathrm{max,urot}}$ 的双中子星, 并合通常会产生一个在较差转动被消耗后仍能存活的相对较长时间的残余物.

MIT3.00 模型, 按定义对应于超大质量残余物的情景, 却在 2 ms 内坍缩为黑洞, 这与双中子星并合后的演化情景不同. 原因在于, 奇异星虽然可以通过刚性/较差转动达到更高的最大质量, 但这些平衡位形需要更高的角动量来支撑其质量. 然而, 对于一个固定总质量的双星系统, 双中子星和双奇异星并合残余物中的最终角动量是相似的, 由旋近阶段引力波辐射的角动量决定. 因此, 总质量接近 $M_{\mathrm{max,urot}}$

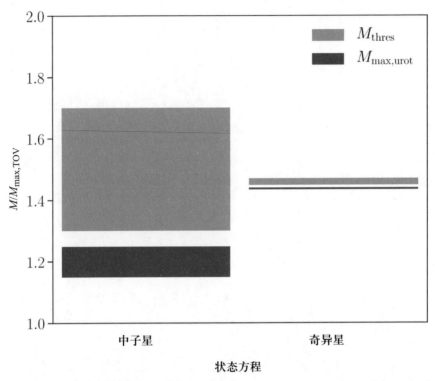

图 5.14　中子星和奇异星的 M_{thres} (橙色阴影区域) 与 $M_{\text{max,urot}}$ (蓝色阴影区域) 之间的定量关系. 图的左半部分展示中子星的结果, 图的右半部分展示奇异星的结果. 奇异星的结果是根据文献 [134] 中 MIT 袋模型的计算结果得到的, 而中子星的结果则基于各种中子星状态方程模型的研究 (因此弥散更大). 对于任意特定的中子星状态方程, M_{thres} 和 $M_{\text{max,urot}}$ 在图中的阴影范围内具有唯一值. 因此, 中子星情况下两种阴影区域之间的间隙仅为任意给定物态模型中 M_{thres} 与 $M_{\text{max,urot}}$ 差异的下限, 但仍然远大于文献 [134] 所考虑的奇异星情形. 取自参考文献 [134].

的双奇异星系统可能经历无延迟坍缩, 因为并合产物无法获得足够的角动量来支撑自身.

　　未来, 为了更好地理解双奇异星并合的电磁信号, 需要将更复杂的核物理模型同核合成与模拟结果相结合. 此外, 由于当前应用于奇异星的原始恢复的限制, 探索热成分和中微子的影响相当复杂且耗时. 未来重要的是将研究扩展到更普遍的情况, 系统地探索微观物理和质量比对双奇异星并合动力学的影响.

第六章　奇异星的观测证认与展望

伴随人类的文明和发展的, 是越来越深入地理解丰富的物质世界的进程: 从西方的前苏格拉底时代就猜测原子论, 到上世纪初发现原子核, 直至如今正在探索亚核子世界. 在粒子物理标准模型业已成熟的今天, 奇异物质的存在可能逐渐受到关注. 这方面的研究, 不仅能丰富人们所认识的物质形态, 而且涉及跟强引力场中致密物质属性紧密相关的极端天体物理现象. 在介绍了奇异物质的微观物理和奇异星的宇观表现后, 我们在此简要地讨论未来如何结合多信使的天文学观测来证认奇异星的存在.

6.1　动力学检验: 质量与潮汐形变量

如前所述, 在给定物态方程的前提下, 通过求解流体静力学平衡方程即 TOV 方程就可以得到致密星的质量和半径, 其对应的潮汐形变量和转动惯量等可进一步采用微扰近似得到. 由此可见, 致密星的质量、半径、潮汐形变量等宏观性质由物态方程唯一确定. 而物态方程给出致密星物质内部压强 p 和能量密度 ε 之间的关系, 包含了致密星物质的组分及其相互作用的重要信息. 在给定密度下, 若致密星物质的压强较大, 则物态方程较"硬", 而反之则较"软". 不同的致密星组分和结构以及不同的相互作用都会给出不同的物态方程, 其对应的致密星质量-半径关系也会不同. 因此, 相较于其他的观测量, 对致密星宏观性质的测量能够直接约束其物态方程, 在此基础之上给出奇异星的观测检验.

图 6.1 展示了典型的中子星物质和奇异星物质的状态方程关系及其对应的致密星质量-半径 (M-R) 关系, 图中箭头将给定质量和半径 (M-R) 的致密星与其对应的物态方程上的中心能量密度和压强连接起来, 而箭头上的数字表示中子星中心重子数密度 n_c/n_0 和奇异星中心能量密度 $\varepsilon_c/\varepsilon_0$, 其中 $n_0 \approx 0.16 \text{ fm}^{-3}$ 和 $\varepsilon_0 \approx 150 \text{ MeV} \cdot \text{fm}^{-3}$ 为核物质的饱和密度及其对应的能量密度. 对于图中由实线表示的中子星, 其内部主要由中子、质子、电子和 μ 子构成. 此外, 在其核心处还可能存在介子、超子或者解禁闭的夸克物质. 而虚线表示的奇异星物质主要由解禁闭的夸克物质或奇异物质构成. 由图 6.1 左可见, 中子星物质在压强 p 趋于 0 时密度也趋于 0, 因此其表面物质只有在引力的作用下才能被束缚在中子星中, 即中子星本质上只能被引力束缚. 而对于奇异星, 其内部物质在压强 p 趋于 0 时密度为有限值, 这表明奇异星表面主要由强相互作用束缚在一起, 即奇异星是自束缚的. 在质量较

低的情况下, 就算引力可被忽略, 奇异星仍然能够稳定存在, 因此奇异星的质量和半径可以非常小 (对于奇子物质, 若临界重子数 $A_c \sim 10^9$ 的话, 半径仅千飞米). 这就造成了小质量奇异星和中子星在质量-半径关系上的巨大差别, 如图 6.1 右所示, 奇异星的质量和半径能够趋于 0, 而中子星却存在质量和半径的下限. 因此, 若发现存在质量和半径都异常小的致密星, 那么极有可能该致密星由奇异物质构成 (如奇异行星).

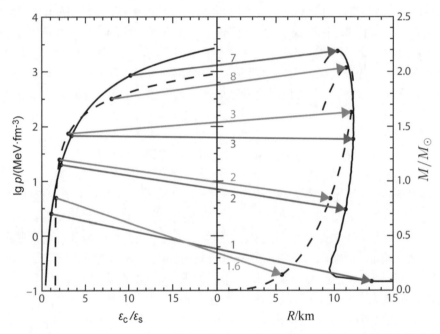

图 6.1 典型的中子星物质 (实线) 和奇异星物质 (虚线) 状态方程 (左图) 及其对应的致密星质量-半径 (M-R) 关系 (右图). 图中箭头将特定的中心能量密度和压强值与其对应的 (M, R) 点连接起来, 其中最上面的箭头标记最大质量中子星及奇异星. 摘自文献 [135].

举一个例子. 最近, 德国图宾根大学天文学与天体物理研究所的 Victor Doroshenko 等人基于 X 射线光谱建模和盖亚天文卫星 (Gaia Astrometry Satellite) 的观测数据, 研究了位于超新星遗迹 HESS J1731–347 中的中心致密天体, 发现该致密星的质量和半径分别为 $M = 0.77^{+0.20}_{-0.17}\,M_\odot$ 和 $R = 10.4^{+0.86}_{-0.78}$ km[137]. 此外, 2015 年李兆升等人发现脉冲星 4U 1746–37 的质量和半径也可能非常小[136]. 图 6.2 展示了他们根据光球半径膨胀暴 (PRE burst) 而估算得到的脉冲星 4U 1746–37 的质量-半径分布, 此外, 图 6.2 还绘制了典型的奇异星 (彩色) 和中子星 (黑色) 的质量-半径关系. 可见, 由于允许壳层结构不存在, 裸奇异星的质量和半径可以很小. 在这种情况下, 很有可能 HESS J1731–347 和 4U 1746–37 所对应的致密天体就是由解禁闭的夸克物质或奇子物质构成的奇异星, 其对应的质量和半径都小于传统的中子星模型. 当然, 由于目前观测的误差较大, 还需要对这些致密天体进行更加细致的研究以最终确认其真实的质量和半径.

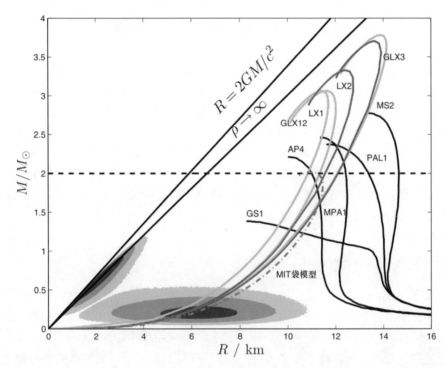

图 6.2 脉冲星 4U 1746–37 的 1σ, 2σ 和 3σ 置信区间内的质量-半径分布, 其中假定最亮光度对应于 Eddington 光度. 图中水平虚线表示在 $2M_\odot$ 处的致密星质量, 黑色直线分别表示广义相对论极限和中心密度极限下质量-半径关系的上限. 右边的黑色实线对应于中子星的质量-半径关系, 而彩色实线和虚线对应于奇异星的质量-半径关系. 摘自文献 [136].

除此之外, 2017 年 LIGO 和 Virgo 合作组发现了第一个双中子星并合引力波事件 GW170817[138], 为人们理解致密星内部结构打开了新的窗口. 特别地, 当两颗致密星互相绕转时会因为辐射引力波而逐渐损失轨道角动量并不断靠近, 此即双星并合过程的旋近阶段. 最终在双星并合之前, 由于受到伴星潮汐力的作用, 致密星发生潮汐形变, 从而改变了旋近阶段的轨道运动. 通过测量此时双星系统引力波信号频率偏离质点近似的程度, 就可以反过来约束致密星的潮汐形变参数 Λ, 进而约束物态方程. 具体来说, Λ 越小的致密星在潮汐场下越难发生形变, 而 Λ 越大的致密星则越容易形变. 对于传统中子星, 较软的物态方程使其在较小半径时达到引力平衡, 此时星体更致密也更难发生形变, 对应于较小的 Λ, 而较硬的物态反之. 同时,较软的物态方程对应于较小的中子星最大质量 $M_{\rm TOV}$, 而较硬的物态方程 $M_{\rm TOV}$ 也更大. 在 5.4.1 小节我们具体讨论了奇异星的潮汐形变参数, 可见, 结合其他对致密星质量和半径的测量, 我们可以对致密星的内部结构给出干净的动力学约束.

6.2　数值相对论效应与 γ 射线暴

双中子星并合过程涉及复杂的时空动力学和物质效应. 首先, 若总质量不是过高, 双中子星在并合后会形成一颗快速且非刚性均匀旋转的大质量中子星, 其非轴对称形变和振荡会产生丰富的引力波信号, 这些信号携带着中子星物态的重要信息. 其次, 双中子星并合会抛射大量物质, 伴随着丰富的电磁辐射. 双中子星并合事件 GW170817 就是这样的一个例子, 这个事件中同时成功探测到了 γ 射线暴 GRB170817A 和千新星 AT2017gfo 等电磁信号. 这些电磁波段的物理现象和并合后中心引擎的本质有着紧密的联系, 其中数值相对论模拟发挥着不可或缺的作用. 此外, 并合后喷流火球的产生与结构也是数值相对论研究中的挑战, 与强引力场中致密物态有关.

6.2.1　并合后的引力波特征

双奇异星并合后若形成一颗大质量奇异星, 其引力波特征会包含物态的信息, 而找到把引力波观测与物态方程联系起来的方法至关重要. 图 6.3 展示了典型的双中子星并合后时域和频域的波形[139]. 人们采用不同的物态模型和质量比, 发现双中子星并合后的频域波形有几个显著的峰[140,141], 目前普遍认为主峰的频率是星体 $l = m = 2$ 的基频振荡引起的[141,142], 其与并合后大质量中子星的平均密度呈正相关[142]. 若通过引力波观测推测出并合后的峰值频率和双星各自的质量, 就可限制并合后星体的平均密度, 从而给出中子星物态的限制. 但是依靠这种方法来区分中子星和奇异星难度较大, 有很强的参数简并性.

双中子星并合后主峰的频率和并合前双星的无量纲潮汐形变参数 $\tilde{\Lambda}$ 存在物态依赖性较小的普适关系[143]. 近来一些工作考虑了并合后强相互作用相变的情形[144]: 在并合之前, 两个互相绕转的中子星质量较小密度较低, 由一般的中子星物态模型描述, 而在并合发生后, 因为质量增加, 星体的中心密度也随之变大, 中心区域可能会出现一个导致强相互作用相变发生的高密度区域并产生夸克物质. 相变发生后物质转化到了能量更低的状态, 中子星变 “软” 了. 在引力的作用下, 软化的中子星半径会有一定收缩, 星体振荡的频率会因此变大并偏离原本不依赖于物态的与潮汐形变能力的关联. 这对探索中子星内部强相互作用相变提供了一种可能的思路. 文献 [134, 145] 发现奇异星并合仍旧满足一般中子星的普适关系, 很难区分两类模型. 因此, 依据并合后引力波的观测来证实或证伪奇异星依然任重而道远.

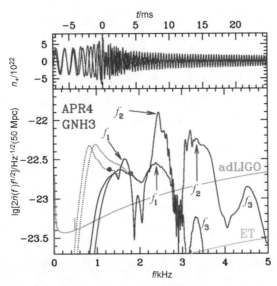

图 6.3 上方: APR4 和 GNH3 状态方程下双中子星的 n_+ 演化 (分别为红色和蓝色曲线), 观测源距离为 50 Mpc. 下方: 并合后两个状态方程的频谱密度 (Power Spectral Density, PSD) 及高新 LIGO (绿色线) 和爱因斯坦望远镜 (淡蓝色线) 的灵敏度曲线; 虚线显示了旋近阶段的功率谱, 圆点标记两颗星接触时的频率. 该图取自参考文献 [139].

6.2.2 物质抛射与千新星

在传统的双中子星框架下, 数值模拟发现双中子星并合过程中产生的抛射物主要分为动力学抛射物和盘风抛射物两类[146,147]. 前者主要是由并合本身的动力学过程导致, 比如在双星旋近阶段, 由于潮汐力矩就会导致大量的中子星物质在公转轨道面方向上被抛出, 由于此时双星还未直接接触, 温度很低, 这些抛射物也以富中子物质为主; 而在双星旋近并接触的瞬间, 星体互相挤压导致接触面上会产生激波, 并在两极的方向上抛射出大量物质, 此时由于双中子星已经直接接触, 温度大幅升高, 大量的中微子辐射会改变抛射物的成分, 使得中子的比例下降. 盘风抛射物形成于双中子星并合之后, 星体外会残留一定质量的仍然被引力束缚的物质形成遗迹盘. 由于盘内的黏滞性导致的角动量转移, 以及来自并合之后形成的高温中子星的中微子辐射和星风驱动, 会导致物质从盘内被抛出. 同样, 由于高温和中微子照射, 这一部分抛射物的中子丰度也相对较低.

数值相对论的结果显示, 潮汐形变能力较大的物态, 潮汐力矩导致的抛射物相应地会较多. 激波导致的动力学抛射物, 与物态之间没有明显关联; 除非物态特别软, 在并合之后迅速形成了黑洞, 在这种情况下, 该部分抛射物的量会明显降低. 盘风抛射物主要依靠遗迹盘的黏滞性和中心天体的中微子辐射来驱动, 因而其总量的多少取决于并合形成的大质量中子星在坍缩为黑洞之前能存在多久. 因此, 对于不同成分多寡的研究可以告诉我们物态软硬度以及并合后大质量中子星存在时间的信息.

双中子星并合后的抛射物内的中子丰度会决定后续的核合成的元素种类. 对于传统的中子星模型, 并合后的抛射物可通过快中子俘获生成大量镧系元素[147–150]. 若是奇异星并合, 相关的核合成过程的研究还有待深入[151,152]. 未来更多千新星的观测有望解决脉冲星类致密天体是中子星抑或奇异星的疑问.

6.2.3 无延迟坍缩临界质量

对于双中子星并合系统, 当总质量较大时, 并合产物可能是黑洞; 而总质量较小时, 则可能形成中子星残骸, 后者可能会在延迟一段时间后坍缩为黑洞. 通常, 随着双星总质量的减少, 残余中子星的寿命会延长. 基于瞬时和延迟黑洞形成之间的差异, 可以引入一个无延迟坍缩的临界质量 M_{thres}, 该值是可测量的. 双星总质量 M_{tot} 可以通过并合前的引力波信号推断出来. 并合产物可通过并合后的引力波信号来区分 (在直接坍缩形成黑洞的情况下, 并合后信号会非常微弱), 或通过电磁对应体的特性进行判断. 对于无延迟坍缩事件, 电磁对应体的质量抛射较少, 预计其亮度相对较低. 因此, 结合不同 M_{tot} 系统的观测, 以及对并合产物的多信使信息的多次测量, 可以推断出 M_{thres}.

为了探索中子星物态方程与无延迟坍缩临界质量之间的依赖关系, 通常研究上述无延迟坍缩临界质量与球对称静态中子星极限质量 (M_{TOV}) 的比值, 即 $k = M_{thres}/M_{TOV}$. 众多模拟结果表明[153–156], 比值 k 随物态的不同而变化, 并且与球对称极限质量解对应的致密度 $C_{TOV} = M_{TOV}/R_{TOV}$ 呈负相关. 未来, 通过更多双中子星并合事件的观测, 我们可以从引力波与千新星的观测中获取无延迟坍缩临界质量的信息, 从而对极限质量 M_{TOV} 及其对应的半径 R_{TOV} 进行限制.

6.2.4 短 γ 射线暴

GW170817A 证实了双中子星并合是短 γ 射线暴的前身. 在双中子星并合中产生的相对论性喷流很可能由磁流体动力学过程驱动. 与此相关的相对论性喷流的能量来源 —— 是否是由中子星、奇异星, 还是由黑洞作为中心引擎驱动 —— 仍不确定[157]. 经过大约二十年的广义相对论磁流体力学模拟, 目前数值相对论领域对传统中子星并合模拟的共识是: 开尔文-亥姆霍兹不稳定性在并合时会在短时间内 (小于 5 ms) 产生强磁湍流[158–160]. 由于该不稳定性的增长率与波数成正比, 小尺度涡旋可能在比相关动力学时间尺度更短的时间内迅速增长. 这些涡旋会使磁力线扭曲, 从而有效增强小尺度磁场. 然而, 如何通过有效的发电机制从小尺度磁场建立大尺度磁场并产生相对论性喷流, 仍然没有解决.

在黑洞作为中心引擎的图像中, 当大质量中子星坍缩为黑洞后, 在形成的盘内部发生大尺度发电机过程. 一旦在盘内建立起大尺度磁场, Blandford-Znajek 机制就可以从黑洞中提取转动能, 驱动相对论性喷流[161-164]. 然而, 是否能够通过盘发电机作用生成足够强的大尺度磁场, 以有效提取黑洞的转动能量, 仍然是一个未解的问题.

在长时标存在的大质量中子星作为中心引擎的图像中, Kiuchi 等人[165] 通过超高分辨率的中微子辐射磁流体动力学模拟, 发现由磁旋转不稳定性 (Magneto-Rotational Instability, MRI) 驱动的 $\alpha\Omega$ 发电机在大质量中子星内部建立起大尺度磁场. 结果表明, 大尺度磁场引发了一个坡印亭流为主导的相对论性外流, 具有约 $10^{52}\,\mathrm{erg\cdot s^{-1}}$ 的各向同性等效光度, 见图 6.4. 据超磁星假说, 超强磁化的中子星在

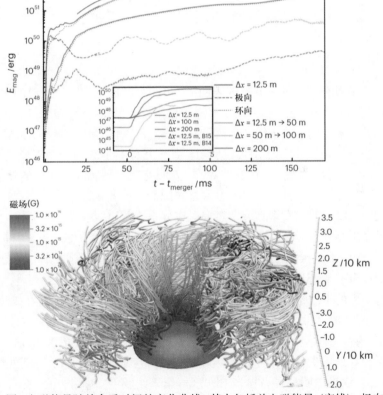

图 6.4 上图: 电磁能量随并合后时间的变化曲线, 其中包括总电磁能量 (实线)、极向分量 (虚线) 和环向分量 (点线). 紫色曲线表示网格分辨率 $\Delta x = 200\,\mathrm{m}$ 的模拟结果. 插图展示了开尔文-亥姆霍兹不稳定性引起的磁场放大效应如何依赖于初始磁场强度和网格分辨率. B14 和 B15 分别表示 $B_{0,\max} = 10^{14}\,\mathrm{G}$ 和 $10^{15}\,\mathrm{G}$. 下图: 在 $t-t_{\mathrm{merger}} \approx 130\,\mathrm{ms}$ 时, 密度 $\rho < 10^{13}\,\mathrm{g\cdot cm^{-3}}$ 的区域中的磁力线图像. 超大质量中子星的核心区域显示了密度 $\rho < 10^{13}\,\mathrm{g\cdot cm^{-3}}$ 的部分.

双中子星并合中驱动相对论性喷流是可能的. 不过, 目前整个学界对大质量中子星内部能否产生磁旋转不稳定性以及何种发电机机制在起作用仍旧没有共识.

值得注意的是, 虽然目前数值相对论模拟所产生的坡印亭流与短 γ 射线暴的能标吻合, 但是离真正在数值相对论中模拟出 γ 射线暴仍旧有不小的距离. 典型的 γ 射线暴具有一个非常窄的相对论性喷流, 洛伦兹因子一般大于 100, 而目前模拟产生的相对论性外流的洛伦兹因子约为 10 ~ 30. 一个有趣的问题是, 若中心引擎为奇异星会有何不同? 不同于一般的中子星, 奇异星是强相互作用自束缚的系统, 其表面将重子物质与非重子物质明显地隔离开来, 形成一个只能被电子、正电子、光子、中微子对和磁场穿越的 "膜", 这自然生成了 γ 射线暴中极端相对论性外流所需的条件[166-168]. 目前奇异星作为 γ 射线暴中心引擎的数值相对论研究仍旧十分匮乏, 有待进一步探索.

6.3　脉冲星磁层与射电相干辐射

6.3.1　表面热辐射

在中子星或有外壳的奇异星的表面上, 可能存在由正常物质组成的大气层, 人们预计这些物质会在其热 X 射线发射谱中留下原子特征[169]. 随后, 有人提议建造先进的望远镜来探测这些谱线, 如钱德拉 (Chandra) 和 XMM-牛顿 (XMM-Newton) 卫星. 在这些谱线中, 大气辐射传输所对应的光谱结构应该与普朗克公式给出的辐射谱存在较大差异. 因此, 通过这些观测, 人们有望得到脉冲星大气的化学成分和磁场, 并最终根据谱线的红移和压力致宽来限制致密星的质量和半径. 然而, 到目前为止人们还没有明确发现脉冲星热辐射成分中原子谱线特征, 这可能暗示着传统中子星模型的根本缺陷. 尽管非常强的表面磁场也可能导致脉冲星无特征的 X 射线光谱, 传统中子星模型还是不能完全排除原子谱线的存在. 而裸奇异星则由于其表面几乎没有原子或离子, 可以自然地解释这些结果.

值得一提的是, 如果发生极弱的吸积, 奇异星的表面可能会形成在 X 射线波段 "薄" 但在光学波段 "厚" 的薄大气[172], 有助于理解致密星的热辐射. 例如, 暗 X 射线孤立中子星 (XDINS) 存在所谓的光学/紫外 (UV) "超" 难题: XDINS 的 X 射线谱往往可较好地用类似普朗克谱的热辐射拟合, 但观测却发现光学/紫外线光度比外推的 X 射线热谱明显要高得多, 即光学/紫外线辐射 "过量" 了. 在奇子星的表面, 吸积的星际介质 (ISM) 可能会形成等离子体大气, 此时轫致辐射过程就能够很好地再现从光学/紫外到 X 射线波段的七个 XDINS 的光谱结构[172]. 在图 6.5 中, 我们给出了 RX J1856.5-3754[171] 的奇子星大气的辐射模型和 X 射线数据的拟合结果. 其中左图的实线对应于奇子星上方等离子体大气的辐射, 其强度大于从 X 射线数据中推断出的纯黑体辐射流强, 并且很好地再现了哈勃太空望远镜光度测定的光学/紫外数据[170]. 这里奇子星的大气层与普通中子星大气层的上层相似, 但电子(或离子) 温度几乎均匀. 这层薄大气在光学/紫外波段的吸收能力高于 X 射线; 据基尔霍夫定律, 它的光学/紫外辐射就相对有效些. 硬 X 射线截止在我们的模型中也是自然的, 而瑞利-金斯分布的光学/紫外光谱偏差可能是由于大气的不均匀性引起的[171]. 未来, 包括中国巡天空间望远镜和詹姆斯·韦布空间望远镜等在内的观测势必将进一步检验上述奇子星表层薄大气模型.

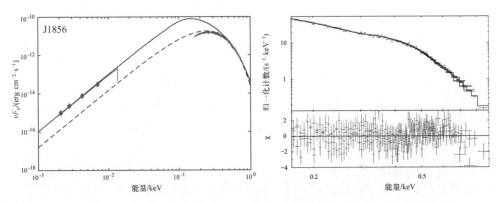

图 6.5　RX J1856.5–3754 的韧致辐射谱 (左, 实线) 及其 X 射线数据的拟合结果 (右). 左图虚线表示从 X 射线数据外推的热辐射谱, 而红色菱形表示哈勃太空望远镜的光学观测结果[170]. 摘自文献 [172].

此外, 观测揭示的致密星热辐射吸收线亦应该受到关注. 例如, 在超新星遗迹 PKS 1209–51/52 中, 中心致密天体 (CCO)1E 1207.4–5209 的最佳吸收特征分别为 0.7 keV 和 1.4 keV[173,174]. 这些吸收特征可能起源于强磁场下电子回旋吸收, 而不是电离氦在强磁场中的原子跃迁, 因此 1E 1207 可能是一颗表面磁场为 10^{11} G[175] 的裸奇异星. 事实上, 对光谱特征[174] 和精确计时[176] 的更多观测支持了 1E 1207 的电子回旋起源模型. 由于奇异星中的电子密度很大, 简单的单粒子近似可能并不不适用. 为了解决这个问题, 人们应该考虑强磁场下奇异星表面电子海的集体运动效应[177]. 有结果表明, 磁场对奇异星表面电子海的流体动力学扰动有显著影响, 本征频率为 $\omega(l) = \omega_c/[l(l+1)]$, 其中 $l = 1, 2, 3, \cdots$, 而 $\omega_c = eB/mc$ 是电子的回旋共振频率. 因此, 1E 1207.4–5209 光谱中的吸收线 0.7 keV 和 1.4 keV 分别对应于流体动力学波动在 l 和 $l+1$ 处的本征频率. 除了这些吸收特征外, 在 SGR 1806–20 的爆发谱和其他射电宁静致密星中检测到的约 $(17.5, 11.2, 7.5, 5.0)$ keV 的谱线也可能同样由以上的电子海集体效应引起[177]. 期待高谱分辨率的软 X 射线卫星的观测在这方面提供更多信息.

6.3.2 子脉冲行为

尽管脉冲星类致密天体有各种表现形式, 但它们中的大多数都是射电脉冲星, 发射相干的电磁波辐射. 为了解释该现象, 人们发展了许多磁层模型来描述脉冲星的电磁辐射过程. 其中, Ruderman-Sutherland 模型首次清晰地解释了子脉冲漂移[178]. 在该模型的开创性工作中, 提出了脉冲星极冠上方存在真空间隙, 其中内部间隙击穿产生的火花导致具有由 $E \times B$ 引起的漂移特征的子脉冲. 尽管取得了成功, 但 Ruderman-Sutherland 模型很难适用于传统中子星, 它要求传统中子星表面存在极强磁场和低温的环境, 并且满足 $\Omega \cdot B < 0$; 不幸的是, 传统中子星通常无法满足这一严格条件, 中子星表面铁元素的结合能甚至都低于 ~ 1 keV[179,180], 不足以再现真空间隙. 这就是通常所称的 "束缚能问题". 不过, 对于 $\Omega \cdot B < 0$ 的中子星, 在部分屏蔽的内隙模型[181] 中, 束缚能问题可以得到一定程度的缓解.

然而, 对于奇异星来说, 这样的问题并不存在, 在任何 $\Omega \cdot B$ 情况下电子和夸克都具有足够的束缚能引发真空间隙放电过程. 文献 [182] 对裸奇异星的磁层活动进行了定量研究. 由于夸克受到表面强相互作用的限制, 与电磁相互作用相比, 结合能可以看作是无限的. 奇异星表面上的电子在真空间隙势垒的阻挡下难以流入磁层. 在裸奇异星模型中, 带正电和带负电的粒子都强烈地束缚于表面, 在其极冠上方形成真空间隙, 这可以自然解释在射电脉冲星中观察到的丰富的子脉冲行为[19,183].

如果脉冲星本质上是奇子星, 其自身刚性易于造就不平整的表面 (作为长期 ~TeV 电子的轰击或星震过程的后果). 特别地, 脉冲星电磁辐射的积分脉冲轮廓及单脉冲轮廓, 可能暗示极冠区存在一些这类凸起的小山峰, 从而在平行于磁场的强电场 ($E_\parallel$) 作用下优先诱发火花放电. 历史上, 鉴于积分脉冲轮廓的复杂性和稳定性, Vivekanand 和 Radhakrishnan 就对极冠区表面起伏造成的平均脉冲结构进行了研究[184], 推测极冠区存在 "浮雕" (relief). 而脉冲星 PSR 0329+54 和 PSR 1237+25 的辐射轮廓在两个或多个稳定状态之间来回切换, 即脉冲辐射模式变换现象也可以理解为脉冲星极冠区表面静电条件的变化, 导致磁层中不同的粒子分布[185]. 此外, 脉冲星射电辐射区的扇形图案也可能是由极冠区存在的地形结构/丘陵自然造成的. 随着山丘上方产生的正负电子对构成的等离子体沿着磁流管移动, 辐射功率最终逐渐衰减, 从而呈现出 "扇形辐射束" (fan beam) 特征[186].

事实上, 脉冲星表面的小山峰可能体现其整体具有刚性. 如图 6.6 所示, 脉冲星的相干射电辐射从其开放的磁力线区发射, 足迹集中在脉冲星表面的极冠区, 其边界由黑色实线绘出. 极冠区的火花放电现象往往更倾向于发生在 $E_\parallel$ (与磁力线平行的局部电场) 较高且局部磁力线曲率较小的位置. 因此, 预计火花放电会在 "常规轨道" 上发生, 而在小山周围可能会有优先放电点. 有时小山周围的火花放电会抑制常规的火花放电过程, 导致脉冲星以不同的模式辐射. 在极冠内的

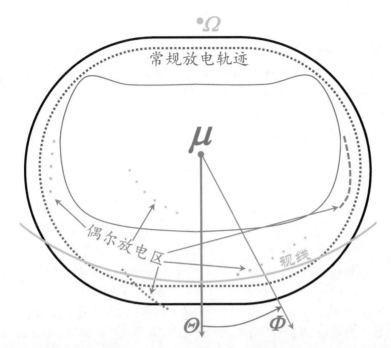

图 6.6 球坐标系中脉冲星的极冠区,其中 μ 代表磁极. "常规放电轨迹"上会出现常规火花放电辐射模式. 然而, 如果特定条件下小山处的 $E_{||}$ 足够强, 偶尔可能会出现优先点放电. 当这一放电模式偶然发生时, 可能会抑制常规火花放电过程. 观测者视线围绕自转轴 Ω 运动.

小山周围产生火花放电现象的可能观测依据包括脉冲星 B2111+46 的强脉冲和弱脉冲[187], 以及明亮脉冲星 PSR B0329+54 的不寻常弧形结构[188] 或其明显的核心弱模式[189]. 而随着最近 FAST(500 米口径) 和帕克斯 (64 米口径) 射电望远镜的持续观测, PSR B0950+08[190,191] 的非对称火花放电以及 PSR B0943+10[192] 和 PSR J0614+2229[193] 的模式变换现象可能能够暗示这些脉冲星表面存在着小山. PSR J1713+0747[194] 中检测到的异常脉冲形状变化事件可能是由于火花放电偶尔跳到山丘附近但逐渐恢复到正常轨道造成的. 总之, 基于 FAST 的高灵敏度进行单脉冲研究将是未来一段时间内脉冲星研究的重点之一: 通过寻求极冠区比较稳固的放电点, 从而给出脉冲星表面存在 "小山峰" 的确切证据.

6.3.3 奇子星整体刚性与星震

在形成后几毫秒内, 原初奇异星的温度迅速下降[195]. 若为奇子星, 奇子物质的温度可能在随后几十秒内降至熔融温度以下, 最终固化并形成晶体结构. 而夸克星或传统的中子星在冷却后仍然由流体占主导. 在这种情况下, 对致密星刚性性质的测量能够反过来为我们限制致密星内部结构提供线索.

进动

由于旋转刚体能自然发生进动而流体则很难, 因此可以对致密星进动进行观测而判断其整体为固体还是流体. 例如, 通过对 B1821−11[196] 等天体进动的观测, 发现脉冲星类天体可能具有固体结构 (如固体奇异星). 而半径为几公里的低质量奇异星 ($\lesssim 10^{-2}M_\odot$) 引力极小, 它们的表面可能是不规则的, 类似小行星, 并且进动可以很容易地被激发, 振幅也更大.

非零椭率及连续引力波

奇子物质强大的弹性应力可以支撑奇异星表面形成山脉, 造成其旋转轴周围不对称的物质分布及非零椭率. 在这种情况下, 一颗快速旋转的奇子星将发射连续引力波, 人们预期引力波探测器将在千赫兹波段观测到这种引力波. 值得一提的是, 最近的引力波观测对 PSR J0437−4715 和 PSR J0711−6830 的椭率 ($< 10^{-8}$) 给出了强烈的限制, 排除了这些致密星上存在大山的可能性. 而 Vela (J0835−4510) 和 Crab (J0534+2200) 等年轻脉冲星的椭率则可能要大得多. 值得注意的是, 星体的最大变形不仅有赖于剪切模量体现的刚性, 而且还跟破裂应变 (breaking strain) 有关.

星震

脉冲星的周期跃变现象在夸克星的框架内难以解释, 这主要是由于夸克物质处于流体状态[198,199]. 而在奇子星模型中, 周期跃变现象可能由星震造成, 发生在弹性能发展到临界值时. 在一颗固体奇子星发生星震后, 会释放出大量的引力和弹性能, 甚至磁能, 并伴随着巨大的自转变化. 然后, 释放的能量可以为软 γ 射线重复暴 (SGR)、反常 X 射线脉冲星 (AXP) 甚至 GW17087A 事件的 GRB 火球提供动力. 在奇子星模型中, 预计会发生两种类型的星震, 即体不变 (Vela 状, I 型) 和体变 (AXP/SGR 状, II 型) 星震, 前者的能量释放可以忽略不计, 但后者的能量释放较大.

在奇子星模型框架下[200,201], 为解释观测到的周期跃变现象, 奇子物质的剪切模量大概在 10^{34} erg/cm^3 的数量级. 通过推广正常的星震模型[202], 可以模拟脉冲星的缓慢跃变[203], 而这在中子星模型中还没有得到很好的解释. SGR 的超级耀斑释放的典型能量为 $10^{44\sim47}$erg, 可以在巨大的 II 型星震 (对于慢旋转体) 中产生[204]. 而有 X 射线增强 (II 型) 和没有 X 射线增强 (I 型, 对于快速旋转体) 的两种类型的周期跃变现象都可以被理解为奇子星的星震[205]. 此外, 人们还将 GRB 中心引擎与 SGR 的耀斑联系起来, 以解释观察到的不同 GRB 光变曲线, 特别是 X 射线光变曲线中的辐射平台[206,207].

6.4 快速射电暴

脉冲星表面的小山也可能有助于产生大量正反电子对等离子体, 引发重复快速射电暴 (FRB) 的相干曲率辐射[208−210], 而这与脉冲星正常的电磁辐射机制相比存在两个方面的不同.

(1) 能源机制: 正常的脉冲星辐射由转动驱动, 而 FRB 被星震触发, 由星体内禀能量 (如弹性能、引力能甚至磁能) 驱动. 在刚性的致密星如奇子星中, 通过不断积累应变能有可能达到足够高的弹性势能并最终通过星震释放, 该机制能够在牛顿引力[204] 或广义相对论[211] 的框架下解释重复 FRB. 当然, 除了磁能作为额外的自由能, 奇子星中超强多极磁场的存在 (此时可称为奇子超磁星, strangeon magnetar) 也会有助于弹性能的积累. 基于 FRB 与地震活动之间统计上的相似性 (即 Gutenberg-Richter 幂律和 Omori 定律)[212], 人们提出了一种星震引起的重复 FRB 模型, 表明重复 FRB 会引发类似地震的余震[213]. 当然, 在星震引发的活动中, 高辐射功率导致脉冲星自转减慢效应增强后, 自转频率会出现较大的计时不规则性. 我们推测奇子超磁星可能是双奇子星并合的产物: 其较差自转显著, 通过发电机过程将一部分巨大的引力能转化为超强的多极磁场能量.

(2) 辐射区域: 正常脉冲星辐射起源于开放磁力线区, 而重复 FRB 的辐射则开放和闭合磁力线区域都会对之有贡献. 这是容易理解的: 前者被转动驱动, 共转磁层受光速圆柱 (light cylinder) 约束, 而后者却是内禀驱动的 (类似于太阳表面的磁重联过程, 如耀斑), 能量突然释放导致的辐射不限于开放磁力线区.

这两方面的不同可能是造成目前通过若干 FRB 事件难以成功搜寻自转周期的原因. 我们推测, 重复 FRB 可能来自带净负电荷的脉冲星, 其 $\Omega \cdot B < 0$. 为了使磁层整体电流闭合, 如果临界磁力线的电势与周围星际介质的电势相同, 磁轴反平行于转轴的脉冲星可能会带负电荷[214]. 星震后, 当足够的负电荷在相对干净的磁层中 (开放或闭合磁力线区域) 积累到临界值时, $E_{\parallel}$ 诱发的电子 "火山" 可能会爆发, 随后会发出极其强烈的相干射电辐射. 诚然, 只有在大量而深入的观测和理论研究之后, 才能最终澄清这些论点的真伪.

6.5 双星吸积与暴发过程

通过第四章的讨论我们知道, 三味对称的奇异物质可能会如原子核那样在零压情况下稳定存在. 不过, 不同于原子核, 构成这种奇异物质的基本单元或为游离的夸克, 或为奇子; 相应地, 我们称前者组成的致密星为奇异夸克星, 后者为奇子星. 若奇异星处于双星系统中, 伴星物质经 L1 点或通过星风被吸积至致密星的表面, 这就不可避免地发生奇异化过程: 将两味的原子核 (核子) 在弱相互作用下转变为奇异物质. 对于奇子星而言, 这种奇异化即为奇子化: 本质上是经弱作用将核子转化为奇子. 低质量 X 射线双星中的一些爆发过程 (如 X 射线暴) 很可能就跟奇异星表面发生的物质转化有关, 还可能涉及不稳定的原子核聚变等过程.

银河系中具有物质交流的致密星 X 射线双星系统数目约 10^4, 但由伴星转移来的物质往往储存在致密星的吸积盘中而不显著地降落至致密星表面, 故绝大多数时间系统处于宁静态. 然而, 随着质量的增加, 吸积盘逐渐变得不能稳定存在, 大量物质被盘黏滞力驱动吸积至致密星表面, 使得双星系统处于 X 射线活跃期 (outburst)①. 这类低质量 X 射线双星在进入活跃期后, 其 X 射线流量比宁静期增强了 $10^3 \sim 10^7$ 倍. 一般而言, 处于活跃期时, 低质量 X 射线双星会表现 X 射线暴[215], 而在大质量 X 射线双星系统可探测到 X 射线流量的调制 (即吸积供能的 X 射线脉冲星)[216].

如果低质量 X 射线双星系统中致密星是奇子星, 吸积过程中将涉及核子到奇子的转变. 由于三味夸克对称性的破缺, 奇异物质表面会形成约 $10^{17}\mathrm{V/cm}$ 的电场, 可支撑最大 $M_{\mathrm{crust}}^{\max} \sim 10^{-5}M_\odot$ 质量的壳层[217]. 当然, 依赖于吸积率的高低, 奇子星壳层的质量不见得真的能够达到最大质量 $M_{\mathrm{crust}}^{\max}$, 但只要壳层质量不是特别低, 其表层吸积物质中发生热核聚变过程应该是自然的. 那么, 比起传统的中子星, 奇子星的热核 X 射线暴模型会有啥优势呢? X 射线超暴 (X-ray superbursts[218]) 可能是个突破点. 超暴于本世纪初发现. 相信它类似于 X 射线暴, 源于致密星表层热核聚变, 只是点火更深而已. 相较一般的 X 射线暴, 超暴持续时间长千倍 (达数小时)、事件率低千倍, 一般认为起源于由碳而不是氢和氦的核聚变, 但本质尚未被完全理解. 若致密星为奇子星, 处于固态的奇子星的星震可能提供额外的能量, 驱动超暴的核聚变过程. 不过, 这方面的研究有待进一步深入.

另一类值得关注的 X 射线双星是所谓的突发源 (burst-only sources)[219], 它们可能也跟星震这类内因驱动的活跃有关. 我国正在运行的 EP 卫星以及在建的 eXTP 卫星可能在探测超暴和突发源这类特殊天体中展现优势.

6.6 展望观测检验

基于粒子物理标准模型, 本书意在刻画这样的无内生能源的物质世界: (1) 电磁作用主导下的以原子/分子作为基本单元的物质 (简称 "电物质"). 这类电物质,

---

①这种从宁静态转化为活跃态的触发机制由外部因素 —— 吸积 —— 导致. 不过, 超磁星进入活跃期的触发机制可能主要源于内因: 致密星内部弹性应力超过临界值时导致一系列的能量释放过程. 地震过程也是内因主导的: 构造应力持续加载于断层至临界状态时, 断层两侧失稳并形成一个地震活动系列; 待平静后断层两侧介质再次应力加载, 到一定程度再进入下一个地震期. 致密星的星震很可能类似地震, 周而复始地进出活跃期.

在自引力作用下, 因电子气状态方程在极端相对论情形趋软而存在质量上限, 即 Chandrasekhar 质量. (2) 强作用主导下的以核子/夸克/奇子作为基本单元的物质 (简称 "强物质"). 如式 (1.1) 所示, 强物质提供的内能 ε 也是有限的, 故也应存在类似的 Chandrasekhar 质量. (3) 超过质量极限的星体不能抵抗自引力, 最终走向时空 "奇点"[221], 即黑洞. 值得一提的是, 在宇宙早期, 可能会因显著的密度涨落而形成小质量的黑洞 (即原初黑洞). 关于这三类物质的典型质量和半径, 如图 6.7 所示.

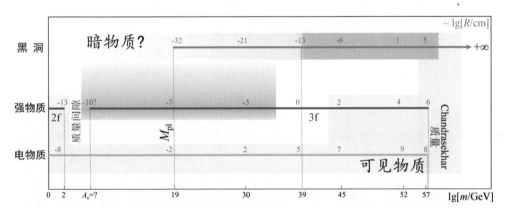

图 6.7 基于粒子物理标准模型推测的一种物质世界. 电物质、强物质以及黑洞的质量谱都是连续的, 但质量分布有异. 图中除了以重子数作为水平坐标外, 还标记了不同类型物质的尺度 R (即图中 $\lg[R/\mathrm{cm}]$). 对于强物质而言, 原子核是两味价夸克的 (2f), 而奇子物质是三味价夸克的 (3f). 很明显, 卢瑟福的原子核和朗道的巨核被一个不算很大的质量间隙隔开. 黄色标记较容易探测的 "可见物质", 灰色表征较难直接测量的物质世界. 后者可能是暗物质候选体.

类似于原初黑洞, 宇宙早期也可能形成小质量的强物质. 大爆炸后、弱电相变 (约 10^{-10} s) 之前的高能标状态倾向于近乎夸克六味对称, 而直至 QCD 相变 (~ 0.1 ms) 时还基本能够维持三味轻夸克对称. 强子化连续相变有可能最终形成奇子团块 (nugget)[222], 但低于临界重子数 A_c 的奇子团块因不能稳定存在而最终瓦解成两味的核子, 而稳定的高于 A_c 的奇子团块会充当暗物质的候选体. 宇宙年龄约 1 s 时, 中微子变得透明, 在 $\sim 10^2$ s 时启动原初的大爆炸核合成 (BBN).

BBN 的产物为两味的微观强物质, 即由核子组成的原子核, 其重子数 $A \lesssim 10^2$. 原子核再与电子结合构成原子, 从早期宇宙开始一直存续至今. 随着宇宙的演化, 原子/分子物质可以通过引力作用来形成各种恒星和星系. 如 1.2 节所述, 重子数 $A \sim 10^{57}$ 的致密天体, 对应于朗道最初命名的 "巨核", 应该是大质量恒星在核能源耗尽后留下的残骸. 如果大自然这次也喜欢夸克味对称, 那么这类残骸很可能是由奇子组成的. 虽然临界重子数 A_c 由强作用和弱作用共同决定, 但坦率地讲, 它至今尚难以依赖第一性原理的计算给出. 我们推测 $A_c \approx 10^{3\sim9}$, 而重子数 $> A_c$ 的奇子物质可能在早期宇宙或各种天体物理事件过程 (例如超新星或奇子星合并) 中产生. 当然, 若脉冲星是奇子星, 那么除了自转供能外, 其内部还可以储存更多的自由能. 这种巨大的自由能释放对于我们理解许多极端事件可能是必需的, 比如 γ 射线暴[204,206,220] 和重复 FRB[21,208−210]. 未来对射电脉冲星单脉冲轮廓的研究可能会揭示更多关于脉冲星表面的信息, 例如脉冲星表面的小山可能与奇子物质的刚性有关, 而中国具有极高灵敏度的 FAST 则能够在这方面发挥重要作用.

从探测角度来而言, 小质量的黑洞和低重子数的奇子团块都是难以观测的, 可以扮演 "暗物质" 的角色. 此外, 作为粒子物理标准模型框架内的暗物质候选体, 人们试图直接探测它俩的手段亦有相似之处. 尽管 "3+1" 维时空中黑洞的最小质量为普朗克质量 $M_{pl} \sim 10^{19}$ GeV, 但一般认为质量 $\sim 10^{39}$ GeV$\sim 10^{15}$ g (对应的重子数约 10^{39}, 见图 6.7) 以上的黑洞才不会因 Hawking 蒸发而消亡. 对于质量 $\sim 10^{15}$ g 的黑洞来说, 几何半径约 $\sim 10^{-13}$ cm, 远远小于质量相当的奇子团块尺寸 (~ 1 cm). 当然, 质量 $\sim 10^{30}$ GeV $\sim 10^6$ g 的原初黑洞应该被完全蒸发了, 但宇宙早期形成的重子数 $\sim 10^{30}$ 的奇子团块 (其几何尺寸约 10 μm) 应该是能够稳定存在至今的. 作为暗物质候选体, 小的原初黑洞和奇子团块都以约 220 km/s 的速度穿过太阳系. 如何在地球甚至月球上直接探测这类可能存在的低质量致密物体, 进而实验上甄别, 将考验人类的智慧.

参 考 文 献

[1] 费曼 R P , 莱登 R B, 桑兹 M. 费曼物理学讲义: 第一卷 [M]. 上海: 上海科学技术出版社, 1983: 第一章.

[2] Cercignani C, Penrose R. Ludwig Boltzmann: the man who trusted atoms [M]. New York: Oxford University Press, 2006.

[3] Schucking E L. Phys. Today, 1999, 52: 26.

[4] Harkins W D. Phys. Rev., 1920, 15(2): 73.

[5] Rutherford E. Proc. Roy. Soc., 1920, A97: 374.

[6] Iwanenko D. Nature, 1932, 129: 798.

[7] Harkins W D. J. Am. Chem. Soc., 1921, 43: 1038.

[8] Bothe W, Becker H. Zeitschrift für Physik, 1930, 66: 307.

[9] Curie I, Joliot-Curie F. Compt. Rend. Acad. Sci., 1932, 194: 428.

[10] Chadwick J. Nature, 1932, 129: 312.

[11] 徐仁新. 天文教育 I: 万有引力与天体物理 [J]. 天文学报, 2021, 62(1): 10.

[12] Eddington A S. Nature, 1920, 106(2653): 14.

[13] Chandrasekhar S. Astrophys. J., 1931, 74: 8.

[14] Landau L. Phys. Z. Sowjetunion, 1932, 1: 285.

[15] Yakovlev D G, Haensel P, Baym G, et al. Physics-Uspekhi, 2013, 56(3): 289.

[16] Oppenheimer J R, Volkoff G M. On massive neutron cores [J]. Phys. Rev., 1939, 55: 374–381.

[17] Rochester G D, Butler C C. Nature, 1947, 160: 855.

[18] Duncan R C, Thompson C. Formation of very strongly magnetized neutron stars-implications for gamma-ray bursts [J]. Astrophys. J., 1992, 392: L9–L13.

[19] Xu R X, Qiao G J, Zhang B. PSR 0943+10: a bare strange star? [J]. Astrophys. J., 1999, 522(2): L109–L112.

[20] Wang Z, Lu J, Jiang J, et al. Radio Pulsar B0950+08: radiation in the magnetosphere and sparks above the surface [J]. Astrophys. J., 2024, 963(1): 65.

[21] Xu R, Wang W. Repeating fast radio bursts reveal the secret of pulsar magnetospheric activity [J]. Astron. Nachr., 2024, 345(2-3): e230153.

[22] Bethe H A. Supernova mechanisms [J]. Rev. Mod. Phys., 1990, 62: 801–866.

[23] Colgate S A, White R H. The hydrodynamic behavior of supernovae explosions [J]. Astrophys. J., 1966, 143: 626.

[24] Rampp M, Janka H T. Spherically symmetric simulation with Boltzmann neutrino transport of core collapse and post bounce evolution of a 15 solar mass star [J]. Astrophys. J. Lett., 2000, 539: L33–L36.

[25] Sumiyoshi K, Yamada S, Suzuki H, et al. Postbounce evolution of core-collapse supernovae: long-term effects of equation of state [J]. Astrophys. J., 2005, 629: 922–932.

[26] Janka H T. Conditions for shock revival by neutrino heating in core collapse supernovae [J]. Astron. Astrophys., 2001, 368: 527.

[27] Blondin J M, Mezzacappa A, DeMarino C. Stability of standing accretion shocks, with an eye toward core collapse supernovae [J]. Astrophys. J., 2003, 584: 971–980.

[28] Marek A, Janka H T. Delayed neutrino-driven supernova explosions aided by the standing accretion-shock instability [J]. Astrophys. J., 2009, 694: 664–696.

[29] Enoto T, Kisaka S, Shibata S. Observational diversity of magnetized neutron stars [J]. Rept. Prog. Phys., 2019, 82(10): 106901.

[30] Fonseca E, et al. Refined mass and geometric measurements of the high-mass PSR J0740+6620 [J]. Astrophys. J., 2021, 915(1): L12.

[31] Antoniadis J, et al. A massive pulsar in a compact relativistic binary [J]. Science, 2013, 340: 6131.

[32] Manchester R N, Hobbs G B, Teoh A, et al. The Australia Telescope National Facility pulsar catalogue [J]. Astron. J., 2005, 129: 1993.

[33] Olausen S A, Kaspi V M. The McGill magnetar catalog [J]. Astrophys. J. S., 2014, 212: 6.

[34] Turolla R, Zane S, Watts A. Magnetars: the physics behind observations. A review [J]. Rept. Prog. Phys., 2015, 78(11): 116901.

[35] Bogdanov S, Ho W C G. The "Magnificent Seven" X-ray isolated neutron stars revisited. I. Improved timing solutions and pulse profile analysis [J]. Astrophys. J., 2024, 969(1): 53.

[36] De Luca A, Mereghetti S, Caraveo P A, et al. XMM-Newton and VLT observations of the isolated neutron star 1E 1207.4-5209 [J]. Astron. Astrophys., 2004, 418: 625–637.

[37] Halpern J P, Gotthelf E V, Camilo F, et al. X-ray timing of PSR J1852+0040 in Kesteven 79: evidence of neutron stars weakly magnetized at birth [J]. Astrophys. J., 2007, 665: 1304–1310.

[38] Kaspi V M. Grand unification in neutron stars [J]. Proc. Nat. Acad. Sci., 2010, 107: 7147–7152.

[39]   Borghese A, Esposito P. Isolated neutron stars [DB/OL]. (2023-11-14). https://arxiv. org/abs/2311.08353.

[40]   Cabibbo N, Parisi G. Exponential hadronic spectrum and quark liberation [J]. Phys. Lett. B, 1975, 59(1): 67–69.

[41]   Collins J C, Perry M J. Superdense matter: neutrons or asymptotically free quarks? [J]. Phys. Rev. Lett., 1975, 34: 1353–1356.

[42]   Borsanyi S, Fodor Z, Hoelbling C, et al. Full result for the QCD equation of state with 2+1 flavors [J]. Phys. Lett. B, 2014, 730: 99–104.

[43]   Bazavov A, Bhattacharya T, DeTar C, et al. Equation of state in $(2 + 1)$-flavor QCD [J]. Phys. Rev. D, 2014, 90: 094503.

[44]   An X, Bluhm M, Du L, et al. The BEST framework for the search for the QCD critical point and the chiral magnetic effect [J]. Nucl. Phys. A, 2022, 1017: 122343.

[45]   Barrois B C. Superconducting quark matter [J]. Nucl. Phys. B, 1977, 129(3): 390–396.

[46]   Alford M G, Schmitt A, Rajagopal K, et al. Color superconductivity in dense quark matter [J]. Rev. Mod. Phys., 2008, 80: 1455–1515.

[47]   Borsanyi S, Fodor Z, Hoelbling C, et al. Is there still any Tc mystery in lattice QCD? Results with physical masses in the continuum limit III [J]. J. High Energy Phys., 2010, 2010(9): 73.

[48]   夏铖君. 奇异夸克物质: 从奇异子到奇异星 [J]. 中国科学: 物理学 力学 天文学, 2016, 46: 012021.

[49]   Chodos A, Jaffe R L, Johnson K, et al. New extended model of hadrons [J]. Phys. Rev. D, 1974, 9: 3471–3495.

[50]   Baym G, Hatsuda T, Kojo T, et al. From hadrons to quarks in neutron stars: a review [J]. Rep. Prog. Phys., 2018, 81(5): 056902.

[51]   Gell-Mann M, Oakes R J, Renner B. Behavior of current divergences under $SU_3 \times SU_3$ [J]. Phys. Rev., 1968, 175: 2195–2199.

[52]   Shuryak E. Suppression of instantons as the origin of quark confinement [J]. Phys. Lett. B, 1978, 79: 135–137.

[53]   Hatsuda T, Kunihiro T. QCD phenomenology based on a chiral effective Lagrangian [J]. Phys. Rep., 1994, 247(5): 221–367.

[54]   Rehberg P, Klevansky S P, Hüfner J. Hadronization in the SU(3) Nambu–Jona-Lasinio model [J]. Phys. Rev. C, 1996, 53: 410–429.

[55]   DeGrand T, Jaffe R L, Johnson K, et al. Masses and other parameters of the light hadrons [J]. Phys. Rev. D, 1975, 12: 2060–2076.

[56] Chodos A, Jaffe R L, Johnson K, et al. Baryon structure in the bag theory [J]. Phys. Rev. D, 1974, 10: 2599–2604.

[57] Aerts A T M, Mulders P J G, de Swart J J. Multibaryon states in the bag model [J]. Phys. Rev. D, 1978, 17: 260–274.

[58] Particle Data Group. Review of particle physics [J]. Chin. Phys. C, 2016, 40(10): 100001.

[59] Jaffe R L. Perhaps a stable dihyperon [J]. Phys. Rev. Lett., 1977, 38: 195–198.

[60] Jaffe R L. Perhaps a stable dihyperon [J]. Phys. Rev. Lett., 1977, 38: 617–617.

[61] Sasaki K, Aoki S, Doi T, et al. $\Lambda\Lambda$ and NΞ interactions from lattice QCD near the physical point [J]. Nucl. Phys. A, 2020, 998: 121737.

[62] Green J R, Hanlon A D, Junnarkar P M, et al. Weakly bound H dibaryon from SU(3)-flavor-symmetric QCD [J]. Phys. Rev. Lett., 2021, 127: 242003.

[63] Li B A, Han X. Constraining the neutron-proton effective mass splitting using empirical constraints on the density dependence of nuclear symmetry energy around normal density [J]. Phys. Lett. B, 2013, 727(1): 276–281.

[64] Oertel M, Hempel M, Klähn T, et al. Equations of state for supernovae and compact stars [J]. Rev. Mod. Phys., 2017, 89: 015007.

[65] Shlomo S, Kolomietz V M, Colò G. Deducing the nuclear-matter incompressibility coefficient from data on isoscalar compression modes [J]. Eur. Phys. J. A, 2006, 30(1): 23–30.

[66] Xie W J, Li B A. Bayesian inference of the incompressibility, skewness and kurtosis of nuclear matter from empirical pressures in relativistic heavy-ion collisions [J]. J. Phys. G: Nucl. Part. Phys., 2021, 48(2): 025110.

[67] Li B A, Cai B J, Xie W J, et al. Progress in constraining nuclear symmetry energy using neutron star observables since GW170817 [J]. Universe, 2021, 7(6): 182.

[68] Audi G, Kondev F G, Wang M, et al. The NUBASE2016 evaluation of nuclear properties [J]. Chin. Phys. C, 2017, 41(3): 030001.

[69] Huang W, Audi G, Wang M, et al. The AME2016 atomic mass evaluation (I). Evaluation of input data; and adjustment procedures [J]. Chin. Phys. C, 2017, 41(3): 030002.

[70] Wang M, Audi G, Kondev F G, et al. The AME2016 atomic mass evaluation (II). Tables, graphs and references [J]. Chin. Phys. C, 2017, 41(3): 030003.

[71] Wang N, Liu M, Wu X, et al. Surface diffuseness correction in global mass formula [J]. Physics Letters B, 2014, 734: 215–219.

[72] Hashimoto O, Tamura H. Spectroscopy of hypernuclei [J]. Prog. Part. Nucl. Phys., 2006, 57(2): 564–653.

[73] Gal A, Hungerford E V, Millener D J. Strangeness in nuclear physics [J]. Rev. Mod. Phys., 2016, 88: 035004.

[74] Long W H, Meng J, Giai N V, et al. New effective interactions in relativistic mean field theory with nonlinear terms and density-dependent meson-nucleon coupling [J]. Phys. Rev. C, 2004, 69: 034319.

[75] Mareš J, Jennings B K. Relativistic description of Λ, Σ, and Ξ hypernuclei [J]. Phys. Rev. C, 1994, 49: 2472–2478.

[76] Bodmer A R. Collapsed nuclei [J]. Phys. Rev. D, 1971, 4: 1601–1606.

[77] Witten E. Cosmic separation of phases [J]. Phys. Rev. D, 1984, 30: 272–285.

[78] Holdom B, Ren J, Zhang C. Quark matter may not be strange [J]. Phys. Rev. Lett., 2018, 120: 222001.

[79] Kurkela A, Romatschke P, Vuorinen A. Cold quark matter [J]. Phys. Rev. D, 2010, 81: 105021.

[80] Fraga E S, Romatschke P. Role of quark mass in cold and dense perturbative QCD [J]. Phys. Rev. D, 2005, 71: 105014.

[81] Vermaseren J, Larin S, van Ritbergen T. The 4-loop quark mass anomalous dimension and the invariant quark mass [J]. Phys. Lett. B, 1997, 405: 327–333.

[82] Rüster S B, Werth V, Buballa M, et al. Phase diagram of neutral quark matter: self-consistent treatment of quark masses [J]. Phys. Rev. D, 2005, 72: 034004.

[83] Madsen J. Strangelet propagation and cosmic ray flux [J]. Phys. Rev. D, 2005, 71: 014026.

[84] Finch E. Strangelets: who is looking and how? [J]. J. Phys. G, 2006, 32(12): S251.

[85] Farhi E, Jaffe R L. Strange matter [J]. Phys. Rev. D, 1984, 30: 2379–2390.

[86] Greiner C, Stöcker H. Distillation and survival of strange-quark-matter droplets in ultrarelativistic heavy-ion collisions [J]. Phys. Rev. D, 1991, 44: 3517–3529.

[87] Madsen J. Curvature contribution to the mass of strangelets [J]. Phys. Rev. Lett., 1993, 70: 391–393.

[88] Burdin S, Fairbairn M, Mermod P, et al. Non-collider searches for stable massive particles [J]. Phys. Rep., 2015, 582: 1–52.

[89] Berger M S, Jaffe R L. Radioactivity in strange quark matter [J]. Phys. Rev. C, 1987, 35: 213–225.

[90] 徐仁新. 压缩重子物质: 从原子核到脉冲星 [J]. 中国科学: 物理学 力学 天文学, 2013, 43: 1288.

[91] Sakai T, Mori J, Buchmann A, et al. The interaction between H-dibaryons [J]. Nucl. Phys. A, 1997, 625(1): 192–206.

[92] Tamagaki R. Implications of the H-dihyperon in high density hadronic matter [J]. Progress of Theoretical Physics, 1991, 85(2): 321–334.

[93] Lai X Y, Gao C Y, Xu R X. H-cluster stars [J]. Mon. Not. R. Astron. Soc., 2013, 431(4): 3282–3290.

[94] Zhang C, Mann R B. Unified interacting quark matter and its astrophysical implications [J]. Phys. Rev. D, 2021, 103: 063018.

[95] Zhang C, Gao Y, Xia C J, et al. Rescaling strange-cluster stars and its implications on gravitational-wave echoes [J]. Phys. Rev. D, 2023, 108: 063002.

[96] Xu R X. Solid quark matter? [J]. Astrophys. J. Lett., 2003, 596: L59–L62.

[97] Xu R X. Strong matter: rethinking philosophically [J]. Sci. China Phys. Mech. Astron., 2018, 61: 109531.

[98] Lai X Y, Xu R X. Lennard-Jones quark matter and massive quark stars [J]. Mon. Not. Roy. Astron. Soc., 2009, 398: L31.

[99] Michel F C. Quark-alphas [J]. Nucl. Phys. B Proc. Suppl., 1991, 24: 33–39.

[100] Antoniadis J, Freire P C C, Wex N, et al. A massive pulsar in a compact relativistic binary [J]. Science, 2013, 340(6131): 448.

[101] Friedman J L, Stergioulas N. Rotating relativistic stars [M]. New York: Cambridge University Press, 2013.

[102] Stergioulas N, Friedman J L. Comparing models of rapidly rotating relativistic stars constructed by two numerical methods [J]. Astrophys. J., 1995, 444: 306.

[103] Stergioulas N. Rotating stars in relativity [J]. Living Rev. Rel., 2003, 6: 3.

[104] Hartle J B. Slowly rotating relativistic stars. 1. Equations of structure [J]. Astrophys. J., 1967, 150: 1005–1029.

[105] Hartle J B, Thorne K S. Slowly rotating relativistic stars. II. Models for neutron stars and supermassive stars [J]. Astrophys. J., 1968, 153: 807.

[106] Benhar O, Ferrari V, Gualtieri L, et al. Perturbative approach to the structure of rapidly rotating neutron stars [J]. Phys. Rev. D, 2005, 72: 044028.

[107] Berti E, Stergioulas N. Approximate matching of analytic and numerical solutions for rapidly rotating neutron stars [J]. Mon. Not. Roy. Astron. Soc., 2004, 350: 1416.

[108] Berti E, White F, Maniopoulou A, et al. Rotating neutron stars: an invariant comparison of approximate and numerical spacetime models [J]. Mon. Not. Roy. Astron. Soc., 2005, 358: 923–938.

[109] Barker B M, O'Connell R F. Gravitational two-body problem with arbitrary masses, spins, and quadrupole moments [J]. Phys. Rev. D, 1975, 12: 329–335.

[110] Damour T, Schaefer G. Higher order relativistic periastron advances and binary pulsars [J]. Nuovo Cim. B, 1988, 101: 127.

[111] Lattimer J M, Schutz B F. Constraining the equation of state with moment of inertia measurements [J]. Astrophys. J., 2005, 629: 979–984.

[112] Hu H, et al. Constraining the dense matter equation-of-state with radio pulsars [J]. Mon. Not. Roy. Astron. Soc., 2020, 497(3): 3118–3130.

[113] Kramer M, Wex N. The double pulsar system: a unique laboratory for gravity [J]. Class. Quant. Grav., 2009, 26(7): 073001.

[114] Chandrasekhar S, Miller J C. On slowly rotating homogeneous masses in general relativity [J]. Mon. Not. Roy. Astron. Soc., 1974, 167: 63–80.

[115] Thorne K S, Hartle J B. Laws of motion and precession for black holes and other bodies [J]. Phys. Rev. D, 1984, 31: 1815–1837.

[116] Poisson E. Gravitational waves from inspiraling compact binaries: the quadrupole moment term [J]. Phys. Rev. D, 1998, 57: 5287–5290.

[117] Yagi K, Yunes N. I-Love-Q relations in neutron stars and their applications to astrophysics, gravitational waves and fundamental physics [J]. Phys. Rev. D, 2013, 88(2): 023009.

[118] Isoyama S, Nakano H, Nakamura T. Multiband gravitational-wave astronomy: observing binary inspirals with a decihertz detector, B-DECIGO [J]. PTEP, 2018, 7: 073E01.

[119] Harry I, Hinderer T. Observing and measuring the neutron-star equation-of-state in spinning binary neutron star systems [J]. Class. Quant. Grav., 2018, 35(14): 145010.

[120] Liu C, Shao L. Neutron star–neutron star and neutron star–black hole mergers: multiband observations and early warnings [J]. Astrophys. J., 2022, 926(2): 158.

[121] Gourgoulhon E, Haensel P, Livine R, et al. Fast rotation of strange stars [J]. Astron. Astrophys., 1999, 349: 851.

[122] Buonanno A, Iyer B, Ochsner E, et al. Comparison of post-Newtonian templates for compact binary inspiral signals in gravitational-wave detectors [J]. Phys. Rev. D, 2009, 80: 084043.

[123] Hinderer T. Tidal Love numbers of neutron stars [J]. Astrophys. J., 2008, 677: 1216–1220.

[124] Flanagan E E, Hinderer T. Constraining neutron star tidal Love numbers with gravitational wave detectors [J]. Phys. Rev. D, 2008, 77: 021502.

[125] Hinderer T, Lackey B D, Lang R N, et al. Tidal deformability of neutron stars with realistic equations of state and their gravitational wave signatures in binary inspiral [J]. Phys. Rev. D, 2010, 81: 123016.

[126] Abbott B P, et al. GW170817: observation of gravitational waves from a binary neutron star inspiral [J]. Phys. Rev. Lett., 2017, 119(16): 161101.

[127]   Abbott B P, et al. Searches for gravitational waves from known pulsars at two harmonics in 2015-2017 LIGO data [J]. Astrophys. J., 2019, 879(1): 10.

[128]   Thorne K S, Campolattaro A. Non-radial pulsation of general-relativistic stellar models. I. Analytic analysis for $l \geqslant 2$ [J]. Astrophys. J., 1967, 149: 591.

[129]   Abbott B P, et al. Properties of the binary neutron star merger GW170817 [J]. Phys. Rev. Lett., 2019, 9(1): 011001.

[130]   Abbott B P, et al. GW170817: observation of gravitational waves from a binary neutron star inspiral [J]. Phys. Rev. Lett., 2017, 119(16): 161101.

[131]   Abbott B P, et al. GW170817: measurements of neutron star radii and equation of state [J]. Phys. Rev. Lett., 2018, 121(16): 161101.

[132]   Shibata M. Numerical Relativity [M]. Singapore: World Scientific Publishing Co. Pte. Ltd., 2015.

[133]   Fonseca E, Cromartie H T, Pennucci T T, et al. Refined mass and geometric measurements of the high-mass PSR J0740+6620 [J]. Astrophys. J., 2021, 915(1): L12.

[134]   Zhou E, Kiuchi K, Shibata M, et al. Evolution of equal mass binary bare quark stars in full general relativity: could a supramassive merger remnant experience prompt collapse? [J]. Phys. Rev. D, 2022, 106(10): 103030.

[135]   Lattimer J M. The nuclear equation of state and neutron star masses [J]. Annu. Rev. Nucl. Part. Sci., 2012, 62(1): 485–515.

[136]   Li Z S, Qu Z J, Chen L, et al. An ultra-low-mass and small-radius compact object in 4U 1746-37? [J]. Astrophys. J., 2015, 798(1): 56.

[137]   Doroshenko V, Suleimanov V, Pühlhofer G, et al. A strangely light neutron star within a supernova remnant [J]. Nat. Astron., 2022, 6: 1444–1451.

[138]   LIGO Scientific and Virgo Collaborations. GW170817: observation of gravitational waves from a binary neutron star inspiral [J]. Phys. Rev. Lett., 2017, 119: 161101.

[139]   Takami K, Rezzolla L, Baiotti L. Constraining the equation of state of neutron stars from binary mergers [J]. Phys. Rev. Lett., 2014, 113(9): 091104.

[140]   Hotokezaka K, Kiuchi K, Kyutoku K, et al. Remnant massive neutron stars of binary neutron star mergers: evolution process and gravitational waveform [J]. Phys. Rev. D, 2013, 88: 044026.

[141]   Stergioulas N, Bauswein A, Zagkouris K, et al. Gravitational waves and nonaxisymmetric oscillation modes in mergers of compact object binaries [J]. Mon. Not. Roy. Astron. Soc., 2011, 418: 427.

[142]   Bauswein A, Janka H T. Measuring neutron-star properties via gravitational waves from binary mergers [J]. Phys. Rev. Lett., 2012, 108: 011101.

[143] Bernuzzi S, Dietrich T, Nagar A. Modeling the complete gravitational wave spectrum of neutron star mergers [J]. Phys. Rev. Lett., 2015, 115(9): 091101.

[144] Bauswein A, Bastian N U F, Blaschke D B, et al. Identifying a first-order phase transition in neutron star mergers through gravitational waves [J]. Phys. Rev. Lett., 2019, 122(6): 061102.

[145] Zhu Z, Rezzolla L. Fully general-relativistic simulations of isolated and binary strange quark stars [J]. Phys. Rev. D, 2021, 104(8): 083004.

[146] Hotokezaka K, Kiuchi K, Kyutoku K, et al. Mass ejection from the merger of binary neutron stars [J]. Phys. Rev. D, 2013, 87: 024001.

[147] Shibata M, Hotokezaka K. Merger and mass ejection of neutron-star binaries [J]. Ann. Rev. Nucl. Part. Sci., 2019, 69: 41–64.

[148] Abbott B P, et al. Multi-messenger observations of a binary neutron star merger [J]. Astrophys. J. Lett., 2017, 848(2): L12.

[149] Kasen D, Metzger B, Barnes J, et al. Origin of the heavy elements in binary neutron-star mergers from a gravitational wave event [J]. Nature, 2017, 551: 80.

[150] Metzger B D. Kilonovae [J]. Living Rev. Rel., 2017, 20(1): 3.

[151] Lai X Y, Yu Y W, Zhou E P, et al. Merging strangeon stars [J]. Res. Astron. Astrophys., 2018, 18(2): 024.

[152] Horvath J E, Benvenuto O G, Bauer E, et al. Nucleosynthesis and kilonovae from strange star mergers [J]. Universe, 2019, 5(6): 144.

[153] Tootle S D, Papenfort L J, Most E R, et al. Quasi-universal behavior of the threshold mass in unequal-mass, spinning binary neutron star mergers [J]. Astrophys. J. Lett., 2021, 922(1): L19.

[154] Bauswein A, Stergioulas N. Semi-analytic derivation of the threshold mass for prompt collapse in binary neutron star mergers [J]. Mon. Not. Roy. Astron. Soc., 2017, 471(4): 4956–4965.

[155] Bauswein A, Baumgarte T W, Janka H T. Prompt merger collapse and the maximum mass of neutron stars [J]. Phys. Rev. Lett., 2013, 111(13): 131101.

[156] Bauswein A, Blacker S, Vijayan V, et al. Equation of state constraints from the threshold binary mass for prompt collapse of neutron star mergers [J]. Phys. Rev. Lett., 2020, 125(14): 141103.

[157] Kiuchi K. General relativistic magnetohydrodynamics simulations for binary neutron star mergers [J]. 2024.

[158] Rasio F A, Shapiro S L. Coalescing binary neutron stars [J]. Class. Quant. Grav., 1999, 16: R1–R29.

[159] Kiuchi K, Kyotoku K, Sekiguchi Y, et al. High resolution numerical-relativity simulations for the merger of binary magnetized neutron stars [J]. Phys. Rev. D, 2014, 90: 041502.

[160] Kiuchi K, Cerdá-Durán P, Kyotoku K, et al. Efficient magnetic-field amplification due to the Kelvin-Helmholtz instability in binary neutron star mergers [J]. Phys. Rev. D, 2015, 92(12): 124034.

[161] Fernández R, Tchekhovskoy A, Quataert E, et al. Long-term GRMHD simulations of neutron star merger accretion discs: implications for electromagnetic counterparts [J]. Mon. Not. Roy. Astron. Soc., 2019, 482(3): 3373–3393.

[162] Hayashi K, Fujibayashi S, Kiuchi K, et al. General-relativistic neutrino-radiation magnetohydrodynamic simulation of seconds-long black hole-neutron star mergers [J]. Phys. Rev. D, 2022, 106(2): 023008.

[163] Gottlieb O, et al. Large-scale evolution of seconds-long relativistic jets from black hole–neutron star mergers [J]. Astrophys. J. Lett., 2023, 954(1): L21.

[164] Christie I M, Lalakos A, Tchekhovskoy A, et al. The role of magnetic field geometry in the evolution of neutron star merger accretion discs [J]. Mon. Not. Roy. Astron. Soc., 2019, 490(4): 4811–4825.

[165] Kiuchi K, Reboul-Salze A, Shibata M, et al. A large-scale magnetic field produced by a solar-like dynamo in binary neutron star mergers [J]. Nature Astron., 2024, 8(3): 298–307.

[166] Paczynski B, Haensel P. Gamma-ray bursts from quark stars [J]. Mon. Not. Roy. Astron. Soc., 2005, 362: L4–L7.

[167] Ouyed R, Sannino F. Quark stars as inner engines for gamma ray bursts? [J]. Astron. Astrophys., 2002, 387: 725.

[168] Berezhiani Z, Bombaci I, Drago A, et al. Gamma-ray bursts from delayed collapse of neutron stars to quark matter stars [J]. Astrophys. J., 2003, 586: 1250–1253.

[169] Romani R W. Model atmospheres for cooling neutron stars [J]. Astrophys. J., 1987, 313: 718.

[170] Kaplan D L, Kamble A, van Kerkwijk M H, et al. New optical/ultraviolet counterparts and the spectral energy distributions of nearby, thermally emitting, isolated neutron stars [J]. Astrophys. J., 2011, 736(2): 117.

[171] Wang W Y, Feng Y, Lai X Y, et al. The optical/UV excess of X-ray-dim isolated neutron star. II. Nonuniformity of plasma on a strangeon star surface [J]. Res. Astron. Astrophys., 2018, 18(7): 082.

[172] Wang W, Lu J, Tong H, et al. The optical/UV excess of X-ray-dim isolated neutron stars. I. Bremsstrahlung emission from a strangeon star atmosphere [J]. Astrophys. J., 2017, 837(1): 81.

[173] Sanwal D, Pavlov G G, Zavlin V E, et al. Discovery of absorption features in the X-ray spectrum of an isolated neutron star [J]. Astrophys. J., 2002, 574(1): L61–L64.

[174] Bignami G F, Caraveo P A, Luca A D, et al. The magnetic field of an isolated neutron star from X-ray cyclotron absorption lines [J]. Nature, 2003, 423: 725.

[175] Xu R X, Wang H G, Qiao G J. A note on the discovery of absorption features in 1E 1207.4-5209 [J]. Chin. Phys. Lett., 2003, 20(2): 314–316.

[176] Gotthelf E V, Halpern J P. Precise timing of the X-ray pulsar 1E 1207.4-5209: a steady neutron star weakly magnetized at birth [J]. Astrophys. J., 2007, 664(1): L35–L38.

[177] Xu R X, Bastrukov S I, Weber F, et al. Absorption features caused by oscillations of electrons on the surface of a quark star [J]. Phys. Rev. D, 2012, 85: 023008.

[178] Ruderman M A, Sutherland P G. Theory of pulsars: polar gaps, sparks, and coherent microwave radiation [J]. Astrophys. J., 1975, 196: 51–72.

[179] Flowers E G, Ruderman M A, Lee J F, et al. Variational calculation of ground-state energy of iron atoms and condensed matter in strong magnetic fields [J]. Astrophys. J., 1977, 215: 291–301.

[180] Lai D. Matter in strong magnetic fields [J]. Rev. Mod. Phys., 2001, 73: 629–662.

[181] Gil J, Melikidze G, Zhang B. Formation of a partially screened inner acceleration region in radio pulsars: drifting subpulses and thermal X-ray emission from polar cap surface [J]. Astrophys. J., 2006, 650(2): 1048–1062.

[182] Yu J W, Xu R X. Magnetospheric activity of bare strange quark stars [J]. Mon. Not. R. Astron. Soc., 2011, 414(1): 489–494.

[183] Qiao G J, Lee K J, Zhang B, et al. A Model for the challenging "bi-drifting" in PSR J0815+09 [J]. Astrophys. J., 2004, 616(2): L127–L130.

[184] Vivekanand M, Radhakrishnan V. Polar CAP relief and integrated pulse structure [C]//Sieber W, Wielebinski R. Pulsars: 13 Years of Research on Neutron Stars. 1981, 95: 173.

[185] Bartel N, Morris D, Sieber W, et al. The mode-switching phenomenon in pulsars. [J]. Astrophys. J., 1982, 258: 776–789.

[186] Wang H G, Pi F P, Zheng X P, et al. A fan beam model for radio pulsars. I. Observational evidence [J]. Astrophys. J., 2014, 789(1): 73.

[187] Chen X, Yan Y, Han J L, et al. Strong and weak pulsar radio emission due to thunderstorms and raindrops of particles in the magnetosphere [J]. Nature Astronomy, 2023, 7: 1235–1244.

[188] Mitra D, Rankin J M, Gupta Y. Absolute broad-band polarization behaviour of PSR B0329+54: a glimpse of the core emission process [J]. Mon. Not. R. Astron. Soc., 2007, 379(3): 932–944.

[189]   Wang T, Han J L, Wang C, et al. Jiamusi pulsar observations - IV. The core-weak pattern of PSR B0329+54 [J]. Mon. Not. R. Astron. Soc., 2023, 520(3): 4173–4181.

[190]   Wang Z, Lu J, Jiang J, et al. Radio pulsar B0950+08: radiation in magnetosphere and sparks above surface [J]. Astrophys. J., 2024, 963(3): 65.

[191]   Wang Z, Lu J, Jiang J, et al. Non-symmetrical sparking may hint "zits" on a pulsar surface [J]. Astronomische Nachrichten, 2024, 345: e20240010.

[192]   Cao S, Jiang J, Dyks J, et al. PSR B0943+10: mode switch, polar cap geometry, and orthogonally polarized radiation [J]. Astrophys. J., 2024, 937(9): 56.

[193]   Cai Y, Dang S, Yuen R, et al. The study of mode-switching behavior of PSR J0614+2229 using the Parkes ultra–wide-bandwidth receiver observations [J]. Astrophys. J., 2024, 966(2): 241.

[194]   Jennings R J, Cordes J M, Chatterjee S, et al. An unusual pulse shape change event in PSR J1713+0747 observed with the Green Bank Telescope and CHIME [J]. Astrophys. J., 2024, 964(2): 179.

[195]   Yuan M, Lu J G, Yang Z L, et al. Supernova neutrinos in a strangeon star model [J]. Res. Astron. Astrophys., 2017, 17(9): 092.

[196]   Stairs I, Lyne A, Shemar S. Evidence for free precession in a pulsar [J]. Nature, 2000, 406: 484.

[197]   Xu R. AXPs/SGRs: magnetars or quark-stars? [J]. Adv. Space Res., 2007, 40(10): 1453–1459.

[198]   Alpar M A. Comment on strange stars [J]. Phys. Rev. Lett., 1987, 58: 2152–2152.

[199]   Benvenuto O G, Horvath J E, Vucetich H. Strange-pulsar model [J]. Phys. Rev. Lett., 1990, 64: 713–716.

[200]   Lai X Y, Yun C A, Lu J G, et al. Pulsar glitches in a strangeon star model [J]. Mon. Not. R. Astron. Soc., 2018, 476(3): 3303–3309.

[201]   Wang W H, Lai X Y, Zhou E P, et al. Pulsar glitches in a strangeon star model. II. The activity [J]. Mon. Not. R. Astron. Soc., 2021, 500(4): 5336–5349.

[202]   Zhou A, Xu R, Wu X, et al. Quakes in solid quark stars [J]. Astropart. Phys., 2004, 22(1): 73–79.

[203]   Peng C, Xu R X. Pulsar slow glitches in a solid quark star model [J]. Mon. Not. R. Astron. Soc., 2008, 384(3): 1034–1038.

[204]   Xu R X, Tao D J, Yang Y. The superflares of soft γ-ray repeaters: giant quakes in solid quark stars? [J]. Mon. Not. R. Astron. Soc., 2006, 373(1): L85–L89.

[205]   Zhou E P, Lu J G, Tong H, et al. Two types of glitches in a solid quark star model [J]. Mon. Not. R. Astron. Soc., 2014, 443(3): 2705–2710.

[206] Xu R, Liang E. X-ray flares of gamma-ray bursts: quakes of solid quark stars? [J]. Sci. China-Phys. Mech. Astron., 2009, 52: 315–320.

[207] Dai S, Li L, Xu R. The plateau of gamma-ray burst: hint for the solidification of quark matter? [J]. Sci. China-Phys. Mech. Astron., 2011, 54: 1541.

[208] Wang W Y, Jiang J C, Lu J, et al. Repeating fast radio bursts: coherent circular polarization by bunches [J]. Science China Physics, Mechanics, and Astronomy, 2022, 65(8): 289511.

[209] Wang W Y, Yang Y P, Niu C H, et al. Magnetospheric curvature radiation by bunches as emission mechanism for repeating fast radio bursts [J]. Astrophys. J., 2022, 927(1): 105.

[210] Wang W Y, Jiang J C, Lee K, et al. Polarization of magnetospheric curvature radiation in repeating fast radio bursts [J]. Mon. Not. R. Astron. Soc., 2022, 517(4): 5080–5089.

[211] Chen S, Gao Y, Zhou E, et al. Free energy of anisotropic strangeon stars [J]. Research in Astronomy and Astrophysics, 2024, 24(2): 025005.

[212] Wang W, Luo R, Yue H, et al. FRB 121102: a starquake-induced repeater? [J]. Astrophys. J., 2018, 852(2): 140.

[213] Totani T, Tsuzuki Y. Fast radio bursts trigger aftershocks resembling earthquakes, but not solar flares [J]. Mon. Not. R. Astron. Soc., 2023, 526(2): 2795–2811.

[214] Xu R X, Cui X H, Qiao G J. Current flows in pulsar magnetospheres [J]. Chinese Journal of Astronomy and Astrophysics, 2006, 6(2): 217–226.

[215] Nagase F. Accretion-powered X-ray pulsars [J]. Publications of the Astronomical Society of Japan, 1989, 41: 1.

[216] Lewin W H G, van Paradijs J, Taam R E. X-Ray bursts [J]. Space Science Reviews, 1993, 62(3-4): 223–389.

[217] Alcock C, Farhi E, Olinto A. Strange stars [J]. Astrophys. J., 1986, 310: 261.

[218] in't Zand J. Understanding superbursts [DB/OL]. (2017-2-16). https://arxiv.org/abs/1702.04899.

[219] Campana S. Linking burst-only X-ray binary sources to faint X-ray transients [J]. Astrophys. J., 2009, 699(2): 1144–1152.

[220] Minaev P Y, Pozanenko A S, Grebenev S A, et al. GRB 231115A - a magnetar giant flare in the M82 galaxy [J]. Astronomy Letters, 2024, 50(1): 1–24.

[221] Penrose R. Gravitational collapse and space-time singularities [J]. Phys. Rev. Let., 1965, 14(3): 57–59.

[222] Wu X H, He W B, Luo Y D, et al. Cosmic QCD transition - from quark to strangeon and nucleon [J]. Int. Jour. Mod. Phys. D, 2024, 33: 2450020.

[223] Kaplan D L, Kamble A, van Kerkwijk M H, et al. New optical/UV counterparts and the spectral energy distributions of nearby, thermally emitting, isolated neutron stars[J]. Astrophys. J: 2011, 736: 117.

[224] Chaves A G, Hinderer T. Probing the equation of state of neutron star matter with gravitational waves from binary inspirals in light of GW170817: a brief review[J]. J. Phys. G, 2019, 46(12): 123002.